普通高等教育"十二五"规划教材

可编程序控制器原理及应用系统设计技术

（第 3 版）

宋德玉　　主　编

袁　斌　吴瑞明　副主编

U0314170

北　京

冶金工业出版社

2014

内 容 提 要

本书第3版的修订，坚持了原书以工程实际为主线的脉络，介绍了可编程序控制器的结构及工作原理，阐述了可编程序控制器硬件系统设计方法、指令系统及编程方法，举例说明了可编程序控制器应用系统设计方法。第3版在第2版的基础上增加了FX系列顺序控制梯形图的编程方法及编程实例、FX系列可编程序控制器功能指令和用法及其特殊功能模块、三菱FX_{2N}系列可编程序控制器编程及调试、西门子触摸屏组态和应用、S7-200系列可编程序控制器的编程技巧等内容，通过介绍相关应用实例来激发学生的学习热情，提高学生的动手能力和培养创新意识。第3版反映了"可编程"技术的新理论和新方法，其工程实用性更强，系统性和逻辑性更好。

本书可作为高等院校相关专业的教学用书，也可供各工业领域从事自动化控制、机械工程及自动化和计算机应用等专业的工程技术人员参考及使用。

图书在版编目（CIP）数据

可编程序控制器原理及应用系统设计技术/宋德玉主编．
—3版．—北京：冶金工业出版社，2014.4
普通高等教育"十二五"规划教材
ISBN 978-7-5024-5465-4

Ⅰ.①可… Ⅱ.①宋… Ⅲ.①可编程序控制器—高等学校—教材 Ⅳ.①TP332.3

中国版本图书馆 CIP 数据核字（2012）第 081794 号

出 版 人 谭学余
地　　　址　北京北河沿大街嵩祝院北巷 39 号，邮编 100009
电　　　话　(010)64027926　电子信箱 yjcbs@ cnmip. com. cn
责任编辑　李　梅　李　臻　美术编辑　李　新　版式设计　孙跃红
责任校对　王贺兰　责任印制　牛晓波
ISBN 978-7-5024-5465-4
冶金工业出版社出版发行；各地新华书店经销；三河市双峰印刷装订有限公司印刷
1999 年 7 月第 1 版，2006 年 9 月第 2 版，
2014 年 4 月第 3 版，2014 年 4 月第 1 次印刷
787mm×1092mm　1/16；20.5 印张；496 千字；314 页
36.00 元

冶金工业出版社投稿电话：(010)64027932　投稿信箱：tougao@ cnmip. com. cn
冶金工业出版社发行部　电话：(010)64044283　传真：(010)64027893
冶金书店　地址：北京东四西大街 46 号(100010)　电话：(010)65289081(兼传真)
（本书如有印装质量问题，本社发行部负责退换）

第3版前言

《可编程序控制器原理及应用系统设计技术》第2版于2006年9月出版以来，得到了同行的好评和厚爱。为了在本书中体现最新的可编程序控制器技术，适应快速发展的可编程序控制器技术和工程应用的需要，本书第3版在第2版的基础上作了较多的更新和补充。

本版以工程系统设计为主线，在介绍可编程序控制器结构及工作原理的基础上，着重讨论了可编程序控制器硬件系统设计方法、应用系统软件设计方法、可编程序控制器典型产品的指令系统及补充方法、可编程序控制器工程应用系统设计实例等内容，尤其对工程上广泛应用的FX系列和S7-200系列产品的应用特点、指令系统、编程设计方法技巧及应用实例作了较详细的修订，增加了西门子触摸屏的人机界面设计，反映了"可编程"技术的新理论和新方法，应用性更强，系统性更好。

本书适用于工业各领域从事自动化控制、机械工程及自动化和计算机应用等专业的工程技术人员使用，也可作为高等院校相关专业的教学参考书。

全书由浙江科技学院宋德玉、袁斌、吴瑞明、李其朋和河北工程大学王桂梅、刘增环同志编写，其中第1、第2、第3章由宋德玉、吴瑞明编写，第5、第6章由袁斌、王桂梅编写，第4、第7、第8章由吴瑞明、李其朋、刘增环编写，全书由宋德玉同志担任主编，袁斌、吴瑞明同志担任副主编。浙江大学机械电子专业硕士研究生陈莹参加了第6章的材料收集、插图整理工作。

由于编者水平有限，殷切希望读者在使用过程中对本书的欠妥之处批评指正。

编　者
2014年3月

第 2 版前言

《可编程序控制器原理及应用系统设计技术》第 1 版于 1999 年 7 月出版发行以来，得到了工程自动化同行及广大读者的认可与喜爱，已经 5 次印刷。

随着科学技术和微电子技术的迅速发展，可编程序控制器技术已广泛应用于自动化控制领域。可编程序控制器以其高可靠性和操作简便等特点，受到自动化领域专业人士的欢迎并被广泛应用。

为进一步提高本书的质量，适应可编程序控制器技术的发展及工程应用的需要，本书第 2 版在第 1 版的基础上作了更新和增补。本版以工程系统设计为主线，在介绍可编程序控制器结构及工作原理的基础上，着重讨论了可编程序控制器硬件系统设计方法、应用系统软件设计方法、可编程序控制器典型产品的指令系统及编程方法、可编程序控制器工程应用系统设计实例等内容，尤其对广泛应用的 FX 系列和 S7-200 系列产品的应用特点、指令系统、编程设计方法及工程应用实例作了较为详细的介绍，反映了"可编程"技术的新理论和新方法，应用性更强，系统性更好。另外，本次修订时每章前还特别增加了"本章要点"，每章后都有习题，便于读者学习使用。

本书适用于工业各领域从事自动化控制、机械工程及自动化和计算机应用等专业的工程技术人员使用，也可作为高等院校相关专业的教学参考书。

本书第 1、2、6 章由宋德玉编写，第 3、5 章由袁斌、王桂梅编写，第 4、7 章由刘增环编写。全书由宋德玉同志担任主编，韩兵欣、楼少敏同志担任副主编。

编著者殷切希望广大读者在使用过程中对本书的欠妥之处批评指正。

编　者
2006 年 5 月

第1版前言

近年来，随着科学技术的进步和微电子技术的迅猛发展，可编程序控制器技术已广泛应用于自动化控制领域。可编程序控制器以其高可靠性和操作简便等特点，已经形成了一种工业控制趋势。目前，可编程序控制器（PLC）、计算机辅助设计/计算机辅助制造（CAD/CAM）、机器人（Rob）和数控（NC）技术已发展成为工业自动化的四大支柱技术。因此，学习和掌握可编程序控制器技术已成为高等院校相关专业在校生和工业自动化技术人员的一项迫切任务。

可编程序控制器是一种新型的通用自动控制装置，它将传统的继电器-接触器控制技术、计算机技术和通讯技术融为一体，专门为工业控制而设计。这一新型的通用自动控制装置以其高可靠性、较强的工作环境适应性和极为方便的使用性能，深受自动化领域技术人员的普遍欢迎。

本书的讲稿（校内教材）已在大学本、专科使用过多年，这次出版是在讲稿的基础上，进行了大量的修改和补充，力求做到通俗易懂、层次分明、理论联系实际，以便于自学。近年来，在世界范围内，可编程序控制器的生产厂家繁多，各厂家各系列产品一般都互不兼容，但其在应用系统的硬件和软件的设计步骤、内容和方法上大同小异。因而，本书从实际应用角度出发，以应用系统设计为主线介绍了可编程序控制器的基本原理、功能、特点；典型产品的指令系统和编程方法；应用系统的硬件、软件设计方法；典型控制系统设计及工程应用实例。全书共分7章，其中第1、6章由宋德玉同志编写；第5章由王桂梅同志编写；第3章由谢万新同志编写；第2、4、7章由刘增环、张平格、秦桂林三位同志编写。全书由宋德玉负责统稿，王桂梅同志负责排版。

本书可作为高等工科院校机械工程及自动化、工业自动化、计算机应用等专业以及其他有关专业的教材，也可作为可编程序控制器技术培训教材，还可供工程技术人员自学和应用可编程序控制器时参考。本书在编写过程中得到了赵奇同志的帮助，在此表示感谢。

由于编者水平有限，加之设备条件和资料来源的限制，因此，书中难免有一些不妥之处，恳请广大读者批评指正。

编　者

1999 年 1 月

目　录

1 绪 论

本章要点： 可编程序控制器（PLC）接口容易，编程语言易于为工程技术人员接受。梯形图语言的图形符号与表达方式和继电器电路图相当接近，只用 PLC 的少量开关量逻辑控制指令就可以方便地实现继电器电路的功能。PLC 用存储逻辑代替接线逻辑，大大减少了控制设备外部的接线，使控制系统设计及建造的周期大为缩短，同时使维护也变得容易起来。伴随着计算机网络的发展，可编程控制器作为自动化控制网络和国际通用网络的重要组成部分，将在工业及其他众多领域发挥越来越大的作用。本章主要介绍了可编程序控制器的功能、特点，可编程序控制器应用系统的设计内容和设计步骤，并对可编程序控制器的产生、发展过程和工程应用领域作了扼要的描述。

1.1　可编程序控制器定义

随着电气设备日新月异的发展，尤其是电子计算机的迅速发展，工业生产自动化控制系统中所用设备也发生了深刻的变化，可编程序控制器就是这种变革中的产物。它是一种取代传统电控设备的新型电子设备，并且有着传统电气系统不可比拟的优点。生产过程自动化或者非自动化是生产工艺本身的要求，自动化的概念也应是描述工艺过程的概念。能不能实现自动化，所采用的电气设备起着决定性作用。从总的趋势和生产维护的角度看，使用新型电子设备时的投资比使用传统电控设备时低，并且使用起来的方便性、可维修性及可靠性比传统电控设备要好。因此，无论生产过程是否采用自动化，可编程序控制器都应是电气控制系统采用的电子设备。

什么是可编程序控制器呢？可编程序控制器是一种数字运算操作的电子系统，专为工业环境下应用而设计。它采用可编程序的存储器，用来在其内部存储执行逻辑运算、顺序控制、定时、计数和算术运算等操作的指令，并通过数字式、模拟式的输入和输出，控制各种机械或生产过程。可编程序控制器及其有关外部设备都按易于与工业控制系统连成一个整体、易于扩充其功能的原则设计。

总之，可编程序控制器相当于一台计算机，是专为工业环境应用而设计制造的计算机。它具有丰富的输入/输出接口，并且具有较强的驱动能力。但可编程序控制器产品并不针对某一具体工业领域，在实际应用时，其硬件需根据实际需要选用配置，其软件则需根据控制要求进行设计。

可编程序控制器出现以后，其名称也随其功能的发展而变化。早期的可编程序控制器在功能上只能进行逻辑控制，因此被称为**可编程序逻辑控制器**（programmable logic controller），简称**PLC**。随着电子技术的发展，开始采用**微处理器**（microprocesser）来作为可编程序控制器的中央处理单元，从而扩大了可编程序控制器的功能，它不仅可以进行逻辑控制，而且还可对模拟量进行控制，有的还具有 PID 功能。1980 年美国电气制造协会（NEMA）将它正式命名为**可编程序控制器**（programmable controller），简称**PC**。但是近年来 PC 这个名字已成为个人计算机的专称，为了加以区别，现在通常把可编程序控制器简称为**PLC**。

1.2　可编程序控制器的发展过程及现状

PLC 是在 20 世纪 60 年代后期和 70 年代初期问世的，开始主要用于汽车制造业，当时汽车生产流水线的自动控制系统基本上都是由继电器控制装置构成的。汽车的每一次改型都直接导致生产流水线中的继电器控制装置的重新设计和安装。随着生产的发展，汽车型号更新的周期越来越短，这样继电器控制装置就需要经常地重新设计和安装，十分费时、费工、费料。为了改变这种状况，美国通用汽车公司率先于 1968 年公开招标，要求研制新的控制装置以取代原继电器控制装置。

研制新的控制装置来取代继电器控制装置这一想法得到了美国数字设备公司的积极响应。1969 年，美国的数字设备公司（DEC）成功研制出世界上第一台可编程序控制器。此后，这项新技术就迅速发展起来，并推动了欧洲各国、日本以及我国对可编程序控制器的研制和发展。1971 年，日本从美国引进了这项新技术，很快就研制成了日本第一台可编程序控制器 DSC-8。1973 ~ 1974 年，西德和法国也开始研制自己的可编程序控制器。我国是在 1974 年开始研制可编程序控制器的。

40 多年来，随着集成电路技术和计算机技术的发展，现在已有第五代 PLC 产品了。其发展过程大致为：

第一代：1969 ~ 1972 年，其特点是：

（1）功能简单，主要是逻辑运算、定时、计数；

（2）机种单一，没有形成系列；

（3）与继电器控制相比，可靠性有一定提高；

（4）CPU 由中、小规模集成电路组成，存储器为磁芯存储器。

典型产品有：美国 MODICON 公司的 084；DEC 公司的 PDP-14、PDP-14/L；ALLEN-BRADLEY 公司的 PDQ-Ⅱ；日本富士电机公司的 USC-4000；立石电机公司的 SCY-022，北辰电机公司的 HOSC-20；横河电机公司的 YODIC'S。

第二代：1973 ~ 1975 年，其特点是：

（1）功能增加。增加了数字运算、传送、比较等功能，能完成模拟量的控制；

（2）初步形成系列；

（3）可靠性进一步提高，开始具备自诊断功能；

（4）存储器采用 EPROM。

典型产品有：美国 MODICON 公司的 184、284、384；GE 公司的 LOGISTROT；德国 SIEMENS 公司的 SYMATIC S3 系列和 S4 系列；日本富士电机公司的 SC 系列。

第三代：1976~1983 年，其特点是：

（1）将微处理器及 EPROM、EAROM、CMOSROM 等 LSI 电路用在 PLC 中，而且向多微处理器发展，使 PLC 的功能和处理速度大大增强；

（2）具有通信功能和远程 I/O 能力；

（3）增加了多种特殊功能，如浮点数运算、平方、三角函数、相关数、查表、列表、脉宽调制变换等；

（4）自诊断功能及容错技术发展迅速。

典型产品有：美国 GOULD 公司的 M84、484、584、684、884；德国 SIEMENS 公司的 SYMATIC S5 系列；美国 TI 公司的 PM550、TI510、520、530；日本三菱公司的 MELPLAC-50、550；日本富士电机公司的 MICREEX。

第四代：1983 年到 20 世纪 90 年代末期，其特点是：

（1）能完成对整个车间的监控，可在 CRT 或触摸屏上显示多种多样的现场图像，CRT 或触摸屏的画面可代替仪表盘的控制，做各种控制和管理操作，十分灵活方便。最大内存为 896K，为第三代 PLC 的 20 倍左右；

（2）有的采用 32 位微处理器（型号为 NS16032），可以将多台 PLC 连接起来与大系统连成一体，网络资源可以共享；

（3）编程语言除了传统的梯形图、流程图、语句表等以外，还有用于算术运算的 BASIC 语言，用于机床控制的数控语言等。

典型产品有：美国 GOULD 公司的 A5900 及 MODULAR SYSTEMS RESEARCH 公司的 IAC 系列；德国 SIEMENS 公司的 S7 系列。

第五代：20 世纪 90 年代中期至今。

PLC 使用 16 位和 32 位微处理器芯片，有的已使用 RISC 芯片。

1974 年我国开始仿制美国生产的第二代 PLC。1977 年我国又根据美国 Motorola 公司的一位机 MC14500 集成芯片，研制成功了我国第一台具有实用价值的 PLC，不仅有了批量产品，而且开始应用于工业生产控制。在以后的几年里，我国积极引进国外的 PLC 生产线，建立了一些合资企业，如天津自动化仪表厂、辽宁无线电二厂等，并开发出自己的产品。但是由于种种原因，国产品牌的 PLC 在国内 PLC 市场所占份额很小，一直没有形成产业化规模，中国目前市场上的 PLC 产品大部分来自国外公司，主要有德国西门子 Siemens、施耐德 Schneider，日本三菱 Mitsubishi、欧姆龙 Omron、富士、松下、东芝，美国 GE、罗克韦尔 Rockwell（A-B PLC）。欧美公司在大、中型 PLC 领域占有绝对优势，日本公司在小型 PLC 领域占据十分重要的位置，韩国和中国台湾的公司在小型 PLC 领域也占有一定的市场份额。

国内 PLC 生产厂约有 30 家，如深圳德维森、深圳艾默生、无锡光洋、无锡信捷、北京和利时、北京凯迪恩、北京安控、黄石科威、洛阳易达、浙大中控、浙大中自、南京冠德、兰州全志等。相对于国际厂商数十年的规模化生产和市场管理经验，国内厂商多数只停留在小批量生产和维系生存的起步阶段，离真正批量生产、市场化经营乃至创建国际品牌还有很长的路要走。

PLC 未来的发展趋势如下：

（1）人机界面更加友好。PLC 制造商纷纷通过收购、联合软件企业或发展软件产业等方式，大大提高了其软件水平，多数 PLC 品牌拥有与之相应的开发平台和组态软件，软件和硬件的结合提高了系统的性能，同时，降低了用户开发和维护的成本，更易形成人机友好的控制系统。目前，PLC + 网络 + IPC + CRT 的模式被广泛应用。

（2）网络通信能力大大加强。PLC 厂家在原来 CPU 模板提供物理层 RS232/422/485 接口的基础上，逐渐增加了各种通信接口，而且提供了完整的通信网络。

（3）开放性和互操作性大大发展。在 PLC 发展过程中，各 PLC 制造商为了垄断和扩大各自市场，各自发展出自己的标准，兼容性很差。开放是发展的趋势，这已被各厂商所认识。开放的进程可以从以下方面反映：

1）IEC 形成了现场总线标准，这一标准包含 8 种标准。

2）IEC 制订了基于 Windows 的编程语言标准，包括指令表（IL）、梯形图（LD）、顺序功能图（SFC）、功能块图（FBD）、结构化文本（ST）等五种编程语言。

3）OPC 基金会推出了 OPC（OLE for Process Control）标准，进一步增强了软硬件的互操作性，通过 OPC 一致性测试的产品，可以实现方便的无缝隙数据交换。

（4）PLC 的功能进一步增强，应用范围越来越广泛。PLC 的网络能力、模拟量处理能力、运算速度、内存、复杂运算能力均大大增强，不再局限于逻辑控制的应用，而更多地应用于过程控制方面。

（5）工业以太网的发展对 PLC 有重要影响。以太网应用非常广泛，其成本非常低，为此，人们致力于将以太网引进控制领域，各 PLC 厂商纷纷推出适应以太网的产品或中间产品。

（6）软 PLC。所谓软 PLC 实际就是在 PC 机的平台上、在 Windows 操作环境下，用软件来实现 PLC 的功能。

（7）PAC。PAC 表示可编程自动化控制器，用于描述结合了 PLC 和 PC 功能的新一代工业控制器。传统的 PLC 厂商使用 PAC 的概念来描述他们的高端系统，而 PC 控制厂商则用 PLC 来描述他们的工业化控制平台。

1.3 可编程序控制器的基本特征

由于大规模和超大规模集成电路技术和数字通信技术的进步和发展，PLC 的发展十分迅速，更新换代周期进一步缩短，不断有新的 PLC 产品问世，相应的 PLC 的功能也在不断增加。

1.3.1 可编程序控制器的功能

可编程序控制器的控制对象可以是单台或多台机电设备，也可以是生产流水线。使用者可以根据生产过程和工艺要求设计控制程序，然后将其送入 PLC。程序投入运行后，PLC 在输入信号的作用下，按照预先输入的程序控制执行机构按一定的规律动作。近年来，PLC 把自动化技术、计算机技术、通信技术等融为一体，它能完成以下功能：

（1）逻辑控制。PLC 具有逻辑运算功能，它设置有"与"、"或"、"非"等逻辑指令，能够描述继电器触点的串联、并联、串并联、并串联等各种连接，因此它可以代替继电器进行组合逻辑与顺序逻辑控制。

（2）定时控制。PLC 具有定时控制功能。它为用户提供了若干个定时器并设置了定时指令。定时值可由用户在编程时设定，并能在运行中被读出与修改，使用灵活，操作方便。程序投入运行后，PLC 将根据用户设定的计时值对某个操作进行限时控制和延时控制，以满足生产工艺的要求。

（3）计数控制。PLC 具有计数功能。它为用户提供了若干个计数器并设置了计数指令。计数值可由用户在编程时设定，并可在运行中被读出或修改，使用与操作都很灵活方便。

（4）步进控制。PLC 能完成步进控制功能。步进控制是指在完成一道工序以后，再进行下一步工序，也就是顺序控制。PLC 为用户提供了若干个移位寄存器，或者直接有步进命令，编程和使用极为方便，因此很容易实现步进控制的要求。

（5）A/D、D/A 转换。有些 PLC 还具有"模数"转换（A/D）和"数模"转换（D/A）功能，能完成对模拟量的控制与调节。

（6）数据处理。有的 PLC 还具有数据处理能力及并行运算指令，能进行数据并行传送、比较和逻辑运算及 BCD 码的加、减、乘、除等运算，还能进行字"与"、字"或"、字"异或"、求反、逻辑移位、算术移位、数据检索、比较、数制转换等操作，并可对数据存储器进行间接寻址，与打印机相连可打印出程序和有关数据及梯形图。

（7）通信与联网。有些 PLC 采用了通信技术，可以进行远程 I/O 控制，多台 PLC 之间可以进行同位连接，还可以与计算机进行上位连接，接受计算机的命令，并将执行结果告诉计算机。由一台计算机和若干台 PLC 可以组成"集中管理、分散控制"的分布式控制网络，以完成较大规模的复杂控制。

（8）监控控制系统。PLC 配置有较强的监控功能，它能记忆某些异常情况，当发生异常情况时自动终止运行。在控制系统中，操作人员通过监控命令可以监视有关部分的运行状态，可以调整定时或计数等设定值，因而调试、使用和维护方便。

可以预料，随着科学技术的不断发展，PLC 的功能会不断拓宽和增强。

1.3.2　可编程序控制器的特点

PLC 具有如下一些特点：

（1）高可靠性。高可靠性是 PLC 最突出的特点之一。由于工业生产过程是昼夜连续的，一般的生产装置要几个月、甚至几年才大修一次，这就对用于工业生产过程的控制器提出了高可靠性的要求。PLC 之所以具有较高的可靠性是因为它采用了微电子技术，大量的开关动作由无触点的半导体电路来完成；另外，还采取了屏蔽、滤波、隔离等抗干扰措施，它的平均故障间隔时间为 3 万～5 万小时，甚至更高。例如，日本三菱公司 FX 系列 PLC 的平均无故障运行时间可达 30 万小时。

（2）灵活性。过去，电气工程师必须为每套设备配置专用控制装置，有了可编程序控制器，硬件设备可采用相同的可编程序控制器，只需编写不同的应用软件即可，且可以用一台可编程序控制器控制几台操作方式完全不同的设备。

（3）便于改进和修正。相对于传统的电气控制线路，可编程序控制器为改进和修订原设计提供了极其方便的手段，以前也许要花费几周的时间，用可编程序控制器只用几分钟就行了。

（4）节点利用率提高。传统电路中一个继电器只能提供几个节点用于连锁，在可编程序控制器中，一个输入中的开关量或程序中的一个"线圈"便可为用户提供所需要的任意的连锁节点，即节点在程序中可不受限制地使用。

（5）具有丰富的 I/O 接口。由于工业控制系统只是整个工业生产过程中的一个控制中枢，为了实现对工业生产过程的控制，它还必须与各种工业现场的设备相连接，才能完成控制任务，因此 PLC 除了具有计算机的基本部分如 CPU、存储器等以外，还有丰富的 I/O 接口模块。对不同的工业现场信号（如交流、直流、电压、电流、开关量、模拟量、脉冲等），有相应的 I/O 模块与工业现场的器件或设备（如按钮、行程开关、接近开关、传感器及变送器、电磁线圈、电机启动器、控制阀等）直接连接。另外许多 PLC 还有通讯模块、特殊功能模块等。

（6）模拟调试。可编程序控制器能对所控功能在实验室内进行模拟调试，缩短现场的调试时间，而传统电气线路是无法在实验室进行调试的，需要花费大量时间在现场调试。

（7）能对现场进行微观监视。在由可编程序控制器组成的控制系统中，操作人员能通过显示器观测到所控每一个节点的运行情况，随时监视事故发生点。

（8）快速动作。传统继电器节点的响应时间一般需要几百毫秒，而可编程序控制器里的节点反应很快，内部是微秒级的，外部是毫秒级的。

（9）编程语言多样化。可编程序控制器的程序编制可采用电气技术人员熟悉的梯形图方式，也可以采用程序员熟悉的布尔代数图形方式。

（10）系统购置的简便化。可编程序控制器是一个完整的系统，购置了一台可编程序控制器，就相当于购买了系统所需要的所有继电器、计数器、计时器等器件。在传统系统中所需要的继电器、计数器、计时器常常来源于不同的厂家，等货到齐需要很长时间，且缺一个继电器，则会推迟整个工期，而可编程序控制器能提供足够的备用继电器、计时器、计数器。

（11）图纸简化。传统控制电路要靠画蓝图，而蓝图是不能随设计的不同阶段不断更新的，采用可编程序控制器则很容易随时打印出更新后的控制软件源程序。

（12）体积小、质量轻、功耗低。由于采用半导体集成电路，其体积小、质量轻、功耗低。例如法国的 TSX21 型 PLC，它具有 128 个 I/O 接口，可以完成相当于 400 多个继电器组成的控制功能，但其质量只有 2.3kg，体积只有 216mm × 127mm × 100mm，不带接口时的空载功耗只有 1.2W。

（13）编程简单、使用方便。PLC 采用面向控制过程、面向问题的"自然语言"编程，容易掌握。例如目前 PLC 大多数均采用的梯形图语言编程方式，既继承了传统控制线路的清晰直观感，又考虑到大多数电气技术人员的读图习惯及应用计算机的水平，很容易被技术人员所接受，易于编程，程序改变时也易于修改。

1.4   可编程序控制器的应用

由于 PLC 具有上述的功能特点，因此在工业控制方面目前已广泛应用于冶金、化工、轻工、机械、电力、建筑、运输等领域。按照 PLC 的控制类型不同，PLC 主要应用在以下几个方面：

（1）用于逻辑控制。逻辑控制是 PLC 最基本的应用，它可以取代传统继电器控制装置，如机床电气控制、各种电机控制等；还可用来取代顺序控制和程序控制，如电梯控制、矿山机械提升设备控制和皮带运输机控制等。它既可用于单机控制，又可用于多机群控制以及生产自动线控制。

（2）用于闭环控制。PLC 具有 D/A、A/D 转换、算术运算及 PID 运算等功能，可以实现对模拟量的处理，可以实现闭环的位置控制、速度控制和过程控制。如锅炉、冷冻、水处理器、酿酒等的过程控制，比例阀阀芯的位置控制，矿山提升机中主电机的速度控制等。

（3）用于数字控制。PLC 能和机械加工中的数字控制（NC）及计算机数字控制（CNC）组成一体，实现数值控制。随着 PLC 技术的迅速发展，今后的计算机数控系统将变成以 PLC 为主的控制系统。

（4）用于机器人控制。随着工厂自动化网络的形成，使用机器人的领域将越来越广泛。对于机器人，许多使用单位也选用 PLC 来控制，自动地处理它的各种机械动作。如美国 JEEP 公司焊接自动线上使用的 29 个机器人，每个都有一个 PLC 进行控制。

（5）用于组成多级控制系统。近年来，随着自动化控制技术的发展，PLC 不但能实现生产过程（或局部过程）自动化，还可使生产过程长期在最佳状态下运行，这就需要把生产过程自动化和信息管理自动化结合起来。高功能的 PLC 具有较强的通讯联网功能，PLC 之间、PLC 与上位机之间可以通讯，从而形成多级控制系统。

我国近几年 PLC 的应用越来越广泛。首先应用于一些大中型现代化工厂的引进工程上。如上海宝山钢铁（集团）公司一、二期工程中就使用 PLC 达 857 台，武汉钢铁（集团）公司和首都钢铁总公司等大型钢铁企业也都使用了多台 PLC。另外，在旧设备的技术改造上，PLC 的应用也较广泛，且取得了可观的经济效益。

在产品设计方面，PLC 的应用范围不断扩大，尤其在机械制造业中发展较快。如南京第二机床厂把 PLC 首先用在 YW4332 万能剃齿机上并取得成功。它不仅简化了控制线路，缩小了电控装置的体积，提高了工作的可靠性，节约了电能，还扩大了机床的功能。在其他方面，各工厂和研究单位也都不断推出由 PLC 控制的新产品。

但是与国外 PLC 技术发达的国家相比，我国 PLC 的研制和应用还比较落后，如机械行业 80% 以上的设备仍采用传统的继电器和接触器进行控制。因此，PLC 在我国的应用潜力远没有得到充分发挥。随着生产技术的发展，借鉴国外的先进技术在我国尽快发展多品种、多档级 PLC，进一步促进 PLC 的推广与应用，是提高我国工业自动化水平的迫切任务。

1.5 可编程序控制器应用系统设计的基本内容和步骤

在应用 PLC 组成应用系统时，首先应明确应用系统设计的基本原则与基本内容，以及设计的一般步骤，对此下面分别予以介绍。

1.5.1 可编程序控制器应用系统设计的基本原则

任何一种电气控制系统都是为了实现被控对象（生产设备或生产过程）的工艺要求，以提高生产效率和产品质量。因此在设计 PLC 控制系统时，应遵循以下基本原则：

（1）最大限度地满足被控对象的控制要求。设计前，应深入现场进行调查研究，搜集资料，并与相关部分的设计人员和实际操作人员密切配合，共同拟定控制方案，协同解决设计中出现的各种问题。

（2）在满足控制要求的前提下，力求使控制系统简单、经济，使用及维修方便。

（3）保证控制系统安全、可靠。

（4）考虑到生产的发展和工艺的改进，在选择 PLC 的型号、I/O 点数和存储器容量时，应适当留有余量，以便于系统的扩充和调整。

1.5.2 可编程序控制器应用系统设计的基本内容

PLC 控制系统是由 PLC 与用户输入、输出设备连接而成的。因此，PLC 控制系统设计的基本内容应包括：

（1）PLC 可构成各种各样的控制系统，如单机控制系统、集中控制系统等。在进行应用系统设计时，要确定系统的构成形式。

（2）系统运行方式与控制方式的择定。

（3）选择用户输入设备（按钮、操作开关、限位开关、传感器等）、输出设备（继电器、接触器、信号灯等执行元件）以及由输出设备驱动的控制对象（电动机、电磁阀等）。这些设备属于一般的电气元件，其选择的方法可参考相关手册。

（4）PLC 的选择。PLC 是控制系统的核心部件，正确选择 PLC 对于保证整个控制系统的技术经济指标起着重要的作用。PLC 的选择应包括机型选择、容量选择、I/O 模块选择、电源模块选择等。

（5）分配 I/O 点，绘制 I/O 连接图。

（6）设计控制程序。控制程序是整个系统工作的软件，是保证系统正常、安全、可靠运行的关键。因此控制系统的程序应经过反复调试、修改，直到满足要求为止。

（7）必要时还需设计控制台（柜）。

（8）编制控制系统的技术文件，包括说明书、电气原理图及电气元件明细表、I/O 连接图、I/O 地址分配表、控制软件等。

1.5.3 可编程序控制器应用系统设计的一般步骤

设计 PLC 控制系统的一般步骤如图 1-1 所示。

（1）根据生产工艺过程分析控制要求。如需要完成的动作（动作顺序、动作条件、必需的保护和连锁等）、操作方式（手动、自动、连续、单周期、单步等）。

（2）根据控制要求确定系统控制方案。

（3）根据系统构成方案和工艺要求确定系统运行方式。

（4）根据控制要求确定所需的用户输入、输出设备，据此确定 PLC 的 I/O 点数。

（5）选择 PLC。

（6）分配 PLC 的 I/O 点，设计 I/O 连接图（这一步也可结合第 2 步进行）。

（7）进行 PLC 的程序设计，同时可进行控制台（柜）的设计和现场施工。

（8）联机调试。如不满足要求，再返回修改程序或检查接线，直到满足要求为止。

（9）编制技术文件。

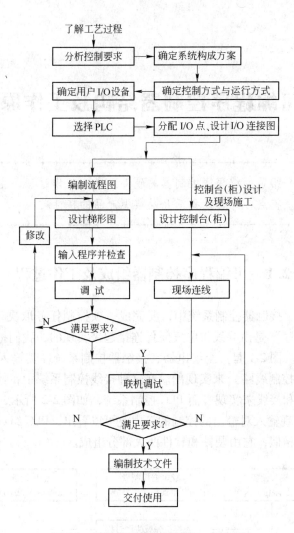

图 1-1　PLC 控制系统设计的一般步骤

（10）交付使用。

总之，一项 PLC 应用系统设计包括硬件设计和应用控制软件设计两大部分。其中硬件设计主要是选型设计和外围电路的常规设计；应用控制软件设计则是依据控制要求和 PLC 指令系统来进行的。这些内容将在后续各章中逐一向读者介绍。

思考练习题

1-1　什么是可编程序控制器？

1-2　可编程序控制器的主要功能有哪些？

1-3　试述可编程序控制器的特点。

1-4　可编程序控制器的应用范围有哪些？

1-5　试述可编程序控制器应用系统的设计原则和基本内容。

2 可编程序控制器结构及工作原理

本章要点：本章主要介绍了可编程序控制器的硬件组成、工作过程、主要性能指标、各种模块的硬件组成原理及特点、外部设备简介及典型产品的特性。

2.1 可编程序控制器组成及工作过程

在传统的继电器、接触器控制系统中，要完成一项控制任务取决于"程序"，而支配控制系统工作的"程序"是由导线将电气元件连接起来实现的，我们把这样的控制系统称为**接线程序控制系统**。图 2-1 是一个继电器、接触器控制系统。其输入对输出的控制是通过中间环节（继电器控制线路）来实现的。在这种接线控制系统中，控制过程的变更必须通过改变其中的器件和接线来实现。而 PLC 控制系统，如图 2-2 所示，它是通过 PLC 内的软接线（程序）来实现输入对输出的控制的。由此可以看出，PLC 组成的控制系统与微型计算机控制系统基本相似，它由硬件和软件两大部分组成。

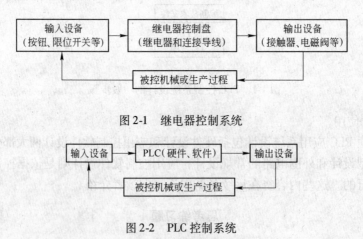

图 2-1   继电器控制系统

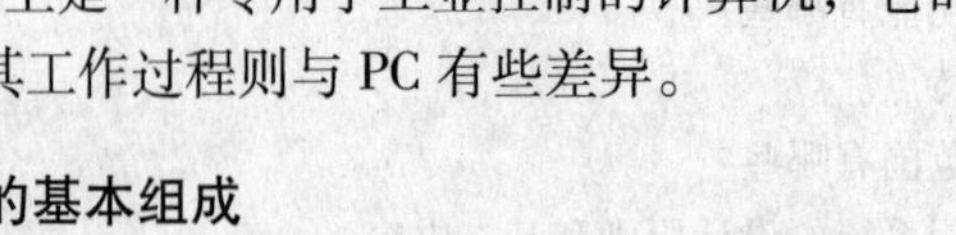

图 2-2   PLC 控制系统

由上可知，PLC 实质上是一种专用于工业控制的计算机，它的硬件结构基本上与微型计算机（PC）相同，但其工作过程则与 PC 有些差异。

2.1.1 可编程序控制器的基本组成

可编程序控制器构成的基本控制系统的硬件结构简图如图 2-3 所示。其中可编程序控制器由虚线框内的五部分组成。

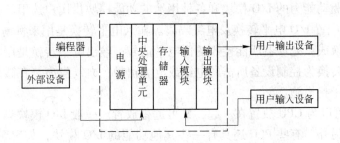

图 2-3 PLC 组成基本控制系统结构简图

2.1.1.1 中央处理器（CPU）

中央处理器是可编程序控制器的神经中枢，是系统的运算、控制中心。它按照系统程序所赋予的功能，可完成以下任务：

（1）接收并存储用户程序和数据；

（2）用扫描的方式接收现场输入设备的状态和数据；

（3）诊断电源、PLC 内部电路工作状态和编程过程中的语法错误；

（4）完成用户程序中规定的逻辑运算和算术运算任务；

（5）更新有关标志位的状态和输出状态寄存器的内容，实现输出控制、制表打印或数据通讯等功能。

2.1.1.2 存储器

存储器用来存储数据或程序，它包括随机存取的存储器 RAM 和在工作过程中只能读出、不能写入的存储器 ROM。RAM 中的用户程序可以用 EPROM 写入器写入到 EPROM 芯片中。写入了用户程序的 EPROM 又可以通过外部接口与主机连接，然后让主机按 EPROM 中的程序运行。EPROM 是可擦可编的只读存储器，如果存储的内容不需要时，可以用紫外线擦除器擦除，重新写入新的程序。

由于 PLC 的软件由系统软件和应用软件构成，因此 PLC 的存储器可分为系统程序存储器和用户程序存储器。我们把存放应用软件的存储器称为用户程序存储器。不同类型的 PLC 其存储容量各不相同，但根据其工作原理，其存储空间一般包括以下三个区域：

（1）系统程序存储。在系统程序存储区中，存放着相当于计算机操作系统的系统程序。它包括监视程序、管理程序、命令解释程序、功能子程序、系统诊断程序等。由制造商将其固化在系统 ROM 中，用户不能直接存取。

（2）系统 RAM 存储。系统 RAM 存储区包括 I/O 映像区以及各类软设备（如：各种逻辑线圈、数据存储器、计时器、计数器、累加器、变址寄存器等）存储区。

（3）用户程序存储。用户程序存储区存放用户编制的应用控制程序。PLC 资料中所指的存储器或存储方式及容量，是指用户程序存储器。不同类型的 PLC，其存储容量各不相同。有些 PLC 的存储容量可以根据用户的需要加以改变，如三菱公司的 FX2 系列 PLC，其用户程序存储器除了主机单元已有 2K 的 RAM 以外，用户还可以根据需要选用 4K 或 8K 的 RAM、ROM 加以扩展。

2.1.1.3 输入/输出（I/O）模块

输入/输出模块是 CPU 与现场 I/O 设备或其他外部设备的桥梁。PLC 提供了具有各种操作电平与输出驱动能力的 I/O 模块和各种用途的功能模块供用户选用。

一般 PLC 均配置 I/O 电平转换及电气隔离。输入电平转换是用来将输入端的不同电压或电流信号源转换成微处理器所能接收的低电平信号；输出电平转换是用来将微处理器控制的低电平信号转换为控制设备所需的电压或电流信号；电气隔离是在微处理器与 I/O 回路之间采用的防干扰措施。

I/O 模块既可以与 CPU 放置在一起，又可远程放置。一般 I/O 模块具有 I/O 状态显示和接线端子排。另外，有些 PLC 还具有一些其他功能的 I/O 模块，如串/并行变换、数据传送、A/D 或 D/A 转换及其他功能控制等。

2.1.1.4　电源

PLC 配有开关式稳压电源模块，用来对 PLC 的内部电路供电。

2.1.2　可编程序控制器的工作过程

由于 PLC 具有比计算机更强的与工业过程相连的接口，具有更适应于控制要求的编程语言，因此，PLC 可视为一种特殊的工业控制计算机。但由于 PLC 有特殊的接口器件及监控软件，其外形不像计算机，编程语言、工作原理与计算机相比也有一定的差别。另一方面，它作为继电器控制盘的替代物，由于其核心为计算机芯片，因而与继电器控制逻辑的工作过程也有很大差别。

PLC 的工作过程是周期循环扫描的过程，一个周期一般可分为三个主要阶段：输入采样阶段、程序执行阶段和输出刷新阶段，如图 2-4 所示。

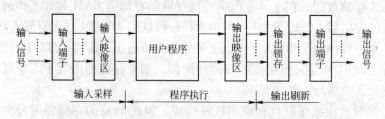

图 2-4　PLC 工作过程

（1）输入采样阶段。PLC 以扫描方式工作，按顺序将所有信号读入到寄存输入状态的输入映像寄存器中存储，这一过程称为采样。在一个工作周期内，这个采样结果的内容不会改变，而且这个采样结果将在 PLC 执行程序时被使用。

（2）程序执行阶段。PLC 按顺序对程序进行扫描，即从上到下、从左到右地扫描每条指令，并分别从输入映像寄存器和输出映像寄存器中获得所需的数据进行运算、处理，再将程序执行的结果写入寄存执行结果的输出映像寄存器中保存。但这个结果在整个程序未执行完毕之前不会送到输出端口上。

（3）输出刷新阶段。在执行完用户所有程序后，PLC 将映像寄存器中的内容送入到寄存输出状态的输出锁存器中，再去驱动用户设备，这就是输出刷新。

PLC 重复执行上述三个阶段，每重复一次的时间称为一个扫描周期。PLC 在一个工作周期中，输入扫描和输出刷新的时间一般为 4ms 左右，而程序执行时间可因程序的长度不同而不同。PLC 的一个扫描周期一般在 40~100ms 之间。

PLC 的一个工作周期主要有上述三个阶段，但严格来说还应包括下述四个过程，但这四个过程都是在输入扫描过程之后进行的。

（1）系统自监测。检查程序执行是否正确，如果超时则中央处理器停止工作。

（2）与编程器交换信息，这在使用编程器输入和调试程序时才执行。

（3）与数字处理器交换信息，这只有在 PLC 中配置有专用数字处理器时才执行。

（4）网络通信。当 PLC 配置有网络通信模块时，应与通信对象（如磁带机、其他 PLC 或计算机等）进行数据交换。

当 PLC 投入运行后，重复完成以上三个阶段的工作，即采用循环扫描工作过程，如图 2-5 所示。PLC 工作的主要特点是输入信号集中批处理，执行过程集中批处理和输出控制也集中批处理。PLC 的这种"串行"工作方式，可以避免继电器、接触器控制系统中触点竞争和时序失配的问题。这是 PLC 可靠性高的原因之一，但是同时会导致输出对输入在时间上的滞后，这是 PLC 的缺点之一。

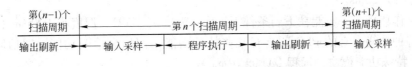

图 2-5　PLC 扫描工作方式

PLC 在执行程序时所用到的状态值不是直接从实际输入口获得的，而是来源于输入映像寄存器和输出映像寄存器。输入映像寄存器的状态值，取决于上一扫描周期从输入端子中采样取得的数据，并在程序执行阶段保持不变。输出映像寄存器中的状态值，取决于执行程序输出指令的结果。输出锁存器中的状态值是上一个扫描周期的刷新阶段从输出映像寄存器转入的。

在 PLC 中常采用一种称为"看门狗"（watch dog）的定时监视器来监视 PLC 的实际工作周期是否超出预定的时间，以避免 PLC 在执行程序过程中进入死循环，或 PLC 执行非预定的程序而造成系统瘫痪。

2.2　可编程序控制器的性能指标与分类

可编程序控制器的性能指标和类别是组成 PLC 应用系统时选择 PLC 产品所要参考的依据。那么 PLC 的性能指标包括哪些内容，它的分类情况如何呢？

2.2.1　PLC 的性能指标

PLC 的性能指标可分为硬件指标和软件指标两大类，硬件指标包括环境温度与湿度、抗干扰能力、使用环境、输入特性和输出特性等；软件指标包括扫描速度、存储容量、指令种类、编程语言等。这样划分显得太繁琐，为了简要表达某种 PLC 的性能特点，通常用以下指标来表达：

（1）编程语言。PLC 常用的编程语言有梯形图语言、助记符语言、流程图语言及某些高级语言等，目前使用最多的是前两者。不同的 PLC 可以采用不同的语言。

（2）指令种类。指令种类用以表示 PLC 的编程功能。

（3）I/O 总点数。PLC 的输入和输出量有开关量和模拟量两种。对于开关量，I/O 用最大 I/O 点数表示，而对于模拟量，I/O 点数则用最大 I/O 通道数表示。

（4）PLC 内部继电器的种类和点数。包括辅助继电器、特殊继电器、定时器、计数器、移位寄存器等。

（5）用户程序存储量。用户程序存储器用以存储通过编程器输入的用户程序，其存储量通常是以字为单位来计算的。约定 16 位二进制数为一个字（注意：一般微处理机是以 8 位为一个字节的），每 1024 个字为 1K 字。中小型 PLC 的存储容量一般在 8K 以下，大型 PLC 的存储容量有的已达兆字以上。编程时，通常对于一般的逻辑操作指令，每条指令占一个字，计时、计数和移位指令占 2 个字，对于一般的数据操作指令，每条指令占 2 个字。必须指出，有的 PLC 其用户程序存储容量是用编程的步数来表示的，每编一条语句为一步。

（6）扫描速度。以 ms/K 字为单位表示。例如：20ms/K 字，表示扫描 1K 字的用户程序需要的时间为 20ms。

（7）工作环境。一般能在下列条件下工作：温度 0～55℃，湿度小于 85%（无结霜）。

（8）特种功能。有的 PLC 还具有某些特种功能，例如自诊断功能、通信联网功能、监控功能、特殊功能模块、远程 I/O 能力等。

（9）其他。还能列出其他一些指标，比如输入/输出方式、某些主要硬件（如 CPU、存储器）的型号等。

2.2.2 PLC 的分类

目前，PLC 的品种很多，规格性能不一，且还没有一个权威的统一的分类标准，准确分类是困难的。但是目前一般按下面几种情况大致分类。

2.2.2.1 按结构形式分类

按结构形式分类，PLC 可分为整体式和模块式两种。

（1）整体式 PLC。整体式 PLC 是将其电源、中央处理器、输入输出部件等集中配置在一起，有的甚至全部安装在一块印刷电路块上，装在一个箱体内，通常称为主机，例如 F1 系列 PLC。整体式 PLC 结构紧凑、体积小、质量小、价格低，但其主机 I/O 的点数固定，因而使用不灵活，小型 PLC 常使用这种结构。

（2）模块式（积木式）PLC。它把 PLC 的各部分以模块形式分开，如电源模块、CPU 模块、输入模块、输出模块等，把这些模块插入机架底块上，组装在一个机架内。这种结构配置灵活，装配方便，便于扩展。一般中型和大型 PLC 常采用这种结构。这种结构较复杂，造价高。

2.2.2.2 按输入输出点数和存储容量分类

按输入输出点数和存储容量来分，PLC 大致可分为大、中、小型三种。小型 PLC 的输入输出点数在 256 点以下，用户程序存储容量在 2K 字以下。中型 PLC 的输入输出点数在 256～2048 点之间，用户程序存储容量一般为 2～8K 字。大型 PLC 的输入输出点数在 2048 点以上，用户程序存储容量达 8K 以上。

2.2.2.3 按功能分类

按 PLC 功能强弱来分，可大致分为低档机、中档机、高档机三种。

低档机 PLC 具有逻辑运算、定时、计数等功能，有的还增设模拟量处理、算术运算、数据传送等功能，可实现逻辑、顺序、计时计数控制等。

中档机 PLC 除具有低档机的功能外，还具有较强的模拟量输入输出、算术运算、数据传送等功能，可完成既有开关量又有模拟量控制的任务。

高档机 PLC 除具有中档机的功能外，增设有带符号算术运算、矩阵运算等，使运算能力更强，还具有模拟调节、联网通信、监视、记录和打印等功能，使 PLC 的功能更多更强，能进行智能控制、远程控制、大规模控制，构成分布式控制系统，成为整个工厂的自动化网络。随着 PLC 的发展，对 PLC 的分类也将会有相应的改变，使其更科学更严密。

2.3　可编程序控制器的输入/输出接口模块

可编程序控制器的对外功能主要是通过各类接口模块的外接线，实现对工业设备或生产过程的检测与控制。通过各种输入/输出接口模块，可编程序控制器既可检测到所需的过程信息，又可将处理后的结果传送给外部过程，驱动各种执行机构，实现工业生产过程的控制。实际生产中的信号电平多种多样，外部执行机构所需的电平也是多种多样的，而可编程序控制器的 CPU 所处理的只能是标准电平，正是通过 I/O 接口实现了这种信号电平的转换。为了适应各种各样的过程信号，相应有多种 I/O 接口模块，例如数字量输入模块、数字量输出模块、模拟量输入模块、模拟量输出模块，在这些模块中又包含了各种不同信号电平的模块。本节将从通用的角度出发，介绍适用于各种类型可编程序控制器的各种输入/输出接口模块。

2.3.1　开关量输入接口模块

开关量输入模块，是将外部过程的数字量信号转换成可编程序控制器 CPU 模块所需的信号电平，并传送到系统总线上。一般分为直流汇点输入方式、交流汇点输入方式和分隔式输入方式三种类型，下面分别进行介绍。

（1）直流汇点输入方式。此种输入方式的电路原理图如图 2-6 所示。

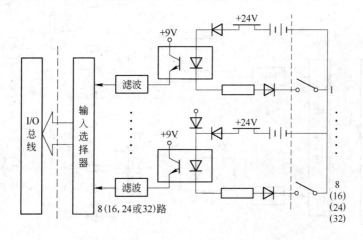

图 2-6　直流汇点输入方式的电路原理图

输入点数有 8 点、16 点、24 点或 32 点。输入信号一般经过光电隔离，并经滤波后才被送入输入选择器。输入选择器根据 PLC 的指令，通过 I/O 的地址总线和控制的作用，使被选通的某点输入信号，经过 I/O 数据总线进入用户程序的数据存储区，以供 CPU 作逻辑或数值运算用。模块内使用的电源，一般由 PLC 自身供给。模块面块上一般都带有 LED 指示灯，用以指明信号输入状态。

（2）交流汇点输入方式。交流汇点输入方式的电路原理图如图 2-7 所示。

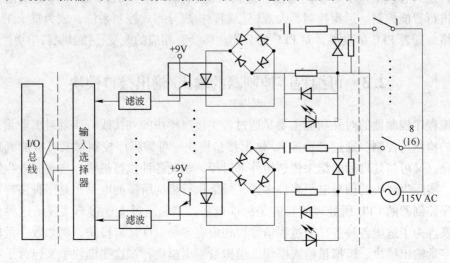

图 2-7　交流汇点输入方式电路原理图

由图 2-7 可见，外接的开关输入量，先经过高频滤波整流后，接至输入选择器。交流汇点输入的电源，一般都由现场供给。为了防止输入信号过高，每路输入信号并接取样电阻和浪涌吸收器，用来限幅；为了减少高频输入，串接有高频去耦电路；为了指示各路信号的输入状态，每路均接有 LED 指示器；为了防止 LED 的反向过滤，并接有旁路二极管以及限流电阻，关于信号的采样与刷新过程基本上与直流汇点输入方式相同。

（3）分隔式输入方式。分隔式输入方式的电路原理图如图 2-8 所示。

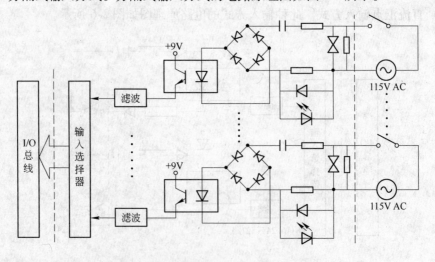

图 2-8　分隔式输入方式电路原理图

由图 2-8 可见，电路基本结构和基本原理与交流汇点输入方式相同。其不同点在于每路输入信号各自独立，互不影响，但多占用了信号输入点。

2.3.2 开关量输出接口模块

开关量输出模块，用来将可编程序控制器 CPU 模块的 TTL 电平转换成外部过程所需的信号电平，并以此来驱动外部过程的执行机构、显示灯等负载。开关量输出接口模块的种类很多，下面介绍几种常用的开关量输出接口模块的电路结构类型及基本原理图。

（1）晶体管输出方式。美国、日本等国采用 SINK 方式，通常采用 NPN 型集电极开路输出；而欧洲国家多采用 SOURCE 方式，通常采用 PNP 型集电极开路输出，如图 2-9 所示。

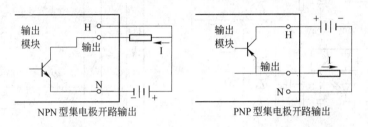

图 2-9　集电极开路输出示意图

图 2-10 为采用 NPN 型集电极开路输出的多路汇点输出接口电路原理图。由图可见，晶体管电源由可编程序控制器自带电源供给，负载电源因所消耗的功率大，由外部现场供给。信息输出由用户程序确定，需要某一路执行器件动作，由可编程序控制器的 CPU 进行控制，将用户程序数据区内相应路的运算结果，经 I/O 总线，调至该模块的输出锁存器锁存。这时，该路信号经光电耦合控制 NPN 晶体管导通，致使相应的输出线圈通电。为防止混流，每路接二极管；为提高接通负载时电源电压的稳定性，接口电路中接有稳压二

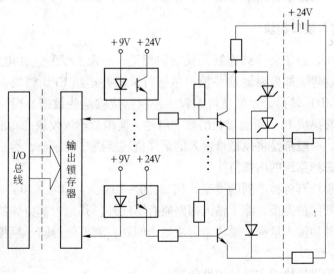

图 2-10　多路汇点输出接口电路原理图

极管。

（2）场效应管输出方式。在 GE 系列的可编程序控制器中，采用场效应管驱动，每路分别为直接输出方式，其电路原理图如图 2-11 所示。

（3）固体继电器输出方式。用固体继电器 SSR 控制输出，模块负载采用汇点接法，负载采用现场的交流电源，其电路原理图如图 2-12 所示。由图可见，为防止晶闸管过压，每路接有限幅二极管，并且接有指示用发光二极管 LED。

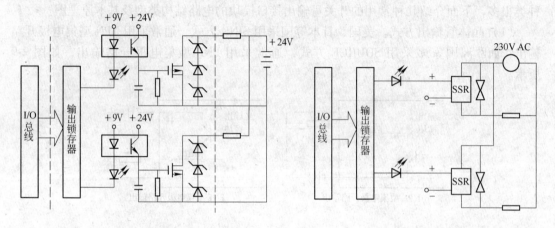

图 2-11　场效应管输出接口电路原理图　　　图 2-12　固体继电器输出方式电路原理图

（4）有触点继电器输出方式。采用有触点继电器控制输出时，输出接口模块也采用汇点接法。其外部电源可用交流，也可用直流。电压的高低以及外接负载容量大小由所用的继电器触点决定。为消除继电器触点的火花，并接有阻容熄弧电路。在继电器的触点两端，还并接有含氧化膜压敏电阻，当外接交流电压低于 150V 时，其阻值极大，视为开路；当外接交流电压为 150V 时，压敏电阻开始导通，随着电压的增加其导通程度迅速增加，以使电平被钳位。为指示各路继电器动作情况，在继电器线圈两端并接有 LED 指示灯。

2.3.3　模拟量输入接口模块

在工业控制中，经常会遇到连续变化的物理量——模拟信号，如电流、电压、温度、压力、位移、速度等。如果要对这些模拟量进行采集并送给 CPU 模块，必须对这些模拟量进行模/数（A/D）转换，才能使可编程序控制器接收这些数据。模拟量输入模块就是用来将模拟信号转换成 PLC 所能接收的数字信号。模拟量输入模块的功能就是进行模拟量到数字量的转换，一般都是将模拟量输入的采样值转换成二进制数，然后再把输入通道号及其他信息一起送到系统的内部总线上。

模拟量输入模块有各种不同的类型，例如，0~10V、-10~+10V、4~20mA 等各种范围的模块。不管何种类型，除了输入回路略有不同外，其他内部电路结构完全一样。因此，有的系统用外加输入量程子模块来解决这个问题，就可使得同一模拟量模块适应各种不同的输入范围。

模拟量输入接口模块的主要技术性能有：

（1）输入通道数：4 路、8 路和 16 路等；

（2）输入信号：电压输入 – 10 ～ + 10V、+ 1 ～ + 10V、+ 1 ～ + 5V；电流信号 4 ～ 20mA；

（3）A/D 转换位数：8 位、10 位、12 位或 14 位（均为二进制）；

（4）转换精度：0.01% ～ 0.5%；

（5）线性度（满量程）：+ 0.05%（环境温度 + 25℃）；

（6）转换时间：小于 50ms。

[例1] 一个温度信号，其变化范围为 50 ～ 500℃，经温度传感器将其变换成一个电压信号，相应变化范围为 1 ～ 5V，连接到三个不同的模拟量输入模块的接线端。若这三个模块采用的模数转换位数分别为 10 位、12 位、14 位，它们的温度、电压分辨率各为多少？

解：温度、电压、数据之间的关系如下表所示：

温度/℃	电压（VDC）	数据（10 位）	数据（12 位）	数据（14 位）
50	1	0	0	0
⋮	⋮	⋮	⋮	⋮
500	5	1023	4095	16383

当采用 10 位的模拟量输入模块进行模数转换时：

$$温度分辨率 = \frac{500 - 50}{1023} = 0.44(℃)$$

$$电压分辨率 = \frac{5 - 1}{1023} = 0.0039(V) = 3.9(mV)$$

当采用 12 位的模拟量输入模块进行模数转换时：

$$温度分辨率 = \frac{500 - 50}{4095} = 0.11(℃)$$

$$电压分辨率 = \frac{5 - 1}{4095} = 0.98(mV)$$

当采用 14 位的模拟量输入模块进行模数转换时：

$$温度分辨率 = \frac{500 - 50}{16383} = 0.027(℃)$$

$$电压分辨率 = \frac{5 - 1}{16383} = 0.24(mV)$$

由此例可以看出，位数越多，其分辨率越高。对于有较高分辨率要求的模拟量，要选用位数较多的模拟量模块。

2.3.4 模拟量输出接口模块

在工业控制中，还经常会遇到对电磁阀、液压电磁铁等执行机构进行控制的问题。这就必须把可编程序控制器输出的数字量转换成模拟量，才能够满足这类执行机构的动作要求，这种转换过程，称为数/模（D/A）转换。模拟量输出模块的功能就是用来将可编程序控制器内部输出的数字量转换成外部生产过程所需的模拟信号。

模拟量输出模块也有各种不同类型，例如有 0 ~ 10V 的电压输出，－10 ~ ＋10V 的电压输出，也有 4 ~ 20mA 的电流输出。同样，不管何种类型的输出模块，它们的内部电路结构完全一样，只是输出回路有所不同。与模拟量输入模块一样，模拟量输出模块中的数据也是用二进制码表示的。

模拟量输出模块的主要技术性能有：

（1）输出信号：电压信号 1 ~ 5V、1 ~ 10V、－10 ~ ＋10V；电流信号 4 ~ 20mA；

（2）转换位数：8 位、10 位、12 位、14 位（二进制）；

（3）输出响应时间：30ms 左右；

（4）分组：每个模块有 2 点、4 点、8 点之分。

[例2]　某模拟量输出模块的输出端输出一个 4 ~ 200mA 的电流信号，该信号作为变频器的给定信号，使变频器的输出频率在 0 ~ 50Hz 范围内变化，从而使交流异步电机的转速变化范围为 0 ~ 1440r/min。若该模块采用的数模转换为 10 位，其电流分辨率、频率分辨率、转速分辨率各为多少？

解：电流、转速、频率、数据之间的关系如下表所示：

数据（10 位）	电流/mA	频率/Hz	转速/r · min^{-1}
0	4	0	0
⋮	⋮	⋮	⋮
1023	20	50	1440

$$电流分辨率 = \frac{20 - 4}{1023} = 0.0156(\text{mA})$$

$$频率分辨率 = \frac{50 - 0}{1023} = 0.049(\text{Hz})$$

$$转速分辨率 = \frac{1440 - 0}{1023} = 1.41(\text{r/min})$$

显然，数模转换位数越多，输入电流的波形阶梯越小，越接近连续变化的模拟信号。

2.4　可编程序控制器的智能接口

生产过程不仅需要对开关量和模拟量的处理，还需要闭环控制功能、通信等特殊功能，可编程序控制器逐渐加强与完善了这些功能。目前，实现的方法一般采取如下两方面的措施：一类是利用可编程序控制器的主 CPU 再加上一定的硬件支持环境，通过开发比较完善的软件来完成，如一般的模拟量输入输出的处理以及简单的控制；另一类是硬件、软件一起开发，形成带自己的 CPU 的模块，并在模块系统软件支持下，通过执行控制程序来完成任务——利用所谓智能接口模块来实现控制。这时，智能接口模块的工作和可编程序控制器主 CPU 的工作可以并行进行，它可以不管可编程序控制器主 CPU 状态而独立地连续工作。这种智能接口模块与一般的输入输出接口模块的主要不同点是：它自身不仅带有微处理器芯片，而且还带有存储器和系统程序。它通过系统总线与 CPU 模块相连，并可在 CPU 模块协调管理之下独立工作，提高处理速度，便于用户编制程序。根据可编程序控制器响应各种特殊功能的需要，智能接口模块的种类也越来越多。它包括可编程序控制器之间互联的通讯处理模块、带有 PID 调节的模拟量控制模块、高速计数器模块、数字位置译码模块、阀门控制模块、中断控制模块等。本节只能介绍几种较典型的智能接口模块。

2.4.1　通信模块

2.4.1.1　通信模块的功能

通信模块的作用是在 PLC 和外部设备之间建立一个数据通道，使操作员可以通过外部设备改变 PLC 的工作方式，并为 PLC 输入程序改变状态或将 PLC 的程序或状态送至外部设备。

通信模块一般是一个带有 CPU 的智能模块，各种类型的通信模块略有差异，而基本原理和作用都是类似的。图 2-13 是 GESI PLC 通信模块的功能结构框图。

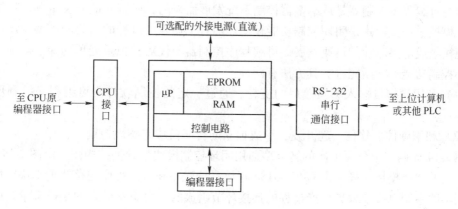

图 2-13　GESI PLC 通信模块框图

这个模块在工作时，不需要在 GESI PLC 编制额外的通信服务语句。这主要是因为这个模块在与 CPU 进行信息交换时，是模拟 GESI PLC 进行工作的。为了向 CPU 送入信息，模块能模拟键盘，送入信号至 CPU。而为了从 CPU 取出信息，模块又能截取 CPU 送至显示器的内容。由图 2-13 可见，通信模块插入 CPU 编程器接口上，而编程器适配器完成模块和 CPU 的信息交换控制。

在这个模块中，CPU 以及控制电路加上 ROM 中的控制程序，是模块的核心，其他部分的工作均由这个核心控制。它主要完成下列工作：

（1）根据方式选择开关阵列，决定工作方式，例如串行接口的传送速率等；

（2）控制模块与 CPU 信息交换过程；

（3）控制串行接口适配器，并进行数据的格式变换，由串行口与外设进行信息交换；

（4）为编程器接口提供信息通道，使编程器在必要时仍可操纵 CPU。

串行接口的电气规范为 RS422 或 RS-485，若配上合适的接口变换器，如 RS422-RS232 转换器可将 RS422 改为 RS232，最高传送速率为 192kbps。通过串行接口与外设通信时，信号要符合一定的规范，即通信规约。

与通信模块相连的外设，可以是计算机、调制解调器、别的通信模块，或者是其他档次的 PLC。

2.4.1.2 通信模块的用法

通信模块可以用来编程、检查程序、监控运行状态和改变 I/O 状态。通信模块所能完成的这些工作都是计算机或外设相对可编程序控制器而言的。而这类外设本身可能又是一个复杂而完善的系统，而且会有更丰富的外设。这样，通过这些外设就可以打印各种程序清单、生产报表、显示控制过程的状态、用图形显示器构成的操作模拟台等。将各种功能加以组合，便得到更好的结果。

应该指出，有些 PLC 通信模块的信息传输速度是最低的。这是由于模块与 CPU 的信息交换是模拟慢速动作的键盘和显示器的，交换速度受限制。但在大多数可编程序控制器中，基本上不存在这个缺陷。

2.4.2 闭环控制模块

因为可编程序控制器是从继电器控制系统发展而来的，所以它的开关量顺序控制功能较强，模拟量处理特别是闭环控制功能较弱。随着工业生产过程的需要和可编程序控制器及大规模集成电路芯片的迅速发展，可编程序控制器不仅对模拟量处理功能逐渐加强，而且闭环控制功能亦不断完善。其方法有两种：

（1）利用模拟量输入输出接口的支持，通过一定的控制软件由可编程序控制器 CPU 来实现；

（2）利用硬件、软件一起开发，形成独立的智能模块来实现控制。

图 2-14 为西门子公司生产的智能型通用闭环控制模块的硬件结构图。由图 2-14 可见，它和其他的智能模块一样是由 CPU 80186 存放系统程序和应用程序的存储子模块、可编程序控制器的系统总线及外界生产过程的连接环节组成的。由于所处理的是模拟量，因此与外界生产过程的连接是通过 A/D、D/A 转换器实现的。转换环节与控制器部分有时没有做

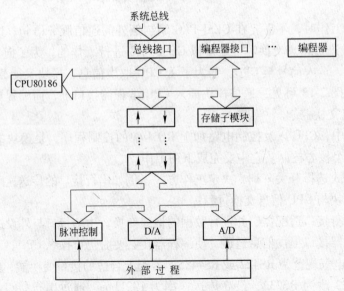

图 2-14　智能模拟输入输出模块结构图

在一块插件上,图中的虚线表示它们的相连关系。

外界生产过程各不相同,因而模块对模拟量的变换、放大和处理留给用户解决。同样,随着外界生产过程所希望的控制结构不同,应配备相应的控制程序子模块。模块分为单回路与多回路两种类型。由于闭环控制模块的采样时间间隔应该按照采样定理,既考虑控制过程的精度,又需考虑占用处理器的处理时间,所以当增加控制回路时,可能会延长采样间隔,这一点需加倍注意。

2.4.3 高速计数模块

以西门子公司的高速计数模块为例,其结构方框图如图2-15所示。它是由CPU 8085协调管理模块的工作,系统程序存储在EPROM中。图中的AM 9513为计数器,它包括了5个独立的16位高速计数器。每个计数器都通过三个端口与外界发生联系,即计数输入(IN)、计数输出(OUT)、允许或禁止计数的控制(GATE)。这三个端口的信息都可以是来自模块内外部过程或计数器之间的相互作用。由于五个独立的计数器可以串联工作,所以它的计数范围可达 $2^{80} \approx 10^{24}$,它的最高计数频率为2MHz。模块内有两个频率发生器,可作为计数器的输入计数信号。为了提高抗干扰能力,增加可靠性,在模块内部结构与外部过程之间加入了光电隔离。图2-15中的AM 9519芯片是中断控制器,可以实现用户程序的中断功能。

功能存储器由完成模块工作方式、中断、报警、输出等寄存器组成。其中工作方式寄存器是用户可以用软件编程设置,并确定其工作方式的寄存器,即选择确定计数信息的特

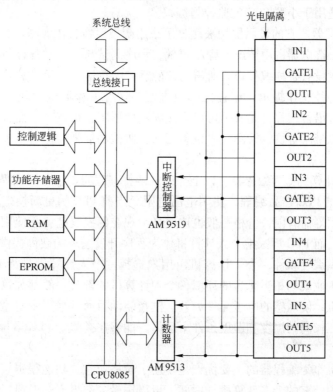

图2-15 高速计数模块结构方框图

征。西门子高速计数模块的工作方式共有 18 种，其中常用的工作方式有：二进制或 BCD
码计数方式；上升沿或下降沿计数：内部信号或外部信号计数；门控信息式边沿触发或电
平触发；计数是向上计数或向下计数，即加计数或减计数等。

模块中的存储器 RAM 主要用于存放用户程序及数据。

高速计数模块通过总线接口与控制器的系统总线相连，由此进行信息交换。高速计数
模块作为控制器的 I/O 模块，参加 I/O 扫描交换信息。

2.5　编程器及外部设备

2.5.1　编程器

PLC 的编程器用来输入和编辑用户程序，并对程序进行编辑检查和修改，还可以用来
监视 PLC 运行时用户软件中各种编程元件的工作状态。

编程器可以永久地连接在 PLC 上，也可以在使用完后将它取下来，再让 PLC 运行。
由于一般情况下只在程序输入、调试阶段和检修时使用它，所以一台编程器可供多台 PLC
公用。目前编程器可分为以下三类：

（1）简易编程器。通常把它直接插入 PLC 的专用插座中，与 PLC 相连接，并由 PLC
提供电源。通过按键将指令程序输入，并用数码管或单行显示器加以显示，但它只能与
PLC 直接联机编程，不能脱机编程。这种编程器的体积比普通计算器大不了多少，携带方
便；价格便宜，适用于小型 PLC 的监控与编程。

（2）图形编程器。它的显示屏用液晶显示或用阴极射线管作屏幕。图形显示屏可以用
来显示编程内容、继电器占用情况、程序容量、程序调试与执行时各种信号的状态和错误
提示等。操作键盘设有各种编程方式所需的功能键、字符键、数字键和显示屏控制键，可
在显示屏上提供各种操作提示，编程操作很方便。这种编程器既可联机编程又可脱机编
程，可用多种编程语言编程，尤其是可以直接编制梯形图，很直观，而且这种编程器可以
和打印机、盒式磁带录音机、绘图仪等设备相连，监控功能强，但价格贵，适用于中、大
型 PLC 的编程。

（3）将通用计算机作为编程器。以上介绍的两种编程器属于专用编程器，它只能对某
一 PLC 生产厂家的 PLC 产品编程，使用范围有限。当前 PLC 的更新换代速度很快，因此
专用编程器的使用寿命有限，价格一般也比较高。现在的发展趋势是使用以个人计算机为
基础的编程系统，而 PLC 厂家把个人计算机作为程序开发系统的硬件提供给用户，大多数
厂家只向用户提供编程软件，个人计算机由用户选择。个人计算机是指 IBM PC/AT 及其
兼容机。为适应工业现场相当恶劣的环境，个人计算机的键盘一般都加以密封，以防止外
部脏物进入计算机，使敏感的电子元件失效。磁盘驱动器通常采用密封型，这样个人计算
机被改造后可以在较高的温度和湿度条件下运行，能够在类似于 PLC 运行条件的环境中长
期可靠地工作。

用通用计算机作为编程器的主要优点是使用了价格便宜、功能很强、通用的个人计算
机，用户可以使用已有的个人计算机。因此，可以用最少的投资，得到高性能的 PLC 程序
开发系统。对于不同型号、不同厂家的 PLC，只需要更换编程软件就可以了。它的另一优

点是可以用一台个人计算机为所有的工业智能控制设备编程。

世界上主要的 PLC 生产厂家都提供使用个人计算机的程序开发系统软件。这一软件的功能是相当强的。它可以编制、修改 PLC 的用户程序；监视系统运行；打印文件；采集和分析数据；作为实时图形操作器和文字处理机；对工业现场和系统进行仿真；将程序存储在磁盘上；实现计算机和 PLC 之间的程序相互传送。利用它的网络软件，还可以作为网络管理器或通用的网络节点工作站。

程序开发系统的软件主要包括以下几个部分：

（1）编程软件。这是最基本的软件，允许用户生成、编辑、存储和打印用户程序。

（2）文件编制软件。它可以对用户程序中的触点和线圈加上英文注释，并能对某一程序段加注功能说明，使程序容易阅读和理解。

（3）数据采集和分析软件。在工业控制个人计算机中，这一部分软件的使用已相当普遍。个人计算机可以从一个或多个 PLC 采集数据，并用各种方法分析、处理这些数据，然后将结果以条形统计图或扇形统计图的形式显示在显示器上。这种分析处理过程进行得很快，几乎是实时的。

（4）实时操作员接口软件。这一类软件使用个人计算机提供的实时操作的人/机接口装置。个人计算机被用作系统的监控装置，通过显示器告诉操作人员系统的状况和可能发生的各种报警信息。操作员可以通过接口键盘输入各种控制指令，处理系统中出现的各种问题。

（5）仿真软件。它允许计算机对生产过程和系统进行仿真，使设计者在系统实际建立之前，通过仿真处理，发现设计中存在的问题，避免不必要的浪费和因设计不当造成的损失，缩短系统设计、安装和调试的总工期。

2.5.2 外部设备

外部设备包括 PLC 的人/机接口、外存储器、打印机和 EPROM 写入器等。人/机接口是所有 PLC 控制系统都必须拥有的，其他外部设备设计者可根据具体情况进行选用。

（1）人/机接口装置。人/机接口又叫做操作员接口，用来实现操作人员与 PLC 控制系统之间的对话和相互作用。人/机接口最简单、最基本和最普遍的形式，是由安装在控制台上的按钮、转换开关、拨码开关、指示灯、LED 显示器和声光报警器等元件组成。它们用来指示 PLC 的 I/O 系统状态及各种信息。通过合理设计的用户软件，PLC 控制系统可以接收并执行操作员的命令。另一种人/机接口是加固的"半智能"型显示器接口，它是密封的，可以长期安装在操作台和控制柜的面板上。显示器可以是单色的，也可以是彩色的，通过通信接口接收来自外部的信息并在其终端显示出来。用于 PLC 控制系统最高级、最复杂的人/机接口是一种"智能"终端，它有自己的微处理器和存储器，一般使用彩色的显示器，能够与操作人员快速地交换信息，它通过通信接口与 PLC 相连。

小型 PLC 一般采用上述的第一种人/机接口，大、中型 PLC 一般采用第二种或第三种接口。有时人/机接口是上述三种形式的结合。

（2）外存储器。有时用磁带和磁盘来存储 PLC 的用户程序。磁带和磁盘称为外存储器，储存在里面的信息可以在 PLC 之外长期保存。如果存放在 PLC RAM 内的程序丢失，就可以重新装入保存在磁带或磁盘中的程序。在脱机开发用户程序的编程装置中，外存储器特别有用，被开发的用户程序一般存储在外存储器中。

（3）打印机。打印机在用户程序编制阶段用来打印带注释的程序，这些程序对于用户最终的维修工作和系统的改造与扩展是非常有用的。打印机在系统的实时运行过程中一般用来提供过程中所发生事件的硬记录，例如，用于记录系统运行过程中报警的种类和时间。这些信息的一部分曾经出现在与操作员接口的显示器上，而永久性的记录则由打印机自动产生。这些记录对于分析事故的原因和改进系统是非常重要的。

（4）ROM 写入器。ROM 写入器用来把用户程序写入到 ROM 中去，它提供了一个非易失性的用户程序的保存方法，存放在 ROM 中的程序，即使在没有电源的情况下也不会丢失。同一 PLC 系统的各种不同应用场合的用户程序可以分别写入到 n 片 ROM 中，在改变系统的工作方式时只需要更换 ROM 就可以了。

2.6　典型可编程序控制器特性

目前，市面上的 PLC 种类很多，不同厂家生产的 PLC 的结构和功能不尽相同，但它们的基本工作原理是基本相同的。本节将着重介绍在我国应用比较多、影响比较广的日本三菱公司的 FX 系列产品和德国西门子公司的 S5、S7 系列产品。

2.6.1　FX 系列可编程序控制器的型号、单元及其技术特性

FX 系列 PLC 一共有三种不同单元，即基本单元、扩展单元和特殊单元。基本单元内有微处理器（CPU）、存储器和输入/输出接口电路等，每个控制系统必须有一台基本单元。要增加 I/O 的点数可连接扩展单元。要增加控制功能，则可连接相应的特殊单元，如高速计数单元、模拟量单元等。FX 系列的编程装置有简单编程器、图形编程器和计算机编程器。

2.6.1.1　FX 系列 PLC 型号

三菱 PLC 产品主要有 FX 系列小型 PLC（包括最新的 FX3U 系列），A 系列、Q 系列中大型 PLC（Q 系列 PLC 是从原 A 系列 PLC 基础上发展起来的），如图 2-16 ~ 图 2-18 所示。

FX 系列 PLC 是三菱公司从 F \ F1 \ F2 系列发展起来的小型 PLC 系列产品，发展历程如下：F（1985 年前）—F1（1985 ~ 1990 年）—F2（1990 ~ 1995 年）—FX_N（1995 ~ 2000 年）—FX_{3U}（2005 年以后）。

图 2-16　FX 系列 PLC

图 2-17　A 系列 PLC

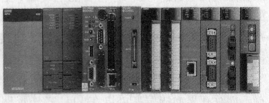

图 2-18　Q 系列 PLC

FX 系列产品包括四种基本类型：FX$_{1S\backslash 1N\backslash 2N\backslash 3U}$（早期还有 FX0 系列），性能依次提高。适用于大多数单机控制场合，是三菱公司 PLC 产品中用量最大的 PLC 系列产品。FX 系列 PLC 型号如表 2-1 所示。

表 2-1　FX 系列 PLC 型号

项目	区　分	内　　容
①	系列名称	FX$_{1S}$，FX$_{1N}$，FX$_{2N}$，FX$_{3G}$，FX$_{3U}$，FX$_{1NC}$，FX$_{2NC}$FX$_{3UC}$
②	输入输出点数	8，16，32，48，64 等
③	单元区分	M：基本单元 E：输入输出混合扩展设备 EX：输入扩展模块 EY：输出扩展模块
④	输出形式	R：继电器 S：三端双向可控硅开关元件 T：晶体管
⑤	连接形式等	T：FX$_{2NC}$ 的端子排方式 LT（-2）：内置 FX$_{3UC}$ 的 CC-Link/LT 主站功能
⑥	电源、输出方式	无：AC 电源，漏型输出 E：AC 电源，漏型输入、漏型输出 ES：AC 电源，漏型/源型输入，漏型/源型输出 ESS：AC 电源，漏型/源型输入，源型输出（仅晶体管输出） UA1：AC 电源，AC 输入 D：DC 电源，漏型输入、漏型输出 DS：DC 电源，漏型/源型输入，漏型输出 DSS：DC 电源，漏型/源型输入，源型输出（仅晶体管输出）
⑦	UL 规格	无：不符合的产品　UL：符合 UL 规格的产品
⑧	电源、输出方式	ES：AC 电源，漏型/源型输入（晶体管输出型为漏型输出） ESS：AC 电源，漏型/源型输入，源型输出（仅晶体管输出） D：DC 电源，漏型输入、漏型输出 DS：DC 电源，漏型/源型输入（晶体管输出型为漏型输出） DSS：DC 电源，漏型/源型输入，源型输出（仅晶体管输出）

FX 系列 PLC 的命名体系如下：

FX$_{2N}$ – 16 MR – □UA1/UL
①　　②③④　⑤　⑥　⑦^{*1}

FX$_{3U}$ – 16 MR/ES
①　　②③④　⑧^{*2}

*1：即使是⑦未标注 UL 的产品，也有符合 UL 规格的机型。

*2："FX$_{3UC}$-□□MT/D"中，⑧指"DC 电源、漏型输入（晶体管输出、漏型输出）"。

FX 系列 PLC 有三种不同的输出类型：

（1）继电器输出型：为有触点输出方式，用于接通或断开开关频率较低的直流负载或交流负载回路。

（2）晶闸管（可控硅）输出型：为无触点输出方式，用于接通或断开开关频率较高的交流电源负载。

（3）晶体管输出型：为无触点输出方式，用于接通或断开开关频率较高的直流电源负载。

FX_{1S}系列 PLC 为超小型 PLC。该系列有 16 种基本单元，10～30 个 I/O 点，用户存储器（EEPROM）容量为 2000 步。

FX_{2N}系列的功能强、速度高。它的基本指令执行时间为每条指令 $0.08\mu s$，内置的用户存储器为 8K 步，可以扩展到 16K 步，最大可以扩展到 256 个 I/O 点，有多种特殊功能模块或功能扩展板，可以实现多轴定位控制。机内有实时时钟，PID 指令用于模拟量闭环控制。FX_{1S}、FX_{1N}、FX_{2N}和FX_{2NC}的性能比较如表 2-2 所示。

表 2-2　FX_{1S}、FX_{1N}、FX_{2N}和FX_{2NC}性能比较

型　号	I/O 点数	用户程序步数	应用指令	通信功能	基本指令执行时间/μs
FX_{1S}	10～30	2K 步 EEPROM	85 条	较　强	0.55～0.7
FX_{1N}	14～128	8K 步 EEPROM	89 条	强	0.55～0.7
FX_{2N} 和 FX_{2NC}	16～256	内置 8K 步 RAM，最大 16K 步	128 条	最　强	0.08

FX_{3U}和FX_{3UC}系列是三菱电机公司为适应用户需求而开发出来的第三代微型 PLC，需要 V8.23Z 以上版本的 GX Developer 编程软件。

FX 系列 PLC 的输入技术指标与输出技术指标如表 2-3、表 2-4 所示。

表 2-3　FX 系列 PLC 的输入技术指标

输入电压	DC 24V（-15%，+10%）	
元件号	X0～X7	其余输入点
输入信号电压	DC 24V（±10%）	
输入信号电流	DC 24V，5mA	DC 24V，7mA
OFF→ON 的输入电流	>3.5mA	>4.5mA
ON→OFF 的输入电流	<1.5mA	
输入响应时间	10ms	
可调节输入响应时间	X0～X17 为 0～60ms（FX_{2N}），其余系列约 10ms	
输入信号形式	无电压触点或 NPN 集电极开路输出晶体管	
输入状态显示	输入 ON 时 LED 灯亮	

表 2-4　FX 系列 PLC 的输出技术指标

项　目		继电器输出	晶闸管输出（仅 FX_{2N}）	晶体管输出
外部电源		最大 250V AC 或 30V DC	85～242V AC	5～30V DC
最大负载	电阻负载	2A/1 点，8A/4 点	0.3A/1 点，0.8A/4 点	0.5A/1 点，0.8A/4 点
	感性负载	80V·A，120/240V AC	36V·A/AC 240V	12W/24V DC
	灯负载	100W	30W	1.5W/DC 24V

项 目		继电器输出	晶闸管输出（仅 FX$_{2N}$）	晶体管输出
最小负载		5V DC 时，2mA	2.3V·A/240V AC	—
响应时间	OFF→ON	10ms	1ms	<0.2ms；<15μs（仅 Y0，Y1）
	ON→OFF	10ms	10ms	<0.2ms；<30μs（仅 Y0，Y1）
开路漏电流		—	2.4mA/240V AC	0.1mA/30V DC
电路隔离		继电器隔离	光电耦合器隔离	光电耦合器隔离

2.6.1.2 基本单元和特殊功能单元

基本单元又称基本模块或主机。可通过扩展单元增加 I/O 点数。

特殊功能单元又称特殊功能模块，它没有中央处理器，不能单独使用，只能通过电缆与基本单元相连接，以拓宽其控制领域。三菱 FX 系列的特殊功能模块包括：模拟量输入模块、模拟量输出模块、高速计数模块、脉冲输出模块和定位控制模块等。表 2-5 为 FX$_{2N}$ 特殊功能模块表。表 2-6 为扩展单元及不同模块的型号和规格。

表 2-5　FX$_{2N}$特殊功能模块表

名　称	型　号	名　称	型　号
模拟量输入模块	FX$_{2N}$-2AD	高速计数模块	FX$_{2N}$-1HC
模拟量输入模块	FX$_{2N}$-4AD	脉冲发生器模块	FX$_{2N}$-1PG
模拟量输入模块	FX$_{2N}$-8AD	定位控制单元	FX$_{2N}$-10GM
温度输入模块	FX$_{2N}$-4AD-PT	定位控制单元	FX$_{2N}$-20GM
温度输入模块	FX$_{2N}$-4AD-TC	通信接口	FX$_{2N}$-232-BD
模拟量输出模块	FX$_{2N}$-2DA	通信接口	FX$_{2N}$-485-BD
模拟量输出模块	FX$_{2N}$-4DA	通信接口	FX$_{2N}$-422-BD
温度控制模块	FX$_{2N}$-2LC	接口模块	FX$_{2N}$-2321F

表 2-6　扩展单元及不同模块的型号和规格

型　号	规　格		FX$_{1S}$	FX$_{1N}$	FX$_{2N}$	FX$_{3G}$	FX$_{3U}$	FX$_{1NC}$	FX$_{2NC}$	FX$_{3UC}$
	输入	输出								
扩展单元										
FX$_{2N}$-32ER	16 点	16 点	×	○	○	○	○	×	×	×
FX$_{2N}$-32ES			×	○	○	○	○	×	×	×
FX$_{2N}$-32ET			×	○	○	○	○	×	×	×
FX$_{2N}$-48ER	24 点	24 点	×	○	○	○	○	×	×	×
FX$_{2N}$-48ET			×	○	○	○	○	×	×	×
FX$_{2N}$-48ER-D			×	×	○	○	○	×	×	×
FX$_{2N}$-48ET-D			×	×	○	○	○	×	×	×
FX$_{2N}$-48ER-UA1/UL			×	○	○	○	○	×	×	×
FX$_{0N}$-40ER	24 点	16 点	○	○	○	○	○	×	×	×
FX$_{0N}$-40ET			×	○	○	×	×	×	×	×
FX$_{0N}$-40ER-D			×	○	×		×	×	×	×

型　号	规　格		FX$_{1S}$	FX$_{1N}$	FX$_{2N}$	FX$_{3G}$	FX$_{3U}$	FX$_{1NC}$	FX$_{2NC}$	FX$_{3UC}$
	输　入	输　出								
输入输出混合模块										
FX$_{2N}$-8ER	4 点	4 点	×	○	○	○	○	□	□	◇
FX$_{2NC}$-64ET	32 点	32 点	×	×	×	×	×	○	○	○
输　入　模　块										
FX$_{2N}$-8EX	8 点	—	×	○	○	○	○	□	□	◇
FX$_{2N}$-8EX-UA1/UL			×	○	○	○	○	□	□	◇
FX$_{2N}$-16EX	16 点	—	×	○	○	○	○	□	□	◇
FX$_{2N}$-16EX-C			×	○	○	○	○	□	□	◇
FX$_{2N}$-16EXL-C			×	○	○	○	○	□	□	◇
FX$_{2NC}$-16EX-T			×	×	×	×	×	○	○	○
FX$_{2NC}$-16EX			×	×	×	×	×	○	○	○
FX$_{2NC}$-32EX	32 点	—	×	×	×	×	×	○	○	○
输　出　模　块										
FX$_{2N}$-8EYR	—	8 点	×	○	○	○	○	□	□	◇
FX$_{2N}$-8EYT			×	○	○	○	○	□	□	◇
FX$_{2N}$-8EYT-H			×	○	○	○	○	□	□	◇
FX$_{2N}$-16EYR	—	16 点	×	○	○	○	○	□	□	◇
FX$_{2N}$-16EYS			×	○	○	○	○	□	□	◇
FX$_{2N}$-16EYT			×	○	○	○	○	□	□	◇
FX$_{2N}$-16EYT-C			×	○	○	○	○	□	□	◇
FX$_{2NC}$-16EYR-T			×	×	×	×	×	○	○	○
FX$_{2NC}$-16EYT			×	×	×	×	×	○	○	○
FX$_{2NC}$-32EYT	—	32 点	×	×	×	×	×	○	○	○

注：×为不能扩展；○为能扩展；黑格为不存在；□为需要使用 FX$_{2NC}$-CNV-IF；◇为需要使用 FX$_{2NC}$-CNV-IF 或 FX$_{3UC}$-1PS-5V。

2.6.2　德国西门子公司 PLC 简介及部分产品的主要技术性能

2.6.2.1　概况

德国西门子公司是世界上较早研制和生产 PLC 产品的主要厂家之一，其产品具有各种尺寸以适应各种不同的应用场合，有适合于起重机械或各种气候条件的坚固型；有适用于狭小空间具有高处理性能的密集型；有的运行速度极快且具有优异的扩展能力。它包括从简单的小型控制器到具有过程计算机功能的大型控制器，可以配置各种输入/输出模块、编程器、过程通讯和显示部件等。

西门子公司的 PLC 发展到现在已有很多系列产品，如 S5、S7 系列。其中 S5-90U 与 S5-95U 是两种小型控制器。S5-100 采用模块式结构，该机型有三种 CPU（CPU100、102、

103）可供选择，CPU 档次越高，其附加功能越强。S5-115U 是一种中型 PLC，能完成要求比较高的控制任务，有多种 CPU 可满足不同的功能需要。S5-155U 是 S5 系列中最高档次的 PLC，它具有强大的内存能力与很短的运算扫描时间，而且有更强的编程能力，可以用来完成非常复杂的控制任务。它的几个 CPU 可以并行工作，可以实现各种操作和控制、回路调节以及所有过程的监视。可以插装各种智能输入输出模块，可以与上位机和现场控制器联网形成网络系统。

S7 系列 PLC 是在 S5 系列基础上研制出来的。它由微型 S7-200、中小型 S7-300、中大型 S7-400 组成。其中结构紧凑、价格低廉的 S7-200 适用于小型的自动化控制系统；紧凑型、模块化的 S7-300 适用于极其快速的过程处理或对数据处理能力有特别要求的中小型自动化控制系统；功能极强的 S7-400 适用于大、中型自动控制系统。

2.6.2.2 S5-115U 型 PLC 简介

S5 系列的 PLC 种类很多，不可能向大家全部介绍，在此仅介绍其中最具有 S5 系列产品特点的中小型 PLC——S5-115U。该产品具有坚固的模块式结构，可以方便地、经济地实现各种自动控制任务，例如逻辑控制、协调和通讯、操作和监视、报警和记录。

S5-115U 型的 PLC 被广泛应用于机器制造工业、汽车工业、钢铁工业、水泥工业、化学工业、食品工业等行业的系统控制、过程自动化、过程监视等领域。由于其结构坚固，所以在恶劣的工作环境下也能使用。

因为 S5-115U 型 PLC 采用模块式结构，即使在输入输出点数很少的情况下，也可以充分体现其经济性，而且可以根据实际需要，灵活地在最大 1024 输入点和 1024 输出点的范围内选择，因而它非常适合于中小规模的过程自动化。标准化的硬件技术、模块式结构和具有很强功能的编程器，使得该自动化装置在实际应用时具有如下特点：

（1）装配和连接简单，更换方便；

（2）通过各种不同的输入输出电平，以及对输入点、输出点和存储器的精细分级，使其具有较强的配置适应能力；

（3）在所有符合标准的应用中，不需要通风冷却装置；

（4）程序在结构上进行了分块，标准程序块的（功能块）应用使编程工作大大简化；

（5）采用了智能模块（例如数字位置模块、阀门控制模块等），减轻了编程和 CPU 的工作量；

（6）通过通讯处理器和局部网，可方便地同其他自动化装置及计算机进行通讯；

（7）具有丰富的编程和调试手段的编程器，使得系统调试和试车变得方便；

（8）编程语言（STEP5）有多种表达方式，如梯形图、助记符（语句表）、逻辑功能图。

S5-115U PLC 在配置不同的 CPU 时，其技术性能是不相同的，表 2-7 中列出了 CPU943、CPU942、CPU941 的主要技术性能指标。

表 2-7　S5-115U PLC 的主要技术性能一览表

项　　目	S5-115U		
	配 CPU943	配 CPU942	配 CPU941
程　　序	48K 字节 （24K 语句）	42K 字节 （21K 语句）	18K 字节 （9K 语句）

项　　目	S5-115U		
	配 CPU943	配 CPU942	配 CPU941
程序存储器	RAM，EPROM，EEPROM	RAM，EPROM，EEPROM	RAM，EPROM，EEPROM
数　　据	256K 字节（最大）	256K 字节（最大）	256K 字节（最大）
数据存储器	磁泡存储器	磁泡存储器	磁泡存储器
每 1K 二进制语句的扫描时间	1.6ms	1.6ms	2.2ms
每 1K 浮点运算 +，-，×，÷ 的执行时间			
标记（内部线圈）	2048	2048	2048
计时器/计数器	各 128	各 128	各 128
算术运算功能 +，-，×，÷	✓	✓	✓
数字输入/输出	各 1024	各 1024	512（总共）
模拟输入/输出	各 64	各 64	各 64
智能输入/输出	✓	✓	✓
操作员通信及过程显示系统	✓	✓	✓
SINE CH1 和 L1 局部网络	H1，L1	H1，L1	H1，L1

注：✓表示有此功能。

2.6.2.3　S7-200、S7-300 型 PLC 简介

S7-200 这种微型 PLC 的优势在于它的快速性、灵活性及多功能性。所谓快速性是指它的指令处理周期短、循环时间短，它的高速计数器、高速中断器可以分别响应过程事件；灵活性是指它的模块结构可用于各种性能的扩展，脉冲输出可控制步进电机和直流电机，丰富的指令集可以快速方便地解决最复杂的任务；多功能性是指它具有点对点接口（PPI），可连接编程设备、操作员界面和串行设备接口，具有用户友好的 STEP7 编程软件和功能极强的编程器，方便了编程。

S7-300 型 PLC 具有功能强、速度快、扩展灵活的特点。这种 PLC 的模块化、无排风扇设计易于实现分布式控制系统结构，具有用户友好的特点。这些特点使得 S7-300 成为能满足各种不同控制性能要求的、性能价格比较高的设备之一。S7-300 有五种性能级别的 CPU 供用户选择，其中 CPU312IFM 用于有或没有模拟量的小型设备；CPU313 用于编程范围有更多要求的大型设备；CPU314 用于对编程范围和操作处理速度有高要求的大型设备；CPU315 和 CPU315-2DP 用于复杂任务和分布式控制系统结构。S7-200、S7-300 的主要技术特性如表 2-8 所示。

表 2-8　S7 系列 PLC 主要技术特性

项　　目	S7-200		S7-300			
	CPU212	CPU214	CPU312IFM	CPU313	CPU314	CPU315/315-2DP
程序存储量	1K	4K	6K	12K	24K	48K
每 1K 语句执行时间	1.3ms	0.8ms	0.6ms	0.6ms	0.3ms	0.3ms
位存储器	128	256	1024	2048	2048	2048

项 目	S7-200		S7-300			
	CPU212	CPU214	CPU312IFM	CPU313	CPU314	CPU315/315-2DP
计数器/定时器	64/64	128/128	32/64	64/128	64/128	128
输入/输出点数本机	8DI/6DO	14DI/10DO	10DI/6DO			
输入输出点数最大	38 30DI/DO 6AI/2AO	80 64DI/DO 12AI/4AO	176 144DI/DO 32AI/AO	160 128DI/DO 32AI/AO	576 512DI/DO 32AI/AO	1024
最多可扩展模块数	2	7	8	8	32	32
通信接口	PPI	PPI	MPI	MPI	MPI	MPI
实时时钟		有			有	有
操作员接口系统	COROS OPS, TD200		OP3, OP5 OP15C, OP25, OP35, OP45, COROS LS-B			
网络功能			SINEC L2/L2-DP			
编程软件	STEP7 Micro/Dos		STEP7			
编程工具	720/PG, 740/PG, 760 及 AT 兼容机					

2.6.3 GE 系列 PLC 简介

2.6.3.1 GE 智能平台产品概况

GE 智能平台从事自动化产品的开发和生产已有数十年的历史。其 PLC 产品包括 90-30、90-70、VersaMax 系列等。近年来，GE 智能平台在世界上率先推出 PAC 系统，作为新一代控制系统。

GE 智能平台工控产品有：

PAC Systems RX7i 控制器；PAC Systems RX3i 控制器；系列 90-70 PLC；系列 90-30 PLC；VersaMax I/O 和控制器；VersaMax Micro 和 Nano 控制器；QuickPanel Control；Proficy Machine Edition。

2.6.3.2 PAC 和 PLC 概述

GE 智能平台 PAC Systems 提供第一代可编程自动化控制系统（PAC-Programmable Automation Controller）——为多个硬件平台提供一个控制引擎和一个开发环境。

PAC Systems 提供比现有的 PLC 有着更强大的处理速度、通信速度以及编程的能力。它能应用到高速处理、数据存取和需要大内存的应用中，如配方存储和数据登录。基于 VME 的 RX7i 和基于 PCI 的 RX3i 提供强大的 CPU 和高带宽背板总线，使得复杂编程能简便快速地执行。

PAC Systems 具有以下特点：

（1）PAC 系统为继 PLC、DCS 之后的新一代控制系统；

（2）克服了 PLC/DCS 长期过于封闭化、专业化而导致其技术发展缓慢的缺点，PAC 消除了 PLC/DCS 与 PC 机间不断扩大的技术差距的瓶颈；

（3）操作系统和控制功能独立于硬件；

（4）采用标准的嵌入式系统架构设计；

（5）开放式标准背板总线 VME/PCI；

（6）CPU 模块均为 PⅢ/PM 处理器；

（7）支持 FBD，可用于过程控制，尤其适用于混合型集散控制系统（Hybrid DCS）；

（8）编程语言符合 IEC1131。

PAC Systems 系列产品实现了更高的产量和提供更开放的通讯方式难题。帮助用户全面提升整个自动化系统的性能，降低工程成本、大幅度减少有关短期和长期的系统升级问题以及这一控制平台寿命的问题。

2.6.3.3　PAC Systems RX7i

PAC Systems RX7i 系统结构示意图如图 2-19 所示。

PAC Systems RX7i 是 GE 智能平台 2003 年推出的新一代高端产品。RX7i 为 90-70 的升级产品。RX7i 系列采用 VME64 总线机架方式安装，兼容多种第三方模块。CPU 采用 Intel PⅢ-700 处理器，10M 内存，集成 2 个 10/100M 自适应以太网卡。主机架采用新型 17 槽 VME 机架。扩展机架、I/O

图 2-19　PAC Systems RX7i

模块、Genius 网络仍然采用原 90-70 产品，从而使其在兼容以前产品的同时，性能得到了极大的提高。

2.6.3.4　PAC Systems RX3i

PAC Systems RX3iDemo 演示箱实物图如图 2-20 所示。

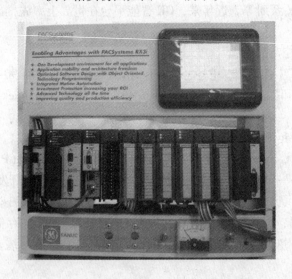

图 2-20　PAC Systems RX3iDemo 演示箱实物图

在 Proficy Machine Edition 的开发软件环境中，RX3i 具有单一的控制引擎和通用的编程环境，能整体上提升自动化水平。PAC Systems RX3i 模块在一个小型的、低成本的系统中提供了高级功能，它具有下列优点：

（1）把一个新型的高速底板（PCI-27MHz）结合到现成的 90-30 系列串行总线上；

（2）具有 Intel 300MHz CPU（与 RX7i 相同）；

（3）消除信息的瓶颈现象，获得快速通过量；

（4）支持新的 RX3i 和 90-30 系列输入输出模块；

（5）大容量的电源，支持多个装置的额外功率或多余要求；

（6）使用与 RX7i 模块相同的引擎，容易实现程序的移植；

（7）RX3i 还使用户能够更灵活地配置输入/输出；

（8）具有扩充诊断和中断的新增加的、快速的输入、输出；

（9）具有大容量接线端子板的 32 点离散输入、输出。

A IC695PSD040 电源模块

RX3i 的电源模块像 I/O 一样简单地插在背板上，并且能与任何标准型号 RX3iCPU 协同工作。每个电源模块具有自动电压适应功能，无需跳线选择不同的输入电压。电源模块具有限流功能，发生短路时，电源模块会自动断开来避免硬件损坏。RX3i 电源模块与 CPU 性能紧密结合，能实现单机控制、失败安全和容错。其他的性能和安全特性还包括先进的诊断机制和内置智能开关熔丝。IC695PSD040 电源模块示意图如图 2-21 所示。

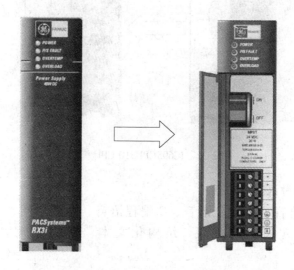

图 2-21 IC695PSD040 电源模块

IC695PSD040 电源的输入电压范围是 18V DC-39V DC，可提供 40W 的输出功率。包括：

+5.1V DC 输出；

+24V DC 继电器输出，可以应用在继电器输出模块上的电源电路；

+3.3V DC。这种输出只能在内部用于 IC695 产品编号 RX3i 模块中。

当电源模块发生内部故障时将会有指示，CPU 可以检测到电源丢失或记录相应的错误代码。下面对电源模块上的四个 LEDs 做简要说明：

电源（绿色/琥珀黄）：当 LED 为绿色时，意味着电源模块在给背板供电。当 LED 为琥珀黄时，意味着电源已加到电源模块上，但是电源模块上的开关是关着的；

P/S 故障（红色）：当 LED 亮起时，意味着电源模块存在故障并且不能提供足够的电压给背板；

温度过高（琥珀黄）：当 LED 亮起时，意味着电源模块接近或者超过了最高工作温度；

过载（琥珀黄）：当 LED 亮起时，意味着电源模块至少有一个输出接近或者超过最大输出功率。

B　IC695CPU310 CPU 模块

RX3i CPU 有一个 300MHz 处理器，支持 32K 数字输入、32K 数字输出、32K 模拟输入、32K 模拟输出。数据存储最大达 5 兆字节。RX3i 支持多种 IEC 语言和 C 语言，使得用户编程更加灵活。RX3i 广泛的诊断机制和带电插拔能力增加了机器周期运行时间，减少了停机时间，用户能存储大量的数据，可减少外围硬件花费。RX3i CPU 有两个串行端子，即一个 RX-232 端口和一个 RS-485 端口，它们支持无中断的 SNP 主从、串行读/写和 Modbus 协议。RX3i CPU 具有一个三档位置的转换开关：运行、禁止、停止。有一个内置的热敏传感器。其 CPU 模块示意图如图 2-22 所示。

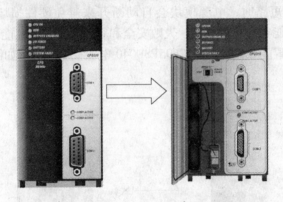

图 2-22　IC695CPU310 CPU 模块

CPU 能够支持多种语言，包括：

继电器梯形图语言、指令表语言、C 编程语言、功能块图、Open Process、用户定义的功能块、结构化文本、SFC、符号编程。

C　IC695ETM001 以太网通信模块

IC695ETM001 模块用来连接 PAC 系统 RX3i 控制器至以太网，以太网接口模块有两个自适应的 10Base T/100Base TX RJ-45 屏蔽双绞线以太网端口，用来连接 10BaseT 或者 100BaseTX IEEE 802.3 网络中的任意一个。这个接口能够自动检测速度、双工模式（半双工或全双工）和与之连接的电缆（直行或者交叉），而不需要外界的干涉。IC695ETM001 以太网通信模块示意图如图 2-23 所示。

以太网模块的主要指示灯有以下几种：

Ethernet OK 指示灯：指示该模块是否能执行正常工作。该指示灯开表明设备处于正常工作状态，如果指示灯处于闪烁状态，则代表设备处于其他状态。假如设备硬件或者是运行时有错误发生，Ethernet OK 指示灯闪烁次数表示两位错误代码。

LAN OK 指示灯：指示是否连接以太网。该指示灯处于闪烁状

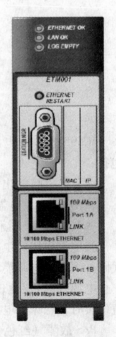

图 2-23　IC695ETM001
以太网通信模块

态，表明以太网接口正在直接从以太网接收数据或发送数据。如果指示灯一直处于亮状态，表明这时以太网接口正在激活地访问以太网，但以太网物理接口处于可运行状态，并且一个或者两个以太网端口都处于工作状态。其他情况 LED 均为熄灭，除非正在进行软件下载。

Log Empty 指示灯：在正常运行状态下呈"亮"状态，如果有事件被记录，指示灯呈"熄灭"状态。

D　底板

有两种通用背板可以用于 RX3i PAC 系统：16 插槽的通用背板（IC695CHS016）和 12 插槽的通用背板（IC695CHS012）。Demo 箱用的是 12 插槽的通用背板，示意图及相关功能如图 2-24 所示。

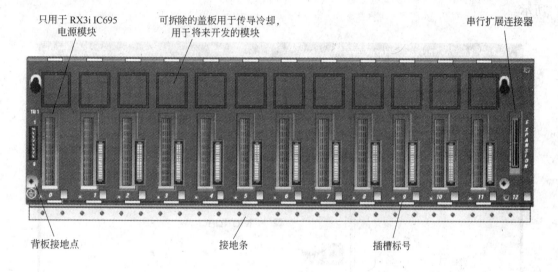

图 2-24　12 插槽（IC695CHS012）的通用背板

绝大多数的模块占用一个插槽，一些模块例如 CPU 模块以及交流电源，两倍宽，占用两个插槽。

E　插槽

通用背板最左侧的插槽是 0 插槽。只有 IC695 电源的背板连接器可以插在 0 插槽上（注意：IC695 电源可以装在任何插槽内）。然而两个插槽宽的模块的连接器在模块底部右边，如 CPU310，可以插入 1 插槽连接器并盖住 0 插槽。在配置以及用户逻辑应用软件中的槽号参照 CPU 占据插槽的左边插槽的槽号。例如，如果 CPU 模块装在 1 插槽上，而 0 插槽同样被模块占据，考虑到配置和逻辑，CPU 就被认为是插入 0 插槽。

从插槽 1 到 11，每槽有两个连接器，一个用于 RX3i PCI 总线，另一个用于 RX3i 串行总线。每个插槽可以接受任何类型的兼容模块：IC695 电源，IC695CPU 或者 IC695，IC694 以及 IC693 I/O 或选项模块。

扩展插槽（槽 12）是通用背板上最右侧的插槽，有不同于其他插槽的连接器。它只能用于 RX3i 串行扩展模块（IC695LRE001），RX3i 双插槽模块不能占用该扩展插槽。

2.6.3.5　Proficy Machine Edition 概述

GE 智能平台的 Proficy Machine Edition 是一个适用于人机界面开发、运动控制及控制应用的通用开发环境。Proficy Machine Edition 提供一个统一的用户界面，全程拖放的编辑功能以及支持项目需要的多目标组件的编辑功能。支持快速、强有力、面向对象的编程，Proficy Machine Edition 充分利用了工业标准技术的优势，如 XML、COM/DCOM、OPC 和 ActiveX。Proficy Machine Edition 也包括了基于网络的功能，如它的嵌入式网络服务器，可以将实时数据传输给企业里任意一个人。Proficy Machine Edition 内部的所有组件和应用程序都共享一个单一的工作平台和工具箱。一个标准化的用户界面会减少学习时间，而且新应用程序的集成不包括对附加规范的学习。Proficy TM Machine Edition 软件的界面如图2-25所示。

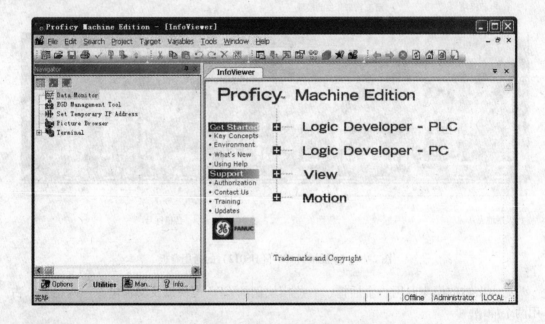

图 2-25　Proficy TM Machine Edition 软件界面

Proficy 人机界面：一个专门设计用于全范围的机器级别操作界面/HMI 应用的 HMI。包括对下列运行选项的支持：QuickPanel；QuickPanel View（基于 Windows CE）；Windows NT/2000/XP。

Proficy 逻辑开发器——PC：综合了易于使用的特点和快速应用开发的功能。包括对下列运行选项的支持：QuickPanel Control（基于 Windows CE）；Windows NT/2000/XP；嵌入式 NT。

Proficy 逻辑开发器——PLC：可对所有 GE 智能平台的 PLC、PAC Systems 控制器和远程 I/O 进行编程和配置；在 Professional、Standard 以及 Nano/Micro 版本中可选。

Proficy 运动控制开发器：可对所有 GE 智能平台的 S2K 运动控制器进行编程和配置。

思考练习题

2-1 试述 PLC 控制系统与继电器控制系统的主要差异。

2-2 PLC 主要由哪几部分组成，各部分起什么作用？

2-3 PLC 的存储空间一般分为三个区域，试述各存储区的存储内容和功用。

2-4 试述 PLC 的工作过程。

2-5 PLC 的主要性能指标有哪些？

2-6 FX 系列 PLC 的输出方式有几种？

2-7 某种控制系统选用 S7-200 系列的 CPU 214 PLC，请问它最多可以接多少路 DI/DO 信号，接多少路 AI/AO 信号？

2-8 模拟量 I/O 模块中转换位数与分辨率的关系如何？试举一工程实例进行说明。

3 可编程序控制器应用系统硬件设计方法

本章要点：目前，适用于工程应用的可编程序控制器种类繁多，性能各异。在实际工程应用中，应根据什么进行应用系统硬件设计，机型选择时应注意哪些性能指标和各种模块怎样选择都是比较重要的问题。另外，在完成了系统硬件选型设计之后，还要进行系统供电和接地设计，这也是工程应用中的重要一环。本章以可编程序控制器应用系统硬件设计为主线，结合工程实例，在分析系统硬件设计依据的基础上，着重讨论 PLC 的机型选择，各种 I/O 模块选择要考虑的问题；介绍系统供电、接地、各种模块电源设计及硬件设计文件要求等内容。

3.1 应用系统总体方案设计

在利用 PLC 构成应用系统时，首先要明确对控制对象的要求，然后根据实际需要确定控制系统类型和系统工作时的运行方式，这些就是总体方案设计的内容。

3.1.1 PLC 控制系统类型

一般来说，由 PLC 构成的单机控制系统可分为下列四种类型：

（1）由 PLC 构成的单机控制系统。这种系统的被控对象往往是一台机器或一条生产流水线，如注塑机、机床、矿山皮带运输机、简易生产流水线等。用一台 PLC 来实现对被控对象的控制，图 3-1 是典型的单机控制系统示意图。这种系统对 PLC 的输入/输出点数要求较少，对存储器的容量要求较小，控制系统的构成简单明了。此种系统在选用 PLC 时，任何类型的 PLC 都可以选用。在具体选用 PLC 时，不宜将功能和 I/O 点数、存储器容量选得过大，以免造成浪费。虽然这类系统一般不需要与其他控制器或计算机进行通信，但设计者还应考虑将来是否有通信联网的需要，如果有的话，则应选择具有通信功能的 PLC，以备以后系统功能的增加。

（2）由 PLC 构成的集中控制系统。这种系统的被控对象通常由数台机器或数条流水线构成，该系统是用一台 PLC 控制多台被控设备，图 3-2 是集中控制示意图，每个被

图 3-1　单机控制系统　　　　　　　　　　　图 3-2　集中控制系统

控对象与 PLC 的指定 I/O 相连接。由于采用一台 PLC 控制，因此各被控对象之间的数据、状态的变换不需要另设专门的通信线路。该控制系统多用于控制对象所处的地理位置比较接近，且相互之间的动作有一定联系的场合。如果各控制对象的地理位置比较远，而且大多数的输入、输出线都要引入控制器，这时需要的电缆线、施工量和系统成本增加，在这种情况下，建议使用远程 I/O 控制系统。虽然这比单机控制系统经济，但是当某一控制对象的控制程序需要改变或 PLC 出现故障时，则必须停止整个系统工作，这是集中控制系统的最大缺点。因此，对于大型的集中控制系统，可以采用冗余系统克服上述缺点，采用此种系统时，必须注意将 I/O 点数和存储器容量选得大一些，以便增加控制对象。

（3）由 PLC 构成的分布式控制系统。这类系统的被控对象比较多，它们分布在一个较大区域内，相互之间的距离较远，而且各被控对象之间要求经常地交换数据和信息。这种控制系统由若干个相互之间具有通信联网功能的 PLC 构成，系统的上位机可以采用 PLC，也可以采用计算机，如图 3-3 所示。

在分布式控制系统中，每一台 PLC 控制一个被控对象，各控制器之间可以通过信号传递进行内部连锁、响应或发令等，或由上位机通过数据总线进行通信。分布式控制系统多用于多台机械生产线的控制，各生产线间有数据连接。由于各控制对象都有自己的 PLC，当某一台 PLC 停运时，不需要停运其他的 PLC。当此系统与集中控制系统具有相同的 I/O 点时，虽然多用了一台或几台 PLC，导致系统总构成价格偏高，但从维护、试运转或增设控制对象等方面看，其灵活性要大得多。

（4）用 PLC 构成远程 I/O 控制系统。远程 I/O 控制系统实际上是集中式控制系统的特殊情况。远程 I/O 系统就是 I/O 模块不与 PLC 放在一起，而是远距离地放在被控设备附近。图 3-4 是远程 I/O 控制系统的构成示意图。系统中使用了三个远程 I/O 通道（A、B、C）和一个本地 I/O 通道（M）。

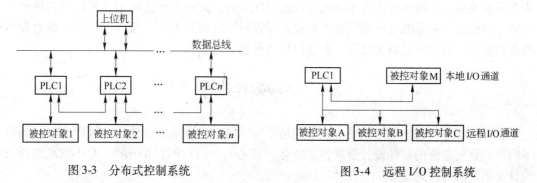

图 3-3 分布式控制系统   图 3-4 远程 I/O 控制系统

远程 I/O 通道与 PLC 之间通过同轴电缆传递信息。由于不同厂家、不同型号的 PLC 所能驱动的同轴电缆长度不同，因此必须按照控制系统的需要选用。有时会发现，某种型号的 PLC 虽能满足所需要的功能要求，但仅由于受到所能驱动同轴电缆长度的限制而不得不改用其他型号的 PLC。

远程 I/O 控制系统适用于被控制对象远离集中控制室的场合。一个控制系统需要设置多少个远程 I/O 通道，要视被控对象的分散程度和距离而定，同时应受所选 PLC 能驱动 I/O 通道数的限制。

3.1.2 系统的运行方式

用 PLC 构成的控制系统有三种运行方式，即自动、半自动和手动。

（1）自动运行方式。自动运行方式是控制系统的主要运行方式。这种运行方式的主要特点是在系统工作过程中，系统按给定的程序自动完成被控对象的动作，不需要人工干预，如煤矿主井提升设备的控制系统。系统的启动可由 PLC 本身的启动系统进行，也可由 PLC 发动启动预告，由操作人员确认并按下启动响应按钮后，PLC 自动启动系统。

（2）半自动运行方式。这种运行方式的特点是系统在启动和运行过程中的某些步骤需要人工干预才能进行下去。半自动方式多用于检测手段不完善，需要人工判断或某些设备不具备自控条件，需要人工干涉的场合。

（3）手动运行方式。手动运行方式不是控制系统的主要运行方式，而是设备调试、系统调整和特殊情况下的运行方式，因此它是自动运行方式的辅助方式。所谓特殊情况是指系统在故障情况下运行，从这个意义上讲，手动方式又是自动运行方式或半自动运行方式中的任意一种。

由于 PLC 本身的可靠性很高，如果控制系统设计合理，可靠性设计措施有效，应用控制系统可以设计成自动或半自动运行方式中的任意一种，调试用的程序亦可进入 PLC。

与系统运行方式的设计相对应，还必须考虑停运方式的设计。PLC 的停运方式有正常停运、暂时停运和紧急停运三种。正常停运由 PLC 的程序执行，当系统的运行步骤执行完且不需要重新启动执行程序时，或 PLC 接收到操作人员的停运指令后，PLC 按规定的停运步骤停止系统运行。暂停方式用于程序控制方式时暂停执行当前程序，使所有输出都设置成 OFF 状态，待暂停解除后将继续执行被暂停的程序。另外也可用暂停开关直接切断负荷电源，同时将此信息传给 PLC，以停止执行程序，或者把 CPU 的 RUN 切换成 STOP，以实现对系统的暂停运行。紧急停运方式是在系统运行过程中设备出现异常情况或故障时，若不中断系统运行，将导致重大事故或有可能损坏设备，此时必须使用紧急停运按钮使整个系统立即停运。它是既没有连锁条件也没有延迟时间的停运方式，紧急停运时，所有设备都必须停运，且程序控制被解除，控制内容复位到原始状态。

3.2 系统硬件设计

在可编程序控制器应用系统中，硬件是系统的基础。系统的硬件设计过程主要包括以下内容：分析系统的硬件设计要求；系统运行核心——PLC 的机型选择；I/O 模块选择及设计文档要求与格式。

3.2.1 系统硬件设计依据

系统硬件设计必须根据控制对象而定，应包括控制对象的工艺要求、设备状况、控制功能、I/O 点数，并据此构成比较先进的控制系统。

3.2.1.1 工艺要求

工艺要求是系统设计的主要依据，也是控制系统所要实现的最终目的，所以在进行系统设计之前，必须了解清楚控制对象的工艺要求。不同的控制对象，其工艺要求也不相同。如果要实现的是单体设备控制，其工艺要求就相对简单；如果实现的是整个车间或全厂的控制，其工艺要求就会比较复杂。

下面以机械手的控制系统为例，讨论工艺要求所包含的内容和对系统设计的要求。图 3-5 是机械手示意图，在此例中，所要了解一个周期的工艺过程为：

（1）下降；（2）夹紧；（3）上升；（4）右移；（5）下降；（6）放松；（7）上升；（8）左移。

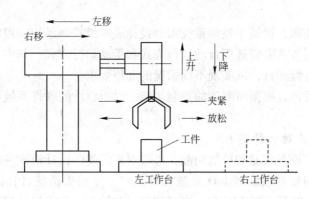

图 3-5　机械手示意图

3.2.1.2　设备状况

了解了工艺要求后还要掌握控制对象的设备状况，设备状况应满足整个工艺的要求。对控制系统来说，设备又是具体的控制对象，只有掌握了设备状况，对控制系统的设计才有了基本的依据。在实际应用中，既有新产品或新的生产流水线控制系统的设计，又有老系统的改造设计。因此在掌握设备状况时，既要掌握设备的种类、多少，也要掌握设备的新旧程度。

仍以上面所讲的机械手的控制系统为例。机械手的全部动作都由汽缸驱动，其中上升、下降动作由上升/下降汽缸完成；左移、右移动作由左移/右移汽缸完成；夹紧、放松动作由夹紧/放松汽缸完成。所有汽缸的动作又由相应的电磁阀来控制，其中上升/下降汽缸和左移/右移汽缸分别由双线圈两位电磁阀控制。例如当下降电磁阀通电时，机械手下降；当下降电磁阀断电时，机械手停止下降。只有当上升电磁阀通电时，机械手才上升；当上升电磁阀断电时，机械手停止上升。同样左移/右移汽缸分别由左移电磁阀和右移电磁阀控制。机械手的放松/夹紧汽缸由一个单线圈两位置电磁阀控制，当该线圈通电时，机械手夹紧，该线圈断电时，机械手放松。为了使机械手在工作过程中实现自动或半自动运行和安全可靠运行，选用限位开关（上升、下降、左移、右移位置控制）和光电开关（无工作检测）给相应电磁阀传递通、断信息。

3.2.1.3　控制功能

根据工艺要求和设备状况就可提出控制系统应实现的控制功能。控制功能也是控制系统设计的重要依据。只有掌握了要实现的控制功能，才能据此设计系统的类型、规模、机型、模块、软件等内容。

前面所介绍的机械手控制系统应有如下功能要求：

（1）连续操作。系统一旦启动，机械手的动作将自动地连续不断地周期性循环，直至系统接收到停运信号。

（2）单周期操作。机械手从原点开始，自动完成一个周期的动作后停止。

（3）单步操作。每按一次启动按钮，机械手完成一步动作后自动停止。

（4）手动操作。就是用按钮操作对机械手的每一种运动单独进行控制。例如当选择上、下运动时，按下启动按钮，机械手上升；按下停止按钮，机械手下降。

（5）复位操作。

根据上述功能要求，机械手控制系统需要设计成单级控制系统，以实现对机械手各驱动器件的控制。运行方式需要选用自动运行方式和手动运行方式，其中自动运行方式又分为单步、单周期和连续运行，以实现不同情况的动作要求。

由上述讨论可看出，根据所要求的控制功能，对所设计的硬件系统就可有一个粗略的考虑。

3.2.1.4　I/O 点数和种类

根据工艺要求、设备状况和控制功能，可以对系统硬件设计形成一个初步的方案。但要进行详细设计，则要对系统的 I/O 点数和种类有一个精确的统计，以便确定系统的规模、机型和配置。在统计系统 I/O 时，要分清输入和输出、数字量和模拟量、各种电压电流等级、智能模板的要求。

在前面所讨论的例子中，机械手控制系统的 I/O 点数如下：

DI	15 点
DO	6 点

根据上面的总点数可知，采用一台小型 PLC 就能满足需要，I/O 点数的确定要按实际 I/O 点数再加 20% ~30% 的备用量。

3.2.1.5　系统的先进性

在系统设计中，除了要考虑前面各部分内容，还要考虑所构成的控制系统的先进性。

现代的工业过程自动化系统是逐步发展起来的。最初的仪表控制系统是一种初级的单体设备控制系统；计算机出现以后，则由计算机实现了集中控制系统；后来，人们发现集中控制易导致危险集中，一旦某一部分发生故障将影响整个控制系统的控制功能，所以就出现了集中分散型控制系统。现在一些发达国家已经提出 EIC 综合化控制系统：EIC 综合化系统就是将电气控制（electric，以电机控制为主，包括各种逻辑连锁和顺序控制，用以替代传统的继电器控制系统）、仪表控制（instrumentation，实现以 PID 控制为代表的各种回路控制功能，包括各种工业过程参数的检测和处理）、计算机系统（computer，实现各种参数的设定、现场过程的显示、各种控制算法的计算和各种操作运行的管理）集于一体形成的综合化控制系统。这种系统功能强、层次清楚、可靠性高、可扩展性强、应用开发容易。鉴于控制思想的不断更新，在设计可编程序控制器所组成的控制系统时，也要考虑到所组成的控制方案的先进性。

3.2.2　可编程序控制器的机型选择

前节较详细地讨论了系统硬件设计的根据，并以实例叙述了如何构成一个控制系统。本节将讨论构成一个系统后，根据哪些性能指标来选择可编程序控制器的机型，以实现所构成的控制系统。

3.2.2.1 CPU 的能力

CPU 能力是可编程序控制器最重要的性能指标，也是机型选择时首要考虑的问题。实际上 I/O 点数、响应速度和软件功能都属于 CPU 的能力，由于后面还要逐条讨论，所以这里只介绍除此之外的 CPU 能力。

可编程序控制器的 CPU 能力还应包括：

（1）处理器的个数。是单处理器还是双处理器或多处理器；处理器是 8 位的还是 16 位或 32 位的。根据处理器的个数和位数就可粗略了解该可编程序控制器的基本特性。

（2）CPU 存储器的性能。存储器是存放程序和数据的地方，从使用角度考虑存储器的性能主要是可供用户使用的存储器能力，它应包括存储器的最大容量、可扩展性、存储器的种类（RAM、EPROM、EEPROM）。存储器的最大容量将限制用户程序的多少，一般来讲应根据内存容量估计并留有一定余量来选择存储器的容量。存储器的扩展性和种类多少，则体现了系统构成的方便性和灵活性。

（3）中间标志、计时器和计数器的能力。这一性能实际上也体现了软件功能，中间标志的多少和种类与系统的使用性能具有一定关系。如果构成的系统庞大，控制功能复杂，就需要较多的中间标志。对于计时器和计数器，不但要知道它们的多少，还要知道它们的计时和计数范围。

（4）其他的性能参数。包括电流消耗、工作环境要求、寿命时间等。

总之，CPU 能力是一种综合的性能指标，而且要根据实际需要进行选择，以满足工程应用的要求。

3.2.2.2 I/O 点数

I/O 点数是可编程序控制器的一个简单明了的性能参数，也是应用设计的最直接的参数。在机型选择时必须注意以下问题：

（1）产品手册上给出的最大 I/O 点数的确切含义。由于各公司的习惯不同，所给出的最大 I/O 点数的含义并不完全一样。有的给出的是 I/O 总点数，既包括输入也包括输出，也就是手册上给出的点数是输入点数和输出点数之和，如西门子公司的 S5-115UCPU941 手册上给出的最大 I/O 点数为 512 点就是这种含义，有的则分别给出最大输入点数和最大输出点数。

（2）要分清模拟量 I/O 点数和数字量 I/O 点数的关系。有的产品模拟量 I/O 点数要占数字量 I/O 的点数；有的产品则分别独立给出且互相并无影响。

（3）远程 I/O 的考虑。对于较大的控制系统，控制对象较为分散，一般都要采用远程 I/O。在选择机型时，要注意可编程序控制器是否具有远程 I/O 的能力和是否能驱动远程 I/O 的点数。

（4）智能 I/O 的考虑。在选择机型考虑 I/O 点数的同时，还要考虑智能 I/O 的能力。具有智能 I/O 模板可方便地解决高速计数、闭环控制等特殊的控制功能。

（5）I/O 点数的余量。无论如何，在系统硬件设计中要留有充分的 I/O 点数作为备用。这主要是基于两个方面的考虑：一是系统设计的更改。如果不留有充分的余量，一旦系统设备调整、控制功能增加，就要全部推翻原有设计好的系统，造成不必要的损失。二是手册上给出的最大 I/O 点数都是在理想情况下获得的参数，一旦满负荷运行，就要影响整个系统的响应速度和可靠性，给系统带来不良的影响。为了保证所设计的控制系统正常运行，在系统硬件设计时，建议根据实际 I/O 点数留有 20% ~30% 的余量。

3.2.2.3　响应速度

对于以数字量控制为主的工程应用项目，可编程序控制器的响应速度都可满足实际需要，不必给予特殊的考虑。对于模拟量控制的系统，特别是具有较多闭环控制的系统，则必须考虑可编程序控制器的响应速度。

考虑响应速度主要是从两个方面来考虑：一是可编程序控制器程序的语句处理时间；二是可编程序控制器的扫描周期。一般手册上都给出语句处理时间，而且是以处理 1K 语句所需时间计算的。在实际应用中要注意逻辑处理指令和字处理指令所需时间是不同的，有的产品给出每条指令的处理时间。在可编程序控制器中给出的扫描周期都是最大的扫描周期时间，而系统中实际运行的扫描周期则与系统所连接设备的多少和应用软件的多少及复杂程度有关。在选择机型时还应注意最大的扫描周期是否可重新设定，如果可以重新设定，适应性则更强。

在有特殊响应速度要求的情况下，还要考虑系统中断处理和直接控制 I/O 功能。这些功能可以随时处理，而不受扫描周期的限制。当然这些功能都是有一定的具体要求的，有的也与系统硬件配置有关。

整个系统的响应速度还与输入输出处理有关，因为任何输入输出模板都有一定的时间滞后。

总之，不同的控制对象对响应速度有不同的要求，要根据实际需要来选择可编程序控制器。控制对象信号变化速度快，则要求响应速度快；控制对象信号变化慢，则要求响应的速度慢。

3.2.2.4　指令系统

由于可编程序控制器应用的广泛性，各种机型所具备的指令系统也不完全相同。从工程应用角度看，有些场合仅需要逻辑运算，有些场合需要复杂的算术运算，而有一些特殊场合还需要专用指令功能。从可编程序控制器本身来看，各个厂家的指令差异较大，但从整体上来说，指令系统都是面向工程技术人员的语言，其差异主要表现在指令的表达方式和指令的完整性上。有些厂家在控制指令方面开发得较强，有些厂家在数字运算指令方面开发得较全，而大多数厂家在逻辑指令方面都开发得较细。在选择机型时，从指令系统方面注意下述内容：

（1）指令系统的总语句数。这一点反映了整个指令所包括的全部功能。

（2）指令系统的种类。主要应包括逻辑指令、运算指令和控制指令，具体的需求则与实际要完成的控制功能有关。

（3）指令系统的表达方式。指令系统表达方式有多种，有的包括梯形图、控制系统流程图、语句表、顺控图、高级语言等多种表达方式；有的只包括其中一种或两种表达方式。

（4）应用软件的程序结构。程序结构有模块化的程序结构，有子程序式的程序结构。前一种有利于应用软件编写和调试，但处理速度慢；后一种响应速度快，但不利于编写和现场调试。

（5）软件开发手段。在考虑指令系统这一性能时，还要考虑到软件的开发手段。有的厂家在此基础上还开发了专用软件，可利用通用的微型机（例如 IBM-PC）作为开发手段，这样就更加方便了用户的需要。

3.2.2.5 机型选择的其他考虑

在考虑上述性能后，还要根据工程应用实际考虑其他一些因素，这些因素包括：

（1）性能价格比。毫无疑问，高性能的机型必然需要较高的价格。在考虑满足需要的性能后，还要根据工程的投资状况来确定选型。

（2）备品备件的统一考虑。无论什么样的设备，投入生产后都要有一定数量的备品备件。在系统硬件设计时，对于一个工厂来说应尽量与原有设备统一机型，这样就可以减少备品备件的种类和资金积压。同时还要考虑备品备件的来源，所选机型要有可靠的订货来源。

（3）技术支持。选择机型时还要考虑有可靠的技术支持。这些支持包括必要的技术培训、设计指导、系统维修等内容。

总之，在选择系统机型时要依据前一节所述的根据，按照可编程序控制器本身的性能指标对号入座，选择出合适的系统。有时这种选择并不是唯一的，需要在几种方案中综合各种因素做出选择。

3.2.3 I/O 模块的选择

可编程序控制器与工业生产过程的联系是通过各种 I/O 模板实现的。通过 I/O 接口模板，可编程序控制器检测到所需的过程信息，并将处理结果传送给外部过程，驱动各种执行机构，实现工业生产过程的控制。在可编程序控制器构成的控制系统中，需要最多的就是各种 I/O 模板。为了适应各种各样的过程信号，相应地有许多种 I/O 模板。它们包括数字量输入、输出模板，模拟量输入、输出模板、各种智能模板。在这些模板中又包含了各种不同信号电平的模板。本节将从应用角度出发，讨论各种 I/O 模板的选择原则及注意事项。

3.2.3.1 数字量输入模块的选择

数字量输入模块将外部过程的数字量信号转换成可编程序控制器 CPU 模块所需的信号电平，并传送到系统总线上。其模块种类，按电压分有直流 5V、12V、24V、48V、60V 和交流 110V、220V；按保护形式分有隔离和不隔离两种；按点数分有 8 点、16 点、32 点、64 点。实际应用中不论选用哪种模块，都要注意以下几点：

（1）选择电压等级。根据现场检测元件与模块之间的距离来选择电压的等级。一般 5V、12V、24V 属低压，其传输距离不宜太远。距离较远的设备选择较高电压的模块比较可靠，以免信号衰减后造成误差。

（2）选择模块密度。根据分散各处信号的多少和信号动作的时间选择模块的密度。集中在一处的输入信号尽可能集中在一块和几块模块上，以便于电缆安装和系统调试。对于高密度模块，如 32 点或 64 点，同时接通点数取决于输入电压和环境温度。一般来讲，同时接通点数最好不超过模块总点数的 70%。

（3）门槛电平。为了提高控制系统的可靠性，必须考虑门槛电平的大小。门槛电平值越大，抗干扰能力越强，传输距离也就越远。

（4）输入信号的最小持续时间。根据输入模块硬件所造成的信号延时，设计输入信号的最小持续时间。为了让 CPU 有足够的时间读入输入信号，所有输入信号都必须持续一定时间。这个时间应大于一个扫描周期与输入模块的延时时间之和，即

$$T_s > T_n + T_i \qquad (3-1)$$

式中，T_s 为输入信号持续时间；T_n 为可编程序控制器的扫描周期；T_i 为输入模块所造成的信号延时时间。

如果不考虑模块的信号延时时间，就有可能造成输入信号丢失。图 3-6 给出了输入信号延时的时序图。所以在选择模块时，必须考虑输入信号延时时间。

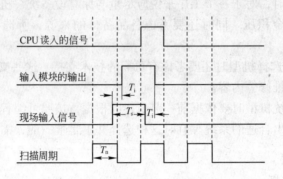

图 3-6 输入信号延时时序图

（5）选择输入模块。

1）要根据系统抗干扰性能的要求，选择带光电隔离或不带光电隔离的输入模块；

2）根据被控设备与可编程序控制器 CPU 所安装位置之间的距离来设计是采用本地输入模块还是采用远程输入模块。

（6）备用输入点的设计考虑。在设计总输入点数时都留有了一定的余量，这些备用点的分配应分别考虑到每块输入模块上，最好分配到每组输入点上。例如一块输入模块具有 32 点输入，它们每 8 点为一组，在设计时每 8 点留一个备用点，一旦其余 7 点发生故障，只要把接线从故障点改接到备用点，再修改相应地址，系统就可恢复正常。这样考虑，则有利于系统设计的修改和故障的处理。

3.2.3.2 数字量输出模块的选择

数字量输出模块就是将 CPU 模块处理过的内部数字量信号转换成外部过程所需的信号，并驱动外部过程的执行机构、显示灯等负载。数字量输出模块的种类也很多。与输入模块一样，有各种电压等级、各种保护形式、各种点数。除此之外，数字量输出模块还有不同的输出方式（如晶体管输出、继电器输出等）和不同的输出功率。选择数字量输出模块时，有些内容与选择数字量输入模块相同，如选择电压等级、模块密度、备用点设计等。除此之外，根据数字量输出模块的情况还应注意下述内容：

（1）输出方式的选择。对于一般的负载，选择任何一种输出方式的数字量输出模块都可以满足需要。而对于开闭频繁、电感性、低功率因数的负载，建议使用晶体管和晶闸管元件的数字量输出模块，因为继电器输出模块的使用寿命短，当驱动感性负载时，要受最大开闭频率的限制。对于电压范围变化较大，且各种电压等级集中在一块模块上的负载，则使用继电器输出模块更加方便。

（2）输出功率的选择。可编程序控制器手册上都给出了数字量输出模块每一点的输出功率。在选择模块时要注意手册上给出的输出功率要大于实际负载所需的功率。在实际应用中，如果负载要求的功率很大，数字量输出模块已不能满足需要，此时在设计上可有两种办法：一是采用中间继电器，数字量输出驱动中间继电器的线圈，中间继电器驱动负载，这种方法也可用于多个负载的并联驱动（所并联的负载动作应完全一致）；另一种方法是用多个数字量输出点并联驱动一个负载，此时应注意多个输出点动作的一致性。

（3）负载。针对负载情况要注意三点：对于线圈这类感性负载，应在负载两端并联冲击抑制或续流二极管，抑制反向高压冲击损坏电路，值得注意的是，二极管的击穿电压和额定电流要根据负载状况选择；对于电磁抱闸这类负载，为避免过电压冲击，此时要在负载两端并接电阻电容吸收回路，电阻和电容的选择可按表3-1进行，电容的耐压和电阻的功率需要根据实际情况选择；对于照明灯这类负载，一般启动电流为负载额定电流的数倍，驱动此类负载时，手册上都给出了相应的输出功率要求。

表 3-1　电阻和电容参数对应表

名　称	数　值		
R/Ω	120	47	50
$C/\mu F$	0.1	0.47	0.5

（4）输出模块噪声的抑制。对于数字量输出模块，当接通或断开负载时，会产生一个很大的尖峰电流，产生瞬变的较高的噪声电压，因此应当采取一定措施抑制噪声。一般采取降低供电电源内阻和供电线路阻抗或者匹配去耦电容的方法降低噪声，去耦电容一般取 $0.01 \sim 0.1 \mu F$，频率越高，电容值越小，且尽量放置于电源接入端，连线尽可能短。

3.2.3.3　模拟量模块的选择

一般大中规模的可编程序控制器都具有模拟量输入输出模块。可编程序控制器随着应用领域的扩大和本身技术的发展，现在有些小型可编程序控制器也具备了模拟量输入输出模块。在实际工程应用中，模拟量输入输出模块也得到了大量的应用，所以有必要讨论一下模拟量模块的选择及其应用注意事项。

A　模拟量输入模块

模拟量输入模块是将外部生产过程缓慢变化的模拟信号转换为可编程序控制器内部的数字信号。在选择模拟量输入模块和应用时要注意下述事项：

（1）模拟量值的输入范围。模拟量输入模块有各种输入范围，包括 $0 \sim 10V$、$\pm 10V$、$4 \sim 20mA$ 等。在选用时一定要注意与现场过程检测信号范围相对应，无论什么样输入范围的模块，除输入回路不同外，其内部结构大体相同。有的产品用外加输入量程子模块来实现各种输入范围，使得同一个模拟量输入模块可以适应不同的输入范围；也有的产品将各种不同输入范围的模块做成各自独立的模拟量输入模块。

（2）模拟量值的数字表示方法。模拟量输入模块的功能是进行模拟量到二进制数值的转换。在选择时要注意转换为二进制数值的位数，转换后的位数越高，精度就越高。一般的模拟量输入模块都是将模拟量输入的采样值转换成 12 位的二进制数。在采用两个字节表示时，除了 12 位数值外，其余的位则用来提高相应的信息，应用时要注意各个位所表示的意义。

（3）采样循环时间。一个模拟量输入模块包括 8 路或 16 路模拟量输入通道，它在处理模拟量输入值时采用循环处理方式，所以采样循环时间是一个主要的参数，它反映了系统处理模拟量输入的响应时间。

（4）模拟量输入模块的外部连接方式。外部检测元件各种各样，它们的信号范围和要求的连接也不相同。模拟量输入模块为适应这些要求可提供各种连接方式，包括电阻的连接方式、热电偶的连接方式、各种传感器的连接方式；有时还包括两线连接和带补偿的四线连接，这些都要根据实际需要选择。

（5）抗干扰措施。模拟量输入值属于小信号，在应用中要注意抗干扰措施。其主要方法有：注意与交流信号和可产生干扰源的供电电源保持一定距离；模拟量输入信号接线要采用屏蔽措施；采用一定的补偿措施，减少环境对模拟量输入信号的影响。

B　模拟量输出模块

模拟量输出模块将可编程序控制器内部的数字结果转换成外部生产过程的模拟量信号。与模拟量输入模块一样，它包括各种输出范围的模块。无论什么样类型的模拟量输出模块，在应用选择时都要注意下述事项：

（1）输出范围和输出类型。模拟量输出范围包括 0～10V、±10V、4～20mA。输出类型有电压输出和电流输出，一般的模拟量模块都同时具有这两种输出类型，只是在与负载连接时接线方式不同。另外，模拟量输出模块还有不同的输出功率，在使用时要根据负载情况选择。

（2）对负载的要求。模拟量输出模块对负载的要求主要是负载阻抗，在电流输出方式下一般给出最大负载阻抗。在电压输出方式下，则给出最小负载阻抗。

（3）模拟量值的表示方法。模拟量输出模块的外部接线、抗干扰措施等都与模拟量输入模块的情况类似，参照手册上给出的性能指标与负载情况确定即可。

3.2.3.4　智能 I/O 模块的应用选择

随着可编程序控制器的发展，各个生产厂家都在大力开发各种智能 I/O 模块。智能 I/O 模块不同于一般的 I/O 模块，它自身带有微处理器芯片、系统程序、存储器。智能接口模块通过系统总线与 CPU 模块相连，并在 CPU 模块的协调管理下独立进行工作，提高了处理速度，便于应用。由此可见智能 I/O 模块自身也是一个完善的微处理器系统，它大大增强了可编程序控制器的能力。一般的智能 I/O 模块包括通信处理模块、高速计数模块、带有 PID 调节的模拟量控制模块、中断控制模块、数字位置译码模块、阀门控制模块、ASCII/BASIC 模块等。下面就其中几种从应用角度进行讨论，其他模块读者可查阅相应手册进行选择。值得指出的是，一般的智能 I/O 模块价格比较昂贵，而有些功能采用一般的 I/O 模块也可实现，只是要增大软件的工作量，因此应根据实际情况决定取舍。

（1）通信处理模块。在实际的控制系统中，由于控制对象增加，控制功能较复杂，因此要采用两台或多台可编程序控制器组成复杂的控制系统；在有些场合下，也需要由可编程序控制器和其他的计算机组成控制系统。通信处理模块就是实现可编程序控制器之间、可编程序控制器和其他计算机之间的数据交换，完成整个控制系统的通信功能。

在选择应用通信处理模块时，主要考虑以下几点：

1）通信协议。它包括两个方面的内容：一方面是通信接口，大多数模块通信处理都能提供 RS232/422/485 的串行接口，有的模块也可提供并行接口；另一方面是通信方式，一般的通信处理模块都可实现主从通讯和点对点的通信。

2）通信处理模块所能连接的设备。从应用角度来讲使用通信处理模块就是要实现设备之间的连接，所以在选择时必须清楚可连接的设备。一般的可编程序控制器中的通信处理模块都可连接与其同类型的可编程序控制器和其他的计算机系统；有的还可连接打印机、显示终端等设备。

3）通信速率。通信速率反映了数据传输的响应速度。在设计中要注意模块给出的通信速率应满足实际系统通信的需要，否则通信系统将影响整个控制系统的响应速度。

4）应用软件编制方法。在这一点上，各种系统之间相差较大。有的已将大部分软件都固化在模块的操作系统中，用户只需编制极为简单的几条指令就可完成通信软件的编程；有的则需用户编制大量的通信软件来实现要求的通信功能。在选择时应注意区别。

5）系统的自诊断功能。通信系统在整个控制系统中占有重要的地位，一旦通信处理模块发生故障就会影响整个控制系统的工作，所以通信处理模块都要有一定的错误诊断能力。不同厂家的通信处理模块的错误诊断能力也不相同，其功能有强有弱，使用时要加以注意。

（2）高速计数模块。高速计数模块可用于脉冲和方波计数器、实时时钟、脉冲发生器、图形码盘译码、机电开关等信号处理过程中。它可满足快速变化过程和准确定位的需要，为高速计数、时序控制、采样控制提供了强有力的工具。如轧钢生产线上的飞剪都采用高速计数模块实现启停控制。

在选择高速计数模块时要注意以下几点：

1）所能接收的计数脉冲。一般的高速计数模块对脉冲源都有一定要求，大多数高速计数模块都可接收码盘译码输出信号、数字转速表输出信号、机械开关信号、晶体管开关信号、光电开关信号等。所接收的信号电平也都有一定要求，有的是 TTL 电平，有的是 $10 \sim 30\text{V}$ 的直流信号，也有其他形式的信号电平。

2）计数器的个数。一般的高速计数模块都包括几路计数功能，对于具有多路计数功能的高速计数模块，既可分开独立使用，也可串联起来使用，以增加计数范围。

3）计数频率和计数范围。高速计数模块的性能参数还包括计数频率和计数范围。计数频率一般给出最高值，计数范围给出每一个通道的最大值。

4）计数方式。高速计数模块具有很多工作方式。最基本的计数方式应包括向上计数、向下计数、内部信号计数、外部信号计数、上升沿计数、下降沿计数、电平计数等。这些计数方式在选择模块时要注意各种型号的差别。

5）值得注意的是，高速计数模块是一个智能模块，它可以独立于 CPU 而连续工作，而高速计数模块与 CPU 之间的信息交换是 I/O 在扫描时进行的，所以在执行直接 I/O 命令时就会影响高速计数模块与 CPU 之间的信息交换，甚至有可能丢失脉冲。为了防止这种现象发生，在使用高速计数模块 I/O 地址时，应尽量放在整个应用软件的前部。

（3）PID 闭环控制模块。为了适应数字闭环控制系统的需要，许多厂家开发了适用于可编程序控制器的 PID 闭环控制模块。PID 闭环控制系统可应用于各种回路控制中，在不同的硬件结构和软件程序作用下可分别实现 P、PI、PD 和 PID 控制功能。在选择 PID 闭环控制模块时主要从以下方面考虑：

1）PID 算法。PID 算法的多少显示了 PID 闭环控制模块功能的强弱。

2）操作方式。PID 闭环控制模块应支持多种操作方式，一般应包括自动/手动、自动/本地、自动/远程等几种操作方式。支持的操作方式越多，系统构成和应用就更灵活。

3）PID 控制的回路数。一个 PID 闭环控制模块有时包括多个控制回路，这一点在选择时也要加以考虑。

4）控制精度。作为闭环控制模块，其控制精度是一个重要的参数。这一点要结合实际控制对象的要求进行考虑。

3.2.4　系统硬件设计文件

根据前面几节介绍的内容，就可以完成系统硬件的粗略设计，此时就可以提出系统硬件设计文件，完成系统硬件设计。一般系统的设计文件应包括系统硬件配置图、模块统计表、PLC I/O 接口图和 I/O 地址表。

3.2.4.1　系统硬件配置图

系统硬件设计文件之一就是系统硬件配置图。系统硬件配置图应完整地给出整个系统的硬件组成，它应包括系统构成级别（设备控制级和过程控制级）、系统联网情况、网上可编程序控制器的站数、每个可编程序控制器站上的中心单元和扩展单元构成情况、每个可编程序控制器中的各种模块构成情况。图 3-7 给出了一般的二级控制系统的基本系统硬件配置图。对于具体的控制对象，过程站和设备控制站都有不同的个数，每个站的构成也不完全相同；而对于一个简单的控制对象，也可能只有一个设备控制站，不包括图中的其他部分。但无论怎样，都要根据实际系统设计出系统硬件配置图。

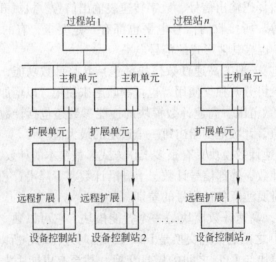

图 3-7　二级控制系统的基本系统硬件配置图

3.2.4.2　模块统计表

由系统硬件配置图就可得知系统所需各种模块数量。为了便于了解整个系统硬件设备状况和计算硬件设备投资，应做出模块统计表。模块统计表应包括模块名称、模块类型、模块订货号、所需模块个数等内容。

3.2.4.3 I/O 硬件接口图

I/O 硬件接口图是系统设计的一部分，它反映的是可编程序控制器输入输出模块与现场设备的连接。图 3-8 和图 3-9 分别给出了输入模块和输出模块的硬件接口图，是以西门子公司的 S5-100U 为例给出的，其他公司和其他型号的可编程序控制器可以按此方法进行。图中的各种表示符号在整个系统中应完全统一；图中给出的是数字量模块的情况，模拟量模块可按此方法进行，只是要注意传感器的实际连接方式；图中的 L1 和 N 端是模块的外接工作电源；图中同时给出了模块的接线端子号和相应地址；图中的注释指出了传感器或执行机构的相应意义。

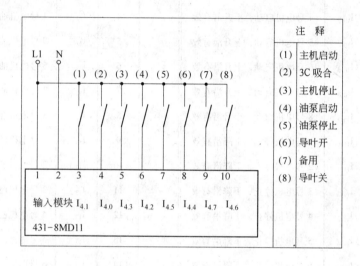

图 3-8　输入模块硬件接口图

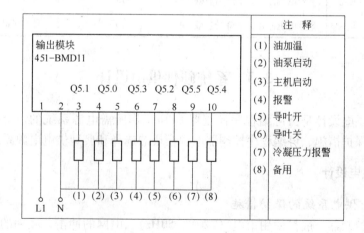

图 3-9　输出模块硬件接口图

3.2.4.4 I/O 地址表

在系统设计中还要把输入输出列成表，给出相应的地址和名称，以备软件编程和系统调试时使用。这种表称为 **I/O 地址表**，也叫**输入输出表**。表 3-2 给出了 I/O 地址表的典型格式。

表 3-2　典型的 I/O 地址表

类型：开关量

类别：输入　　　　　　　框架号：扩展 1

电压：220V　　　　　　　块型号：436　　　　　　　　　　　　地址：$I_{10.0} \sim I_{13.7}$

块号	端子号	地址号	名　　称	块号	端子号	地址号	名　　称
	1	$I_{10.0}$	1 号电机启动，上升沿有效		1	$I_{12.0}$	1 号电机油压低，"0" 有效
	2	$I_{10.1}$	2 号电机启动，上升沿有效		2	$I_{12.1}$	2 号电机油压低，"0" 有效
	3	$I_{10.2}$	3 号电机启动，上升沿有效		3	$I_{12.2}$	3 号电机油压低，"0" 有效
	4	$I_{10.3}$	4 号电机启动，上升沿有效		4	$I_{12.3}$	4 号电机油压低，"0" 有效
	5	$I_{10.4}$	5 号电机启动，上升沿有效		5	$I_{12.4}$	5 号电机油压低，"0" 有效
	6	$I_{10.5}$	6 号电机启动，上升沿有效		6	$I_{12.5}$	6 号电机油压低，"0" 有效
	7	$I_{10.6}$	7 号电机启动，上升沿有效		7	$I_{12.6}$	7 号电机油压低，"0" 有效
3	8	$I_{10.7}$	8 号电机启动，上升沿有效	4	8	$I_{12.7}$	8 号电机油压低，"0" 有效
	9	$I_{11.0}$	1 号电机停止，下降沿有效		9	$I_{13.0}$	1 号电机已启动，"1" 有效
	10	$I_{11.1}$	2 号电机停止，下降沿有效		10	$I_{13.1}$	2 号电机已启动，"1" 有效
	11	$I_{11.2}$	3 号电机停止，下降沿有效		11	$I_{13.2}$	3 号电机已启动，"1" 有效
	12	$I_{11.3}$	4 号电机停止，下降沿有效		12	$I_{13.3}$	4 号电机已启动，"1" 有效
	13	$I_{11.4}$	5 号电机停止，下降沿有效		13	$I_{13.4}$	5 号电机已启动，"1" 有效
	14	$I_{11.5}$	6 号电机停止，下降沿有效		14	$I_{13.5}$	6 号电机已启动，"1" 有效
	15	$I_{11.6}$	7 号电机停止，下降沿有效		15	$I_{13.6}$	7 号电机已启动，"1" 有效
	16	$I_{11.7}$	8 号电机停止，下降沿有效		16	$I_{13.7}$	8 号电机已启动，"1" 有效

3.3　系统硬件供电设计

系统硬件供电设计是指可编程序控制器 CPU 工作所需电源系统的设计。它包括供电系统的一般性保护措施、可编程序控制器电源模块的选择和典型供电电源系统的设计。

3.3.1　系统供电设计

3.3.1.1　供电系统的保护措施

可编程序控制器一般都使用市电（220V，50Hz）。电网的冲击、频率的波动将直接影响到实时控制系统的精度和可靠性；有时电网的冲击也将给整个系统带来毁灭性的破坏。电网的瞬间变化也是经常发生的，由此可产生一定的干扰传播到可编程序控制器系统中。为了提高系统的可靠性和抗干扰性能，在可编程序控制器供电系统中一般可采取隔离变压器、交流稳压器、UPS 电源、晶体管开关电源等措施。

（1）隔离变压器。隔离变压器的初级和次级之间采用隔离屏蔽层，用漆包线或铜等非导磁材料绕成，但电气设备上不能短路，而后引出一个头接地。初、次级间的静电屏蔽层

与初、次级间的零电位线相接，再用电容耦合接地，如图
3-10所示。采用了隔离变压器后可以隔离掉供电电源中的各
种干扰信号，从而提高系统的抗干扰性能。

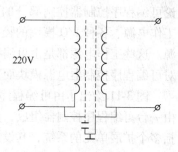

220V

图 3-10　隔离变压器的连接

（2）交流稳压器。为了抑制电网电压的起伏，可编程
序控制器系统中设置有交流稳压器。在选择交流稳压器时，
其容量要留有余量，一般可按实际最大需求容量的30%计
算。这样一方面可充分保证稳压特性，另一方面有助于交
流稳压器的可靠工作。在实际应用中，有些可编程序控制
器对电源电压的波动具有较强的适应性，此时为了减少开
支，也可不采用交流稳压器。

（3）UPS电源。在一些实时控制中，系统的突然断电会造成较严重的后果，此时就要
在供电系统中加入 UPS 电源供电，可编程序控制器的应用软件可进行一定的断电处理。当
突然断电后，可自动切换到 UPS 电源供电，并按工艺要求进行一定的处理，使生产设备处
于安全状态。在选择 UPS 电源时也要注意所需的功率容量。

（4）晶体管开关电源。晶体管开关电源主要是指稳压电源中的调整管以开关方式工
作，用调节脉冲宽度的办法调整直流电压。这种开关电源在电网或其他外加电源电压变化
很大时，对其输出电压并没有多大影响，从而提高了系统抗干扰的能力。

目前，各公司的可编程序控制器中的电源模块采用的都是晶体管开关电源，所以在整
个系统供电电源设计中不必再考虑加晶体管开关电源，只要注意可编程序控制器电源模块
对外加电源的要求就行了。

3.3.1.2　电源模块的选择

可编程序控制器 CPU 所需的工作电源一般都是 5V 直流电源，一般的编程接口和通信
模块还需要 5.2V 和 24V 直流电源。这些电源都由可编程序控制器本身的电源模块供给，
所以在实际应用中要注意电源模块的选择。在选择电源模块时一般应考虑以下几点：

（1）电源模块的输入电压。可编程序控制器电源模块可以包括各种各样的输入电压，
有 220V 交流、110V 交流和 24V 直流等。在实际应用中要根据具体情况选择，此时要注
意，确定了输入电压后，也就确定了系统供电电源的输出电压。

（2）电源模块的输出功率。在选择电源模块时，其额定输出功率必须大于 CPU 模块、
所有 I/O 模块、各种智能模块等总的消耗功率之和，并且要留有30% 左右的余量。当同一
电源模块既要为主机单元又要为扩展单元供电时，从主机单元到最远一个扩展单元的线路
压降必须小于 0.25V。

（3）扩展单元中的电源模块。在有的系统中，由于扩展单元中安装有智能模块及一些
特殊模块，就要求在扩展单元中安装相应的电源模块。这时相应的电源模块输出功率可按
各自的供电范围计算。

（4）电源模块接线。选定了电源模块后，还要确定电源模块的接线端子和连接方式，
以便正确进行系统供电的设计。一般的电源模块其输入电压是通过接线端子与供电电源相
连的，而输出信号则通过总线插座与可编程序控制器 CPU 的总线相连。

3.3.1.3　一般系统供电电源设计

前面介绍了几种供电系统保护措施和可编程序控制器电源模块的选择，现在就可以讨

论可编程序控制器控制部分的供电设计。所说的控制部分供电包括可编程序控制器 CPU 工作电源、各种 I/O 模块的控制回路工作电源、各种接口模块和通信智能模块的工作电源。这些工作电源都是由可编程序控制器的电源模块供电，所以系统供电电源设计就是针对可编程序控制器电源模块而言的。

图 3-11 给出了由可编程序控制器组成的典型控制系统的供电设计。这里的典型系统由一台可编程序控制器组成，其中包括一个主机单元和一个扩展单元。对于多机系统和包括多个扩展单元的系统，其设计原理和方法是完全一样的，只是在供电容量和供电布线上有所不同。

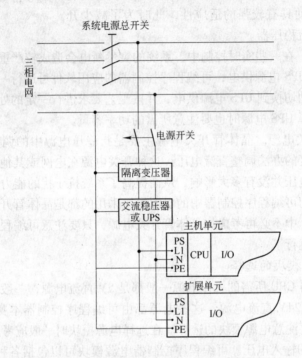

图 3-11   典型控制系统的供电设计

由图 3-11 可以看出，系统总电源为三相电网电源，通过系统电源总开关接入可编程序控制器组成的控制系统中。系统电源总开关实现整个电源系统的开断控制，此开关可以是刀闸式开关也可以是空气开关，可按实际需要选择。可编程序控制器系统所需电源一般为 220V，可取自三相电源的一相。在多机系统中，如果每个可编程序控制器都单独供电，则可分别取自不同的相电压，以保证三相电源的平衡。取自相电压的 220V 交流电源通过电源开关接入隔离变压器，此处的电源开关可选择刀闸式开关。在一般情况下可不使用隔离变压器。经过隔离变压器后，通过交流稳压器或 UPS 不间断电源为系统供电。一般情况下选择了 UPS 不间断电源就不必再选择交流稳压器，在电网电压较稳定的情况下也可以不采用交流稳压器或 UPS 不间断电源，直接为系统供电。无论怎样，在经费允许的情况下，建议最好采用 UPS 不间断电源或交流稳压器。通过交流稳压器或 UPS 不间断电源，就可为可编程序控制器的电源模块供电。为系统控制部分的供电则由电源模块来实现，用户不必再进行设计。

在工程实际中，供电系统设计还要注意下述几点：

（1）电源模块的接线。一般的可编程序控制器电源模块都有三个进线端子，在图 3-11 中分别用 L1、N、PE 表示。其中 L1 和 N 为 220V 交流进线端子，PE 为系统的地线，并与机壳相连。

（2）系统接地连接。可编程序控制器电源模块的接地端应选择不小于 $10mm^2$ 的铜导体并尽可能短地与交流稳压器、UPS 不间断电源、隔离变压器和系统接地相连。

（3）要注意选择交流稳压器、UPS 不间断电源的容量，它们应包括所有可编程序控制器模块所需的容量，并留有一定的余量。

（4）要注意可编程序控制器电源模块的输入电压。有些产品分别包括 220V 交流、110V 交流和 24V 直流的输入电压，在我国使用较多的是 220V 交流，但也有 24V 直流的情况。如果电源模块输入为 24V 直流，供电系统的设计就要在电源模块和交流稳压器或 UPS 不间断电源之间加入直流稳压电源，且直流稳压电源容量的选择也要考虑全部所需容量。这一点在实际使用中必须加以注意，否则易造成电源模块的损坏。

3.3.2 I/O 模块供电电源设计

I/O 模块供电电源设计是指系统中传感器、执行机构、各种负载与 I/O 模块之间的供电电源设计。在实际应用中，普遍使用的 I/O 模块基本上是采用 24V 直流供电电源和 220V 交流供电电源。本节只介绍这两种情况下数字量 I/O 模块的供电设计，其他情况只略作介绍。

3.3.2.1 24V 直流 I/O 模块的供电设计

在可编程序控制器组成的控制系统中，广泛地使用着 24V 直流 I/O 模块。对于工业过程来说，输入模块包括各种渐近开关、按钮、拨码开关、接触器的辅助点等；输出模块包括控制中间继电器、电磁阀、显示灯等。要使系统可靠地工作，I/O 模块和现场传感器、负载之间的供电设计必须安全可靠，这是控制系统能够实现所要完成的控制任务的基础。

图 3-12 给出了 24V 直流 I/O 模块的一般供电设计。图中给出了一个主机单元和一个扩展单元中输入和输出模块各一块的情况。包括多个单元在内的多个输入输出模块的情况与此相同。

图中的 220V AC 电源可来自图 3-11 中的交流稳压器输出，该电源经 24V DC 稳压电源后为 I/O 模块供电。为防止检测开关和负载的频繁动作影响稳压电源工作，在 24V DC 稳压电源输出端接一个电解电容。开关 K1 是控制 DO 模块供电电源的；开关 K2 是控制 DI 模块供电电源的。I/O 模块供电电源

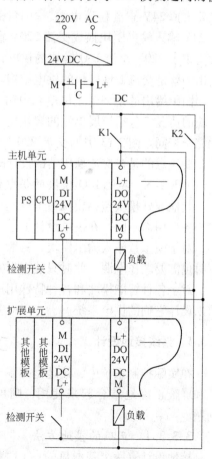

图 3-12　24V 直流 I/O 模块的供电结构

设计比较简单，一般只需注意以下几点：

（1）本节所讨论的 I/O 模块供电电源是指可编程序控制器与工业过程相连的 I/O 模块和现场直接相连回路的工作电源。它主要是依据现场传感器和执行机构（负载）实际情况而定，这部分工作情况并不影响可编程序控制器 CPU 的工作。

（2）其中 24V DC 稳压电源的容量选择主要是根据输入模块的输入信号为"1"时的输入电流和输出模块的输出信号为"1"时负载的工作电流而定。在计算时应考虑所有输出点同时为"1"的情况，并留有一定余量。

（3）开关 K1 和 K2 分别控制输出模块和输入模块供电电源。在系统启动时，应首先启动可编程序控制器的 CPU，然后再合上开关 K2 和开关 K1。当现场输入设备或执行机构发生故障时，可立即关掉开关 K1 和开关 K2。

3.3.2.2　220V 交流 I/O 模块的供电设计

对于实际工业过程，除了使用 24V 直流模块外，还广泛地使用着 220V 交流 I/O 模块，所以有必要介绍 220V 交流 I/O 模块的供电设计。

在前面 24V 直流 I/O 模块供电设计的基础上，只要去掉 24V 直流稳压电源，并将图 3-12 中的直流 24V 输入输出模块换成交流 220V 输入输出模块就实现了 220V 交流 I/O 模块的供电设计。图 3-13 给出的就是交流 I/O 模块的供电结构。

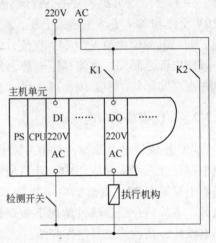

图 3-13　220V 交流 I/O 模块的供电结构

图中给出的是一个主机单元中输入输出模块各一块的情况，包括扩展单元的多块输入输出模块与此完全相同。图 3-13 中的交流 220V 电源可直接取自整个供电系统的交流稳压器的输出端，要注意的是在交流稳压器的设计时要增加相应的容量。

3.3.2.3　其他 I/O 模块的供电设计

其他 I/O 模块包括模拟量 I/O 模块、各种智能 I/O 模块和各种特殊用途的模块，由于它们各自用途不同，在供电设计上也不完全一样。

对于模拟量输入输出模块，一般来说模块本身需要工作电源，现场传感器和执行机构有时也需要工作电源。此时只能根据实际情况确定供电方案。

对于各种智能模块和各种特殊用途的模块，只能根据不同用途，按模块本身的技术要求来设计它们的供电系统。

3.3.3　系统接地设计

在实际控制系统中，接地是抑制干扰使系统可靠工作的主要方法。在设计中如能把接地和屏蔽正确地结合起来使用，则可以解决大部分干扰问题。本节就来讨论系统接地问题。

3.3.3.1　正确的接地方法

接地设计有两个基本目的：（1）消除各电路电流流经公共地线阻抗所产生的噪声电压；（2）避免磁场与电位差的影响，使其不形成环路，如果接地方式不好就会形成环路，造成噪声耦合。

正确接地是重要而又复杂的问题，理想的情况是一个系统的所有接地点与大地之间的阻抗为零，但这是难以做到的。在实际接地中总存在着连接阻抗和分散电容，所以如果地线不佳或接地点不当，都会影响接地质量。为保证接地质量，在一般接地过程中要求如下：

（1）接地电阻在要求的范围内。对于可编程序控制器组成的控制系统，接地电阻一般应小于 4Ω。

（2）要保证足够的机械强度。

（3）要具有耐腐蚀性并进行防腐处理。

（4）在整个工厂中，可编程序控制器组成的控制系统要单独设计接地。

在上述要求中，后三条只要按规定设计、施工就可满足要求，关键是第（1）条的接地电阻。图3-14 给出了外接地线深埋大地的情况。根据有关资料介绍，当垂直埋设时，接地电阻为：

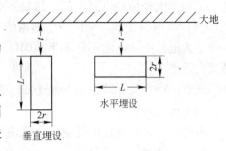

图 3-14 外接地线示意图

$$R = \frac{\rho}{2\pi l}\left(\ln\frac{l}{r} + \frac{1}{2}\ln\frac{4t + 3l}{4t + l} \right) \qquad (3\text{-}2)$$

当水平埋设时，接地电阻为

$$R = \frac{\rho}{2\pi l}\left\{ \ln\frac{l}{r} + \ln\left[\frac{l}{4t} + \sqrt{1 + \left(\frac{l}{4t}\right)^2} \right] \right\} \qquad (3\text{-}3)$$

如接地棒埋设较深时，两式中 $t \to \infty$，则式 3-2 和式 3-3 成为下式

$$R = \frac{\rho}{4\pi l}\ln\frac{l}{r} \qquad (3\text{-}4)$$

由式 3-4 可见，降低接地电阻主要是靠增加接地棒长度并同时降低地面的固有电阻 ρ。在埋设接地棒的施工中，如将土、水和盐按 $1 : 0.2 : (0.2 \sim 0.1)$ 的比例混合在接地棒周围，则可降低接地电阻约 1/10。另外应尽量减少接地导线长度以降低接地电线的阻抗。

3.3.3.2 各种不同接地的处理

除了正确进行接地设计、安装，还要正确处理各种不同的接地处理。在可编程序控制器组成的控制系统中，大致有以下几种地线：

（1）数字地。这种地也叫逻辑地，是各种开关量（数字量）信号的零电位。

（2）模拟地。这种地是各种模拟量信号的零电位。

（3）信号地。这种地通常是指传感器的地。

（4）交流地。交流供电电源的地线，这种地通常是产生噪声的地。

（5）直流地。直流供电电源的地。

（6）屏蔽地（也叫机壳地）。为防止静电感应而设。

以上这些地线如何处理是可编程序控制器系统设计、安装、调试中的一个重要问题。下面就讨论这些问题，并提出不同的处理方法。

（1）一点接地和多点接地。一般情况下，高频电路应就近多点接地，低频电路应一点接地。在低频电路中，布线和元件间的电感并不是什么大问题，然而接地形成的环路对电路的干扰影响很大，因此通常以一点作为接地点。但一点接地不适用于高频，因为高频时，地线上具有电感，因而增加了地线阻抗，调试各地线之间又产生电感耦合。一般来说，频率在1MHz以下，可用一点接地；高于10MHz时，采用多点接地；在1～10MHz之间可用一点接地，也可用多点接地。根据这一原则，可编程序控制器组成的控制系统一般都采用一点接地。

（2）交流地与信号地不能共用。由于在一般电源地线的两点间会有数毫伏，甚至几伏电压，对低电平信号电路来说，这是一个非常严重的干扰，因此必须加以隔离和防止。

（3）浮地与接地。全机浮空即系统各个部分与大地浮置起来，这种方法简单，但整个系统与大地的绝缘电阻不能小于50MΩ。这种方法具有一定的抗干扰能力，但一旦绝缘下降就会带来干扰。

还有一种方法，就是将机壳接地，其余部分浮空。这种方法抗干扰能力强，安全可靠，但实现起来比较复杂。

由此可见，可编程序控制器系统还是以接大地为好。

（4）模拟地。模拟地的接法十分重要，为了提高抗共模干扰能力，对于模拟信号可采用屏蔽浮地技术。对于具体的可编程序控制器模拟量信号的处理要严格按照操作手册上的要求设计。

（5）屏蔽地。在控制系统中，为了减少信号中电容耦合噪声以便准确检测和控制，对信号采用屏蔽措施是十分必要的。屏蔽目的不同，屏蔽地的接法也不一样。电场屏蔽解决分布电容问题，一般接大地；电场屏蔽主要避免雷达、电台这种高频电磁场辐射干扰，利用低阻金属材料高导流制成，可接大地。磁气屏蔽以防磁铁、电机、变压器、线圈等的磁感应、磁耦合，其屏蔽方法是用高导磁材料使磁路闭合，一般接大地为好。

当信号电路是一点接地时，低频电缆的屏蔽层也应一点接地。如果电缆的屏蔽层接地点有一个以上时，会产生噪声电流，形成噪声干扰源。当一个电路有一个不接地的信号源与系统中接地的放大器相连时，输入端的屏蔽应接至放大器的公共端；相反，当接地的信号源与系统中不接地的放大器相连时，放大器的输入端也应接到信号源的公共端。

3.3.4　可编程序控制器供电设计实例

前面几节分别讨论了可编程序控制器系统的供电电源和接地设计。本节将全面介绍可编程序控制器供电系统，包括系统上电启动、连锁保护和紧急停车处理等问题。

图3-15给出了可编程序控制器组成的控制系统的完整供电设计。由图可知，它包括了前面所介绍的图3-11～图3-13部分，并增加了上电启动、连锁保护等部分。一个完整的供电系统，其总电源来自三相电网，经过系统供电总开关送入系统，此处的系统供电总开关可选用空气开关或三相刀闸式开关。可编程序控制器组成的控制系统都是以交流220V为基本工作电源，所以由三相电网引出相电压并通过电源开关为可编程序控制器系统供电，电源开关一般选择二相刀闸开关。然后通过隔离变压器和交流稳压器或UPS电源。通过交流稳压器输出的电源分成两路。一路为可编程序控制器电源模块供电，另一路

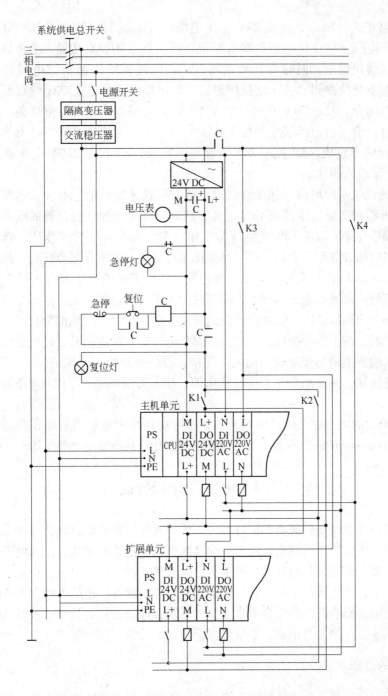

图 3-15 可编程序控制器完整的供电系统设计

为可编程序控制器输入输出模块和现场检测元件、执行机构供电。

为电源模块供电比较简单，只要将交流稳压器输出端接到可编程序控制器电源模块的相应端即可。为输入输出模块供电比较复杂，下面就分析此部分供电电路。对于我国工业现场实际而言，所需要的主要是两种工作电源，24V 直流和 220V 交流。为了系统安全可靠工作，首先要对这两种电路电源实现连锁保护。由图 3-15 可知，当系统供电总开关和电源开关合闸后，直流 24V 稳压电源工作，此时电压表工作，显示直流 24V 稳压电源输出电压。由于继电器线圈 C 断电，所以其常闭触点接通，急停灯亮，指示系统没有为输入模块供电，同时常开触点断开，切断输入输出模块供电回路。系统启动时，首先要按下复位按钮。按下复位按钮后，继电器线圈得电，常闭触点断开，急停灯灭；常开触点闭合，接通 24V 直流电源和 220V 交流回路，同时复位灯亮，指示系统供电正常。此时，输入输出模块是否接通电源，取决于开关 K1、K2、K3 和 K4，其中 K1 控制 24V 直流输出模块，K2 控制 24V 直流输入模块，K3 控制 220V 交流输出模块，K4 控制 220V 交流输入模块。

图 3-15 的供电系统可按下述步骤启动：首先接通系统供电总开关和电源开关，接着启动隔离变压器和交流稳压器或 UPS 电源，然后启动可编程序控制器的电源模块和 CPU 模块，使可编程序控制器的 CPU 进入正常工作状态。在 CPU 正常工作后，启动 24V 直流稳压电源，当电压表显示正常后，按下复位按钮，使继电器常开触点闭合，然后按顺序接通 K1、K2、K3 和 K4。在实际使用中，可在按下复位按钮前接通 K1、K2、K3 和 K4，也可使它们一直处于接通状态，即使系统停车时，也不关断这些开关。这四个开关的主要作用是当相应部分出现故障时，关断所对应的开关，这样可保证其他部分持续工作。当系统出现紧急故障时，按下急停按钮，继电器线圈断电，常开触点断开，此时就切断了可编程序控制器输入输出模块与现场设备的电气连接，以便处理故障，保证安全。系统停车时，首先按下急停按钮，并关断 24V 直流稳压电源，接着关断可编程序控制器电源和系统总电源开关。

图 3-15 给出的典型的系统供电设计，在实际应用中可根据需要略作改动，但无论如何本章所提出的一些原则是要遵守的，以保证所设计的系统安全可靠工作。

3.4　电缆设计和敷设

一般来说，工业现场的环境都比较恶劣。例如现场的各种动力线会通过电磁耦合产生干扰；电焊机、火焰切割机和电动机会产生高频火花电流造成干扰；高速电子开关的接通和关断将产生高次谐波，从而造成高频干扰；大功率机械设备的启停、负载的变化将引起电网电压的波动，产生低频干扰。这些都会通过与现场设备相连的电缆引入可编程序控制器的控制系统中，影响系统的安全可靠工作，所以合理地设计、选择、敷设电缆在可编程序控制器的系统设计中尤为重要。本节就讨论与此有关的一些问题。

3.4.1　电缆的选择

对于可编程序控制器组成的控制系统而言，既包括供电系统的动力线，又包括各种开关量、模拟量、高速脉冲、远程通信等信号用的信号线。各种不同用途的信号线和动力线要选择不同的电缆。

（1）开关量信号用的电缆（如连接按钮、限位开关、接近开关等的电缆），可编程序控制器根据"0"、"1"信号来作出判断，信号的容许范围较大，一般情况下对信号电缆无特殊要求，可选用一般电缆；当信号的传输距离较远时，可选用屏蔽电缆。

（2）模拟量信号属于小信号，极易受外界干扰影响，同时模拟量是连续变化的信号，其大小由信号的幅度决定，信号的容差小。为了保证控制系统的控制精度，模拟量信号应选用双层屏蔽电缆。

（3）高速脉冲信号（如脉冲传感器、计数码盘等），一般频率都高于100Hz，应选择屏蔽电缆，其作用是既防止外来信号的干扰，又防止高速脉冲信号本身对低电平信号的干扰。

（4）通信信号频率高，有一些特殊要求时，一般应选用可编程序控制器厂家提供的专用电缆；在要求不很严格的情况下，也可选用带屏蔽的双绞电缆。

（5）电源供电系统一般可按通常的供电系统相同地选择电源电缆。

（6）在系统中还有一些有特殊要求的设备，此时所要电缆一般由厂家直接提供，如需自制设计，则要根据相应的技术要求选择所需电缆，以保证实现正确的连接和安全可靠地工作。

3.4.2 电缆的敷设施工

传输线之间的相互干扰是数字调节系统中较难解决的问题。这些干扰主要来自传输导线间分布电容、电感引起的电磁耦合。防止这种干扰的有效方法，是使信号线远离动力线或电网；将动力线、控制线和信号线严格分开，分别布线，所以电缆的敷设施工是一项重要的工作。电缆的敷设施工包括两部分，一部分是可编程序控制器本身控制柜内的电缆接线；一部分是控制柜与现场设备之间的电缆连接。

在可编程序控制器控制柜内的接线应注意以下几点：

（1）控制柜内导线，即可编程序控制器模块端子到控制柜内端子之间的连线应选择软线，以便于柜内连接和布线。

（2）模拟信号线与开关量信号线最好在不同的线槽内走线，模拟信号线要采用屏蔽线。

（3）直流信号线、模拟信号线不能与交流电压信号线在同一线槽内走线。

（4）系统供电电源线不能与信号线在同一线槽内走线。

（5）控制柜内引入或引出的屏蔽电缆必须接地。

（6）控制柜内端子应按开关量信号线、模拟量信号线、通信线和电源线分开设计。若必须采用一个接线端子时，则要用备用点和接地端子将它们相互隔开。

在控制柜与现场设备之间的电缆连接应注意以下几点：

（1）电源电缆、动力电缆和信号电缆进入控制室后，最好分开成对角线的两个通道进入控制柜内，从而保证两种电缆保持一点距离，又避免了平行敷设。

（2）直流信号线、交流信号线和模拟信号线不能共用一根电缆。

（3）信号电缆和电源电缆应避免平行敷设，必须平行敷设时，要保持一定距离，最少应保持30cm的距离。

（4）不同的信号电缆不要用一个插接件转接。如必须用同一个插接件时，要用备用端子和地线端子把它们隔开，以减少相互干扰。

（5）电缆屏蔽处理。在传输电缆两端的接线处，屏蔽层应尽量多地覆盖电缆芯线，同时电缆接地应采用单端接地。为了施工方便，可在控制室集中对电缆屏蔽接地，另一端不接地，把屏蔽层切断包在电缆头内。

思考练习题

3-1 PLC 应用控制系统的类型有几种，其构成特点是什么？

3-2 试用一工程控制系统例子来分析系统的工艺过程与功能要求。

3-3 选择 PLC 机型时应考虑哪些内容？

3-4 系统硬件的设计文件包括哪些？

3-5 某系统选用的 PLC 有电源模块（PS）、CPU 模块、两个 24V 数字量输入模块、一个 48V 的数字量输出模块、一个 220V 的数字量输出模块，试进行系统的供电设计。

4 可编程序控制器的指令系统及编程方法

本章要点：可编程序控制器指令系统是控制软件设计基础。本章以在工程中应用较为广泛的日本三菱公司 FX 系列产品为对象，主要介绍其指令系统、编程单元功能、技术特性、编程方法和技巧。扼要介绍了可编程序控制器的常用编程语言及特点。

4.1 PLC 软件系统及常用编程语言

PLC 的软件系统由系统软件（又称系统程序）和用户软件（又称应用程序）组成。系统软件包括监控程序、编译程序、诊断程序等，主要用于管理全机，将程序语言翻译成机器语言，诊断机器故障。系统软件由 PLC 生产厂家提供，并固化在 EPROM 中，不能由用户直接存取，不需要用户干预。用户程序是用户根据现场控制的需要，用 PLC 的程序语言编制的应用程序，用来实现各种控制要求。因此，PLC 控制系统软件设计的工作将主要是用户软件设计。

PLC 用户软件的设计要基于产品提供的某一编程语言。PLC 常采用的编程语言有以下几种：梯形图语言、助记符语言、逻辑功能图语言和高级语言。

4.1.1 梯形图语言

梯形图及用梯形图语言编程的主要特点，概括起来主要有：

（1）梯形图是一种图形语言，它沿用了传统控制图中继电器的触点、线圈、串联等术语和图形符号，并增加了许多功能强而又使用灵活的继电器接触器控制系统中没有的指令符号，因此梯形图与继电器接触器控制系统图的形式及符号有许多相同或相仿的地方。如图 4-1 所示，梯形图按自上而下，从左到右的顺序排列，最左边的竖线称为起始母线也叫左母线，然后按一定的控制要求和规则连接各个触点，最后以继电器线圈结束，称为一逻辑行或一"梯级"，一般在最右边还加上一竖线，这一竖线称为右母线。有些

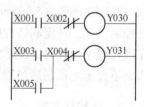

图 4-1 梯形图

产品的梯形图语言不用右母线，如西门子公司的 S5、S7 系列产品。通常一个梯形图中有若干逻辑行（梯级），形似梯子，梯形图由此而得名。梯形图比较形象直观，容易掌握，用得很多，堪称 PLC 第一编程语言。

（2）梯形图中接点（触点）只有常开和常闭接点，它可以是 PLC 输入点接线的外部

开关（如启动按钮、行程开关等）接点，但通常是 PLC 内部继电器接点或内部寄存器、计数器等的状态，不同 PLC 内每种接点有自己特定的号码标记，以示区别。

（3）梯形图中的继电器线圈不全是实际继电器线圈，它包括输出继电器、辅助继电器线圈等，其逻辑动作只有在线圈接通之后，才能使对应的常开或常闭接点动作。

（4）梯形中的触点可以任意串联或并联，但继电器线圈只能并联而不能串联。

（5）内部继电器、计数器、移位寄存器等均不能直接控制外部负载，只能作中间结果供 PLC 内部使用。

（6）PLC 是按循环扫描方式沿梯形图的先后顺序执行程序的，在同一扫描周期中的结果保留在输出状态暂存器中，所以输出点的值在用户程序中可以当做条件使用。

（7）程序结束时要有结束标志 END。

4.1.2 助记符语言

全用梯形图编程虽然直观、简便，但要求 PLC 配有较大的显示器方可输入图形符号。这在有些小型机上常难以满足，故需要借助其他语言，常用的就是助记符语言。助记符语言又称指令表，它是由表示 PLC 各种功能的助记功能缩写符号和相应的器件编号组成的程序表达方式，例如 LD X001，像这样的每句助记符编程语言就是一条指令或程序。助记符语言比计算机中使用的汇编语言直观易懂，编程简单。但不同厂家制造的 PLC 所使用的助记符不尽相同，所以对于同一个梯形图来说，写成对应的程序（语句表）也不尽相同，要将梯形图语言转换成助记符语言，必须先弄清楚所用的 PLC 型号和内部各种器件的标号、使用范围及每条助记符的使用方法。

4.1.3 逻辑功能图

编写程序也可采用逻辑功能图（又称功能块图），所以逻辑功能图也是 PLC 的一种编程语言，这种编程方式基本上沿用了半导体逻辑电路的逻辑框图来表达。一般用一个运算框图表示一种功能，框图内的符号表达了该框内的运算功能。控制逻辑常用"与"、"或"、"非"三种逻辑功能来表达。框的左边画输入，右边画输出。

4.1.4 顺序功能图

顺序功能图（Sequential Function Chart，SFC）又叫做状态转移图，它是描述控制系统的控制过程、功能和特性的一种图形，同时也是设计 PLC 顺序控制程序的一种有力工具。在进行程序设计时，工艺过程被划分为若干顺序出现的步，每步中包括控制输出的动作，特别适合于生产制造过程。

4.1.5 结构化文本

结构化文本（ST）是一种高级的文本语言，可以用来描述功能、功能块和程序的行为，还可以在顺序功能流程图中描述步、动作和转变的行为。结构化文本语言表面上与 PASCAL 语言很相似，但它是一个专门为工业控制应用开发的编程语言，具有很强的编程能力。用于对变量赋值、回调功能和功能块、创建表达式、编写条件语句和迭代程序等。结构化文本非常适合应用在有复杂的算术计算的应用中。

西门子PLC使用的STEP7中的S7 SCL属于结构化控制语言,其程序结构与C语言和PASCAL语言相似,特别适合具有高级语言程序设计经验的技术人员使用。

4.2 FX系列PLC编程元件的编号及功能

不同厂家、不同系列的PLC,其内部软继电器的功能和编号都不相同,因此在编制程序时,必须熟悉所选用PLC的软继电器的功能和编号。FX系列PLC软继电器编号由字母和数字组成,其中输入继电器和输出继电器用八进制数字编号,其他软继电器均采用十进制数字编号。

一般情况下,X代表输入继电器,Y代表输出继电器,M代表辅助继电器,SPM代表专用辅助继电器,T代表定时器,C代表计数器,S代表状态继电器,D代表数据寄存器,MOV代表传输等。常数K表示十进制常数,H表示十六进制常数。指针包括分支和子程序用的指针(P)和中断用的指针(I)。

4.2.1 输入与输出继电器的编号及功能

输入继电器是PLC与外部用户输入设备连接的接口单元,它接收来自外部输入设备的开关信号。输入继电器的线圈与PLC的输入端相连,并带有许多常开接点和常闭触点供编程时使用。输入继电器由外部信号驱动,即由外接开关控制。输入继电器编号采用八进制编制。

输出继电器是PLC与外部用户输出设备连接的接口单元,它向外部负载传送信号,其输出触点连接到PLC的输出端子上。输出继电器线圈的通和断是由程序执行结果来决定的,它有一对外部输出的常开触点,有许多常开和常闭"软"触点可供在编程中使用。输入继电器与输出继电器的梯形图及其继电器符号说明如图4-2所示,FX_{2N}系列PLC的输入/输出继电器元件符号见表4-1。

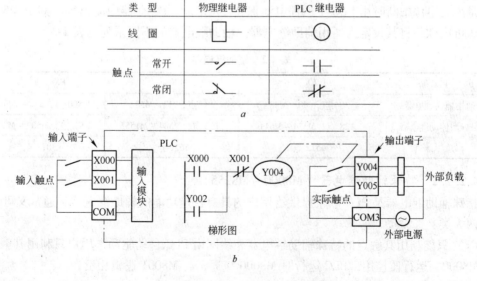

图4-2 输入继电器与输出继电器
a—梯形图继电器符号说明;*b*—梯形图

表 4-1　FX$_{2N}$系列 PLC 的输入／输出继电器元件符号

型　号	FX$_{2N}$-16M	FX$_{2N}$-32M	FX$_{2N}$-48M	FX$_{2N}$-64M	FX$_{2N}$-80M	FX$_{2N}$-128M	扩展时
输入 继电器	X0 ~ X7 8 点	X0 ~ X17 16 点	X0 ~ X27 24 点	X0 ~ X37 32 点	X0 ~ X47 40 点	X0 ~ X77 64 点	X0 ~ X267 184 点
输出 继电器	Y0 ~ Y7 8 点	Y0 ~ Y17 16 点	Y0 ~ Y27 24 点	Y0 ~ Y37 32 点	Y0 ~ Y47 40 点	Y0 ~ Y77 64 点	Y0 ~ Y267 184 点

4.2.2　辅助继电器与特殊辅助继电器的编号及功能

PLC 中有许多辅助继电器，它有若干对常开触点和常闭触点，它必须由 PLC 中其他器件的触点接通驱动辅助继电器的线圈之后，触点才能动作，这与继电器接触器控制线路中中间继电器的工作情形相似，供中间转换环节使用，所以辅助继电器有时也叫做中间继电器。但辅助继电器不能直接驱动负载，要驱动负载必须通过输出继电器才行。

4.2.2.1　辅助继电器

辅助继电器又可分为通用辅助继电器和保持（或保护）辅助继电器两种，均用八进制编号。

（1）通用辅助继电器（M0 ~ M499）。FX$_{2N}$系列共有 500 点通用辅助继电器。通用辅助继电器在 PLC 运行时，如果电源突然断电，则全部线圈均变为 OFF。当电源再次接通时，除了因外部输入信号而变为 ON 的以外，其余的仍将保持 OFF 状态，它们没有断电保护功能。通用辅助继电器常在逻辑运算中用作辅助运算、状态暂存、移位等。根据需要可通过程序设定，将 M0 ~ M499 变为断电保持辅助继电器。

（2）断电保持辅助继电器（M500 ~ M3071）。FX$_{2N}$系列有 M500 ~ M3071，共计 2572个断电保持辅助继电器。它与普通辅助继电器不同的是具有断电保护功能，即能记忆电源中断瞬时的状态，并在重新通电后再现其状态。它之所以能在电源断电时保持其原有的状态，是因为电源中断时用 PLC 中的锂电池保持了它们映像寄存器中的内容。其中 M500 ~ M1023 可由软件将其设定为通用辅助继电器。辅助继电器的不同系列见表 4-2。

表 4-2　辅助继电器

PLC	FX$_{1S}$	FX$_{1N}$	FX$_{2N}$/FX$_{2NC}$
通用辅助继电器	384 点，M0 ~ M383	384 点，M0 ~ M383	500 点，M0 ~ M499
保持型辅助继电器	128 点，M384 ~ M511	1152 点，M384 ~ M1535	2572 点，M500 ~ M3071
总　计	512 点	1536 点	3072 点

4.2.2.2　特殊辅助继电器（M8000 ~ M8255）

特殊辅助继电器是 PLC 厂家提供给用户的具有特定功能的辅助继电器，通常又可分为以下两大类：

（1）只能利用其触点的特殊辅助继电器，线圈由 PLC 自动驱动，用户只利用其触点。

M8000：运行监控用，PLC 运行时 M8000 接通，与 M8001 逻辑相反；

M8002：初始脉冲（仅在运行开始瞬间接通）；

M8012：产生 100ms 时钟脉冲（M8011 ~ M8014：10ms，100ms，1s，1min）。

（2）可驱动线圈型特殊继电器，用于驱动线圈后，PLC 做特定动作。

M8030：锂电池电压指示灯特殊继电器；

M8033：PLC 停止时输出保持特殊辅助继电器；

M8034：线圈得电，全部输出停止；

M8039：按设定的扫描时间工作。

4.2.2.3　数据寄存器

数据寄存器（D）在模拟量检测与控制以及位置控制等场合用来储存数据和参数，数据寄存器为 16 位（最高位为符号位），两个合并起来可以存放 32 位数据。

A　通用数据寄存器

当 M8033 为 ON 时，D0～D199 有断电保护功能；当 M8033 为 OFF 时则它们无断电保护功能，这种情况下 PLC 由 RUN→STOP 或停电时，数据全部清零。

B　保持型数据寄存器

D200～D7999 共 7800 点，其中 D200～D511（共 12 点）有断电保持功能，可以利用外部设备的参数设定改变通用数据寄存器与有断电保持功能数据寄存器的分配；D490～D509 供通信用；D512～D7999 的断电保持功能不能用软件改变，但可用指令清除它们的内容。根据参数设定可以将 D1000 以上数据寄存器作为文件寄存器。

C　特殊数据寄存器

D8000～D8255 共 256 点。特殊数据寄存器的作用是监控 PLC 的运行状态。如扫描时间、电池电压等。未加定义的特殊数据寄存器，用户不能使用。

D　文件寄存器

文件寄存器以 500 点为单位，可以被外部设备存取。文件寄存器实际上可以被设置为 PLC 的参数区。文件寄存器与保持型数据寄存器是重叠的，可以保证数据不会丢失。

E　外部调整寄存器

FX_{1S} 和 FX_{1N} 有两个设置参数用的小定位器，可以改变指定的数据寄存器 D8030 或 D8031 的值（0～255），如图 4-3 所示。

F　变址寄存器

FX_{2N} 系列 PLC 有 V0～V7 和 Z0～Z7 共 16 个变址寄存器，它们都是 16 位的寄存器。变址寄存器 V/Z 实际上是

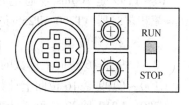

图 4-3　设置参数的小电位器

一种特殊用途的数据寄存器，其作用相当于计算机中的变址寄存器，用于改变元件的编号（变址），例如 V0 = 5，则执行 D20V0 时，被执行的编号为 D25（即 D20 + 5）。变址寄存器可以用来修改常数的值，例如当 Z0 = 21 时，K48Z0 相对于常数 69（即 21 + 48 = 69）。

变址寄存器可以像其他数据寄存器一样进行读写，当需要进行 32 位操作时，可将 V、Z 串联使用（Z 为低位，V 为高位）。

4.2.3　定时器 T 和计数器 C

4.2.3.1　定时器

PLC 中的定时器（T）相当于继电器系统中的时间继电器。它有一个设定值寄存器（一个字长）、一个当前值寄存器（一个字长）和一个用来储存其输出触点状态的映像寄

存器（占二进制的一位），不同系列的定时器见表4-3。

表4-3 不同系列的定时器

PLC	FX$_{1S}$	FX$_{1N}$，FX$_{2N}$/FX$_{2NC}$
100ms 定时器	63 点，T0 ~ T62	200 点，T0 ~ T199
10ms 定时器	31 点，T32 ~ C62	46 点，T200 ~ C245
1ms 累计型定时器	1 点，T63	4 点，T246 ~ T249
100ms 累计型定时器	—	6 点，T250 ~ C255

（1）通用定时器（T0 ~ T249），值为 1 ~ 32767。通用定时器没有保持功能，在输入电路断开或停电时被复位。延时停止输出定时器的用法见图4-4。

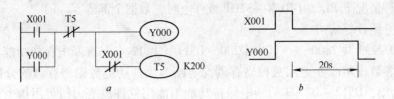

图 4-4   延时停止输出定时器的用法
a—梯形图；b—波形图

（2）累计型定时器（T246 ~ T255），不受断电、线圈断开影响，具有保持功能。

PLC 内定时器根据时钟脉冲累积计时，时钟脉冲有 1ms、10ms、100ms 三档，当所计时时间到达设定值时，输出触点动作。定时器可以将用户程序存储器内的常数 K 作为设定值，也可以用数据寄存器 D 的内容作为设定值。

T0 ~ T199 是 100ms 普通定时器，T200 ~ T245 为 10ms 普通定时器；T246 ~ T249 是 10ms 累积定时器，T250 ~ T255 是 100ms 累积定时器。

4.2.3.2   计数器

C0 ~ C99 是 16 位向上计数的普通计数器；

C100 ~ C199 是 16 位向上计数的断电保持型计数器；

C200 ~ C219 是 32 位可逆计数的普通计数器；

C220 ~ C234 是 32 位可逆计数的断电保持型计数器；

C235 ~ C255 是高速计数器，详见表4-4。

表4-4   FX$_{2N}$ 计数器

16 位加计数器，可设为电池保持	C0 ~ C99, 100 点
16 位加计数器，电池保持	C100 ~ C199, 100 点
32 位加减计数器，可设为电池保持	C200 ~ C219, 20 点
32 位加减计数器，电池保持	C220 ~ C234, 15 点

A   内部计数器（0 ~ 32767）

用来对 PLC 的内部信号 X、Y、M、S 等计数。内部输入信号的接通和断开时间应比

PLC 的扫描周期稍长。

（1）16 位加计数器（C0 ~ C199，如图 4-5 所示），共 200 点，其中 C0 ~ C99 为通用型，C100 ~ C199 共 100 点为断电保持型（即断电后能保持当前值，待通电后继续计数）。这类计数器为递加计数，应用前先对其设置一设定值，当输入信号（上升沿）个数累加到设定值时，计数器动作，其常开触点闭合、常闭触点断开。计数器的设定值为 1 ~ 32767（16 位二进制），设定值除了用常数 K 设定外，还可间接通过指定数据寄存器设定。

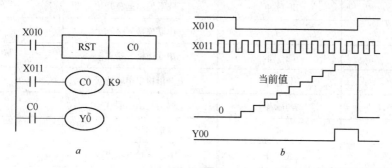

图 4-5　16 位加计数器的用法

a—梯形图；b—波形图

（2）32 位加/减计数器（C200 ~ C234），共有 35 点 32 位加/减计数器，其中 C200 ~ C219（共 20 点）为通用型，C220 ~ C234（共 15 点）为断电保持型。这类计数器与 16 位加计数器相比除位数不同外，还在于它能通过控制实现加/减双向计数。设定值范围均为 – 214783648 ~ + 214783647（32 位）。C200 ~ C234 是加计数还是减计数，分别由特殊辅助继电器 M8200 ~ M8234 设定。对应的特殊辅助继电器被置为 ON 时为减计数，置为 OFF 时为加计数。计数器的设定值与 16 位计数器一样，可直接用常数 K 或间接将数据寄存器 D 的内容作为设定值。在间接设定时，要用编号紧连在一起的两个数据计数器。

B　高速计数器（中断方式计数）

高速计数器与内部计数器相比除允许输入频率高之外，应用也更为灵活，高速计数器均有断电保持功能，通过参数设定也可变成非断电保持。FX$_{2N}$ 有 C235 ~ C255 共 21 点高速计数器。适合用作高速计数器输入的 PLC 输入端口的有 X0 ~ X7。X0 ~ X7 不能重复使用，即若某一个输入端已被某个高速计数器占用，它就不能再用于其他高速计数器，也不能用作他用。

4.3　FX 系列可编程控制器指令系统及编程方法

FX 系列 PLC 有基本顺控指令 20 条或 27 条、步进梯形图指令 2 条、应用（功能）指令 100 多条（不同系列有所不同）。现以 FX$_{2N}$ 为例，介绍其基本顺控指令和步进指令及其应用。

FX$_{1N}$、FX$_{2N}$、FX$_{2NC}$ 共有 27 条基本顺控指令，2 条步进梯形图指令。三菱 FX 系列 PLC 基本指令一览表见表 4-5。

表 4-5 三菱 FX 系列 PLC 基本指令一览表

助 记 符	名 称	功 能	回路表示和对象软元件
LD	取	运算开始 a 接点	
LDI	取 反	运算开始 b 接点	
LDP	取脉冲	上升沿检出运算开始	
LDF	取脉冲	下降沿检出运算开始	
AND	与	串联连接 a 接点	
ANI	与 非	串联连接 b 接点	
ANDP	与脉冲	上升沿检出串联连接	
ANDF	与脉冲	下降沿检出串联连接	
OR	或	并联连接 a 接点	
ORI	或 非	并联连接 b 接点	
ORP	或脉冲	上升沿检出并联连接	
ORF	或脉冲	下降沿检出并联连接	
ANB	回路块与	回路块之间串联连接	
ORB	回路块或	回路块之间并联连接	
OUT	输 出	线圈驱动指令	
SET	置 位	线圈动作保持指令	
RST	复 位	解除线圈动作保持指令	
PLS	脉 冲	线圈上升沿输出指令	
PLF	下降沿脉冲	线圈下降沿输出指令	
MC	主 控	公共串联接点用线圈指令	
MCR	主控复位	公共串联接点解除指令	
MPS	进 栈	运算存储	
MRD	读 栈	存储读出	
MPP	出 栈	存储读出和复位	
INV	反 转	运算结果取反	
NOP	空操作	无动作	消除程序或留出空间
END	结 束	程序结束	程序结束，返回到 0 步
STL	步进梯形图	步进梯形图开始	
RET	返 回	步进梯形图结束	

（1）LD、LDI、OUT 指令。

LD（Load）：LD 称为取指令，适用于梯形图中与左母线相连的第一常开触点，表示一个逻辑行的开始，见图 4-6a 梯形图中的 X000 常开触点。

LDI（Load Inverse）：LDI 称为取反指令，适用于梯形图中与左母线相连的第一个常闭触点，见图 4-6a 中的 X001 常闭触点。

OUT（Out）：线圈驱动指令（又叫输出指令），适用于将运算结果驱动输出继电器、辅助继电器、定时器和计数器的线圈，但不能用于输入继电器。OUT 指令用于计数器和定时器时，必须有常数 K 值紧跟着，K 分别表示定时器的定时时间或计数次数，它也作为一个步序。书写指令程序时，每条指令写一行，左边为步序号，中间为助记符或常数 K，右边为器件的编号或是定时器和计数器的设定常数 K 值，器件的编号和 K 值合称为数据。LD、LDI、OUT 指令的使用方法见图 4-6。

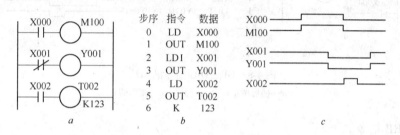

图 4-6　LD、LDI、OUT 指令的用法

a—梯形图；*b*—指令程序；*c*—波形图

（2）AND、ANI 指令。

AND（And）：AND 指令（又叫"与"指令）适用于和触点串联的常开触点，见图 4-7a 中的 X002 常开触点。

ANI（And Inverse）：ANI 指令（又叫"与反"指令）适用于和触点串联的常闭触点，见图 4-7a 中的 X004 常闭触点。

这两条指令是用于串联一个触点的指令，理论上不限串联的触点数量，即可多次使用这两条指令。

以上两条指令的使用方法如图 4-7 所示。

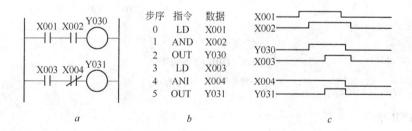

图 4-7　AND、ANI 指令的用法

a—梯形图；*b*—指令程序；*c*—波形图

（3）OR、ORI 指令。

OR（Or）：OR 指令（又叫"或"指令）适用于和触点并联的常开触点，如图 4-8a 中的常开触点 X002。

ORI（Or Inverse）：ORI 指令（又叫"或"反指令）适用于和触点并联的常闭触点，如图 4-8a 中的常闭触点 X004。

这两条指令是用于并联连接仅含有一个触点支路的指令，这种支路并联的数量上不受限制。但是，如果要把含有两个以上的触点串联电路进行并联连接时，就要用到后面介绍的 ORB 指令。OR、ORI 指令的用法如图 4-8 所示。

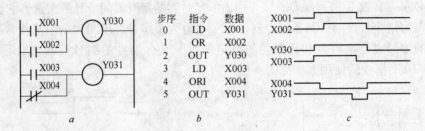

图 4-8　OR、ORI 指令的用法
a—梯形图；b—指令程序；c—波形图

（4）ORB 指令。

ORB（Or Block）：块"或"指令，或者称为串联电路块（组）并联连接指令，适用于两个或两个以上触点串联连接电路块（组）的并联。这时并联支路块都是从 LD 或者 LDI 指令开始，而在该支路的终点要用 ORB 指令，且其后面不带数据。此外，并联电路块（组）的个数理论上没有限制。ORB 指令的用法如图 4-9 所示。从图可见，实际上是触点串联支路的并联连接。

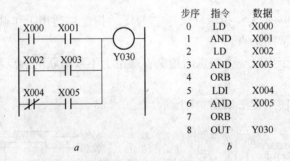

图 4-9　ORB 指令的用法
a—梯形图；b—指令程序

（5）ANB 指令。

ANB（And Block）：块"与"指令，或者称为并联电路块（组）的串联连接指令。适用于两个或者两个以上触点并联电路块（组）的串联连接。使用本指令时，并联电路块都是从 LD 或 LDI 指令开始。每完成两个并联电路块串联连接后用 ANB 指令，但 ANB 指令后面不带数据，在使用 ANB 指令将并联电路与前面电路串联连接前，应先完成并联电路块的程序编制。多个并联电路块从左到右按顺序串联连接时，可以多次使用 ANB 指令。ANB 指令的用法如图 4-10 所示。

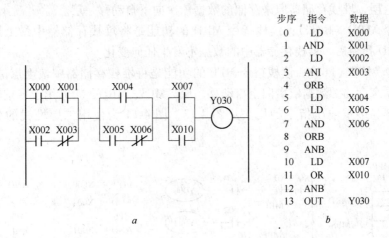

图 4-10　ANB 指令的用法
a—梯形图；*b*—指令程序

（6）INV 指令。

INV（Inverse）：取反指令。将执行该指令之前的运算结果取反，运算结果如果为 0 将它变为 1，运算结果为 1 则变为 0。使用时应注意 INV 不能像指令表的 LD、LDI、LDP、LDF 那样与母线连接，也不能像指令表中的 OR、ORI、ORP、ORF 指令那样单独使用。INV 指令的用法见图 4-11。

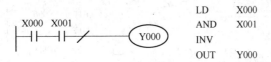

图 4-11　INV 指令的用法

（7）PLS 指令。

PLS（Pulse）：脉冲指令。本指令适用于计数器、移位寄存器的复位输入。这是因为使用本指令能使辅助继电器触点接通后，产生一个宽度等于一个扫描周期的脉冲。脉冲指令的用法如图 4-12 所示，从图中可见，每当 X001 由断态变为通态时，在这一输入信号的上升沿将产生微分脉冲信号。

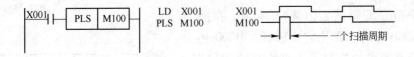

图 4-12　PLS 指令的用法

PLF 指令，在输入信号的下降沿产生一个周期的脉冲输出。

（8）栈存储器与多重输出指令。

进栈指令 **MPS**（Point Store）：进栈指令 MPS 的功能是将该时刻的运算结果压入堆栈

存储器的最上层，堆栈存储器原来存储的数据依次向下自动移一层。

读栈指令 **MRD**（Read）：读栈指令 MRD 的功能是将堆栈存储器中最上层的数据读出。执行 MRD 指令后，堆栈存储器中的数据不发生任何变化。

出栈指令 **MPP**（Pop）：读栈指令 MPP 的功能是将堆栈存储器中最上层的数据取出，堆栈存储器原来存储的数据依次向上自动移一层。MPS、MRD、MPP 用于多重输出电路。

栈存储器与多重输出指令的用法见图 4-13，图 4-14 为使用二层堆栈的分支电路的用法。

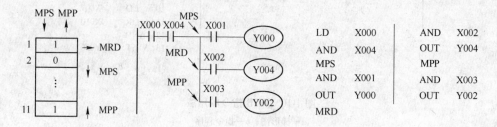

图 4-13　栈存储器与多重输出指令的用法

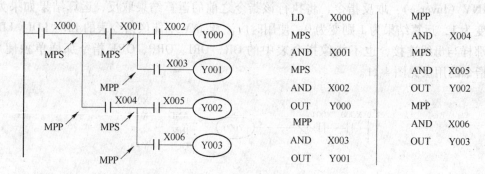

图 4-14　使用二层堆栈的分支电路的用法

（9）SET、RST 指令。

SET：置位指令，使被操作的目标元件置位并保持。

RST：复位指令，使被操作的目标元件复位并保持清零状态。

这两条指令的用法如图 4-15 所示。在图中，一旦 X000 闭合，即使它又断开，M200 还保持断开状态，可见这两条指令均有"记忆"功能。在 SET 和 RST 指令程序区间内可插入其他程序。如果在这两条指令程序之间没有插入其他程序，若 X000 与 X001 同时闭合，则优先执行 RST 指令。

（10）MC、MCR 指令。

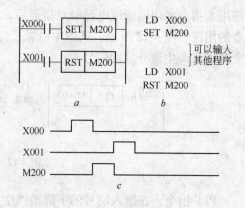

图 4-15　SET、RST 指令的用法
a—梯形图；b—指令程序；c—波形图

MC（Master Control）：主控开始指令，用于在相同控制条件下多路（每条支路一般都含有串联触点）输出。

MCR（Master Control Reset）：主控返回指令，用于 MC 指令的复位指令，即主控结束时返回母线。

图 4-16*a* 中有多个继电器（Y030、Y031、Y032）同时受一个触点或一组触点（图中 X000、X001）控制，这种控制称为主控。可以把多个继电器分别编在独立的逻辑行（梯级）中，而每个继电器都由相同的条件控制，如图 4-16*b* 所示。但这样编程较长和占用了较多的用户存储区，并不理想。如果用主控指令来解决图 4-16*a* 的编程问题，则简洁明了，如图 4-16*c* 所示。这样 MC 指令与原来的母线相连，即将原来的母线移到新的母线上，再用 MCR 指令使各支路起点回到原来的母线上。

a　　*b*

步序	指令	数据
0	LD	X000
1	AND	X001
2	OUT	M100
3	MC	M100
4	LD	X002
5	OUT	Y030
6	LD	X003
7	OUT	Y031
8	LD	X004
9	OUT	Y032
10	MCR	M100
11	LD	X005
12	OUT	Y033
13	END	

c　　*d*

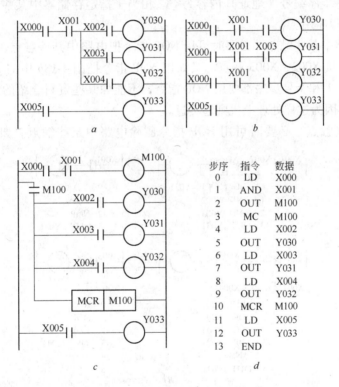

图 4-16　多路输出和 MC、MCR 电路

a—多路输出电路；*b*—转换后的多路输出电路；*c*—MC、MCR 电路；*d*—指令程序

必须注意，MC 和 MCR 是一对指令，必须成对使用。在主控指令 MC 后面均由 LD 或 LDI 指令开始。

（11）边沿检测触点指令。

LDP、ANDP 和 ORP 是用来做上升沿检测的触点指令，它们仅在指定位元件的上升沿由 OFF→ON 变化时接通一个扫描周期。指令中的 LD、AND 和 OR 分别表示开始的触点、并联和串联的触点。LDF、ANDF 和 ORF 表示下降沿。其用法见图 4-17。

（12）NOP 指令。

NOP（Nop）：无操作（空操作）指令。NOP 后面无需任何数据。执行本指令时，不

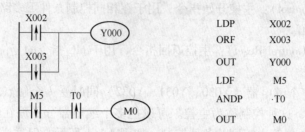

图 4-17 边沿触点检测指令的用法

完成任何操作，只是占用一步的时间，本指令通常可用于以下几个方面：

1）指定某些步序编号（地址）内容为空。相当于指定存储器中某些内容为空，留做以后插入或修改程序用。

2）短接电路中某些触点。必要时可用 NOP 指令把电路中某些触点短接。如图 4-18a 中用 NOP 指令短接 X002、X003 触点。又如用 NOP 指令把图 4-18b 中的 X001 和 X002 触点短接，这时 0、1 和 4 号步序都要用 NOP 指令，不能像某些资料介绍的那样仅在 4 号步序用 NOP 指令，因为这样处理上机则通不过。

3）删除某些触点。必要时可用 NOP 指令删除电路中某些触点。如图 4-18c 中，用

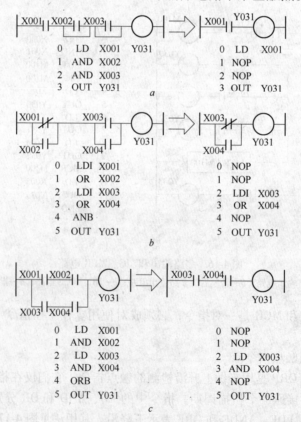

图 4-18 NOP 指令的用法

a—短接触点 X002、X003；b—短接触点 X001、X002；c—短接触点 X001、X002

NOP 指令删除（注意不是短接）接点 X001 和 X002，这时步号 0、1 和 4 都要用 NOP 指令。强调指出，对这种情况不能像某些资料那样只用 NOP 指令取代 ORB 指令，否则会出错。

需注意，使用 NOP 指令时，电路构成发生了变化，往往容易出现错误，因此应尽可能少用或不用该指令，使用时要特别细心。比如说要用 NOP 指令短接图 4-18c 中接点 X001，则必须同时把 AND X002 改为 LD X002。

（13）END 指令。

END：程序结束指令。END 指令后面无需任何数据，常用此指令表示程序的结束，或在调试程序时，把程序分成为若干个程序段，将 END 指令插入每个程序段之末尾，这样可以分段调试程序，该段程序调试完毕后可删去 END，如此逐段调下去，直到全部程序调试完成为止。

4.4　编程技巧与应用举例

4.4.1　编程技巧

掌握了梯形图编程语言和 PLC 指令系统后，便可根据控制系统的要求进行编程。为了使编程正确、快速和优化，必须掌握一些编程基本技巧。

（1）梯形图按自上而下，从左到右的顺序排列，每一行起于左母线，终于右母线。继电器线圈与右母线直接连接，在右母线与线圈之间不能连接其他元素，如图 4-19 所示。

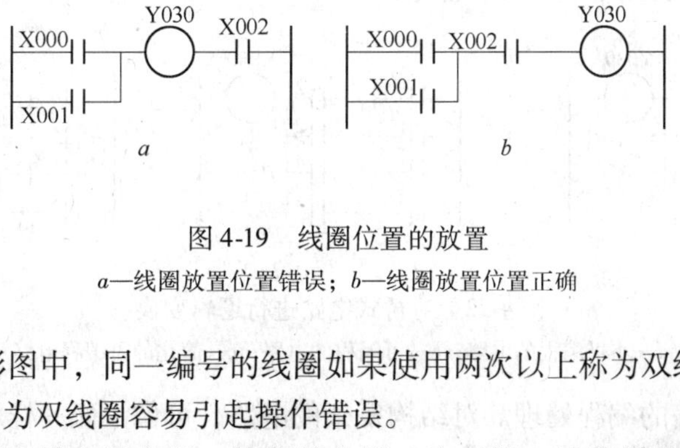

图 4-19　线圈位置的放置

a—线圈放置位置错误；b—线圈放置位置正确

（2）在一个梯形图中，同一编号的线圈如果使用两次以上称为双线圈输出，一般情况下只能出现一次，因为双线圈容易引起操作错误。

（3）输入继电器、输出继电器、辅助继电器、定时器、计数器的触点可以多次使用，不受限制。

（4）在梯形图中，每行串联的触点数和每组并联电路的并联触点数，理论上没有受限制。

（5）输入继电器的线圈是由输入点上的外部输入信号控制驱动的，所以梯形图中输入继电器的触点用以表示对应点上的输入信号。

（6）为了减少使用的指令语句，应把串联触点最多的支路编排在上方，如图 4-20a 所示，如果将串联触点多的支路安排在下面，如图 4-20b 所示，则需增加一条 ORB 指令，显然这种编排不好。

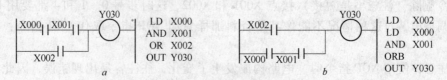

图 4-20　电路块并联的编排

a—编排得好的电路；b—编排得不好的电路

（7）把触点最多的并联电路编排在最左边，以减少编程指令语句的使用，如图 4-21a 所示，这与编排得不好的梯形图（图 4-21b）相比，可节省一条 ANB 指令。

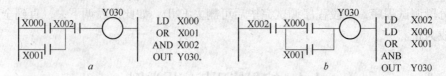

图 4-21　并联电路的串联编排

a—编排得好的电路；b—编排得不好的电路

（8）对桥式电路的编程处理。桥式电路如图 4-22a 所示，图中触点 5 有双向电流通过，这是不可编程的电路，因此必须根据逻辑功能，将该电路等效变换成可编程的电路，如图 4-22b 所示，图 4-22a 中线圈接通的条件为：

触点 1 和 2 同时接通；或者触点 3、5 和 2 同时接通；或者触点 1、5 和 4 同时接通；或者触点 3 和 4 同时接通。根据这些逻辑控制关系，可做出相对应的可编程的电路，如图 4-22b 所示，我们还可把图 4-22b 简化成图 4-22c。

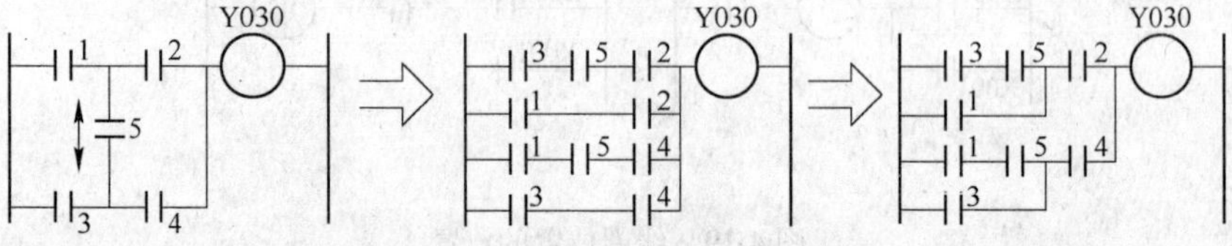

图 4-22　对桥式电路进行逻辑变换

a—不可编程的电路；b—可编程的电路；c—简化的可编程电路

（9）对复杂电路的编程处理。对结构复杂的电路，可像上面一样对电路进行逻辑功能的等效变换处理，这样能使编程清晰明了，简便可行，不易出错。图 4-23a 电路可等效变换成图 4-23b 电路。

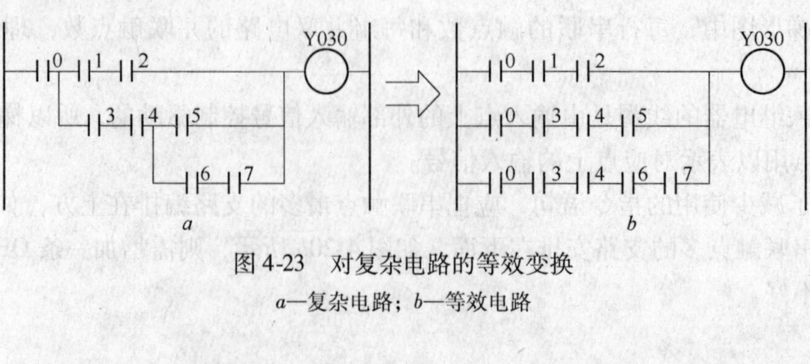

图 4-23　对复杂电路的等效变换

a—复杂电路；b—等效电路

（10）对常闭触点输入的编程处理。对输入外部控制信号的常闭触点，在编排梯形图时要特别小心，否则可能导致编程错误。现以一个常用的电动机启动和停止控制线路为例，进行分析说明。

电动机启动停止的继电接触控制线路如图 4-24a 所示，使用 PLC 控制的对应梯形图如图 4-24b 所示，PLC 控制的输入输出接线图如图 4-24c 所示。图 4-24c 中 SB1 为启动按钮（常开触点），SB2 为停机按钮（常闭触点）。从图 4-24c 中可见，由于常闭的 SB2 和 PLC 的公共端 COM 已接通，在 PLC 内部电源作用下输入继电器 X002 线圈已接通，其在图4-24b 中的常闭触点 X002 已断开，所以按下启动按钮 SB1 时，输出继电器 Y031 不动作，电动机不能启动。解决这类问题的方法有两种：一是把图 4-24b 中常闭触点 X002，改为常开触点 X002，如图 4-24d 所示；二是把停止按钮 SB2 改为常开触点，这样就可采用图 4-24b 的梯形图。

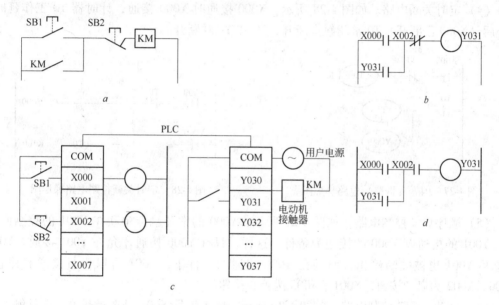

图 4-24　电动机启动停止控制线路
a—继电接触控制；b—梯形图；c—PLC 控制的输入输出接线；d—梯形图

从上面分析可见，如果外部输入为常开触点，则编制的梯形图与继电器接触器控制原理图一致。但是，如果外部输入是常闭触点，那么编制的梯形图与继电接触控制原理图刚好相反。

4.4.2　梯形图的基本电路

梯形图的基本电路包括以下几种：

（1）启动-保持-停止电路（自锁电路，自保持电路）。X000 启动，X001 停止。图 4-25a、c 是利用 Y010 常开触点实现自锁保持，而图 4-25b、d 是利用 SET、RST 指令实现自锁保持。

（2）互锁电路。线圈互锁——输出 Y001 和 Y002 串联了对方常闭触点，按钮互锁——不必需，Y001 和 Y002 串联了对方启动按钮常闭触点，如图 4-26 所示。

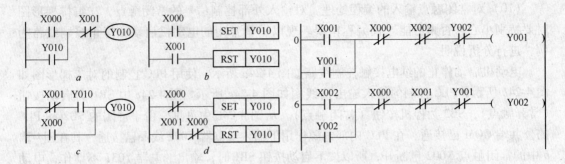

图 4-25　启保停电路梯形图　　　　　图 4-26　互锁电路梯形图

（3）闪烁（振荡）电路，如图 4-27 所示。

（4）定时关断电路。如图 4-28 所示，X000 接通时 Y000 接通，计时器 T0 工作延时，10s 后（X000 已断开）T0 常闭触点断开，T0 和 Y000 断开。

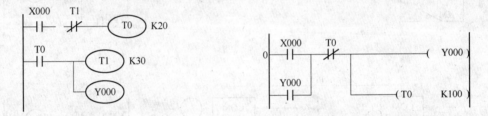

图 4-27　闪烁（振荡）电路梯形图　　　　图 4-28　定时关断控制电路梯形图

（5）顺序启动控制电路。如图 4-29 所示，Y000 的常开触点串联在 Y001 的控制回路中，Y001 的接通以 Y000 的接通为条件。这样，只有 Y000 接通才允许 Y001 接通。Y000 关断后 Y001 也被关断停止，而且在 Y000 接通的条件下，Y001 可以自行接通和停止。X000、X002 为启动按钮，X001、X003 为停止按钮。

（6）自动与手动控制电路。如图 4-30 所示，输入信号 X001 是选择开关，选其触点为联锁型号。当 X001 为 ON 时，执行主控指令，系统运行自动控制程序，自动控制有效，同时系统执行功能指令 CJ P63，直接跳过手动控制程序，手动调整控制无效。当 X001 为 OFF 时，主控指令不执

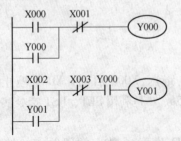

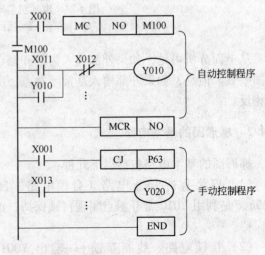

图 4-29　顺序启动控制电路梯形图　　　图 4-30　自动与手动控制电路梯形图

行，自动控制无效，跳转指令也不执行，手动控制有效。

4.4.3 编程举例

为了便于大家掌握 PLC 的编程方法，下面我们举几个例子。

4.4.3.1 限位控制

双向限位的继电器接触器控制线路如图 4-31*a* 所示；输入输出接线示意图如图 4-31*b* 所示；梯形图如图 4-31*c* 所示；对应的指令程序如图 4-31*d* 所示。采用 PLC 控制的工作过程如下：

图中 SQ1 和 SQ2 为限位开关，安装在预定位置上。按下正向启动按钮 SB1，输入继电器 X000 常开触点闭合，输出继电器 Y030 线圈接通并自锁，Y030 的常闭触点断开输出继电器 Y031 的线圈，实现互锁，这时接触器 KM1 得电吸合，电动机正向运转，运动部件向前运行，当运行到终端位置时，装在运动物件上的挡铁（撞块）碰撞限位开关 SQ1，SQ1 的常开触点闭合使输入继电器 X004 的常闭触点断开，Y030 线圈断开，KM1 失电释放，电

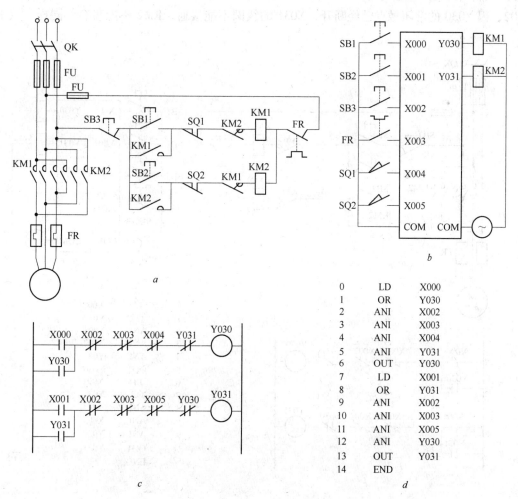

图 4-31 限位控制

a—继电接触控制；*b*—PLC 控制的输入输出接线；*c*—梯形图；*d*—指令程序

动机断电停转，运动部件停止运行。按下反向启动按钮 SB2 时，输入继电器 X001 常开触点闭合，输出继电器 Y031 线圈接通并自锁，接触器 KM2 得电吸合，电动机反向运行，当运动部件向后运行至挡铁碰撞限位开关 SQ2 时，X005 的常闭触点断开 Y031 的线圈，KM2 失电释放，电动机停转，部件停止运行。停机时按下停机按钮 SB3，X002 的两对常闭触点断开 Y030 或 Y031 的线圈，KM1 或 KM2 失电释放，电动机停下来。过载时热继电器 FR 常开触点闭合，X003 的两对常闭触点断开，Y030 或 Y031 线圈断开，电动机停下来。

4.4.3.2 具有电气连锁的电动机正反转控制

具有电气连锁的电动机正反转控制线路电气原理图如图 4-32a 所示；PLC 控制的输入输出接线图如图 4-32b 所示；梯形图如图 4-32c 所示；对应的指令程序如图 4-32d 所示。工作过程如下：

合上电源开关 QK，按下正向启动按钮 SB1，输入继电器 X001 的常开触点闭合，输出继电器 Y030 线圈接通并自锁，接触器 KM1 得电吸合，电动机正转。与此同时，Y030 的常闭触点断开 Y031 的线圈，KM2 不能吸合，实现电气互锁。此时若按下反向启动按钮 SB2，因 Y030 的常闭触点已经断开，Y031 的线圈不能接通，KM2 不能吸合。同样，按下

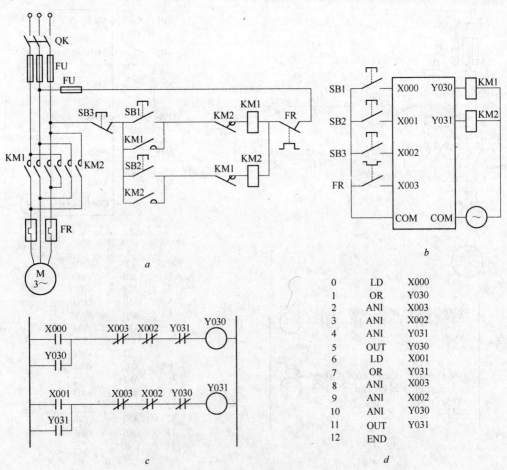

图 4-32 具有电气连锁的电动机正反转控制

a—继电接触控制；b—PLC 输入输出接线；c—梯形图；d—指令程序

反向启动按钮 SB2 时，X002 常开触点闭合，Y031 的线圈接通，KM2 得电吸合电动机反转。与此同时，Y031 的常闭触头断开 Y030 的线圈，KM1 不能吸合，实现电气互锁。停机时按下按钮 SB3，X002 常闭触点断开；过载时热继电器触点 FR 闭合，X003 的常闭触点断开，这两种情况都使 Y030 或 Y031 线圈断开，进而使 KM1 或 KM2 失电释放，电动机停车。

4.4.3.3 电动机间歇运行控制

电动机间歇运行的继电接触控制线路如图 4-33a 所示，可用于机床自动间歇润滑控制等控制系统；PLC 控制的输入输出接线如图 4-33b 所示；梯形图如图 4-33c 所示；对应的指令程序如图 4-33d 所示。工作过程如下：

合上电源开关 QK 和控制开关 S 后，输入继电器 X000 的常开触点闭合，定时器 T50 线圈接通，经过延时设定时间 K（K 值由用户设定）后，T50 常开触点闭合，T51 和输出继电器 Y030 线圈接通，接触器 KM 得电吸合，电动机启动运行。经过一定时间延时后，T51（其定时时间 K 值由用户设定）常开触点闭合，辅助继电器 M100 线圈接通，其常闭触点断开 T50 线圈，进而使 T51、Y030、M100 线圈断开，电动机停下来。此时 M100 常闭触点又接通 T50 线圈，电动机停转一段 T50 设定的延时时间后，T50 常开触点又接通 T51 和 Y030 的线圈，KM 又得电吸合，电动机又启动运行，延时一定时间后又停止运行，电动机就这样周而复始地间歇运行下去。只有断开控制开关 S，X000 触点断开 T50 线圈，电动机才停止运行。

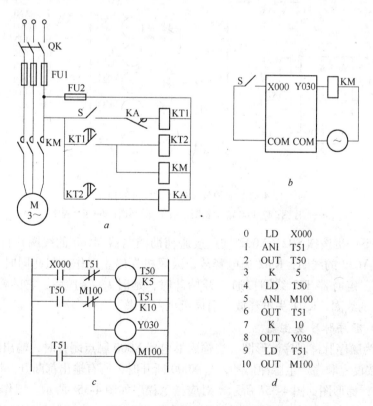

图 4-33 电动机间歇运行控制

a—继电接触控制；b—PLC 输入输出接线；c—梯形图；d—指令程序

电动机运行时间的长短由定时器 T51 控制，停止时间的长短由定时器 T50 控制。延时时间根据实际要求确定。

4.4.3.4 锅炉鼓风机和引风机的控制

锅炉鼓风机和引风机的控制要求为：开机时，先启动引风机，经过时间 $t_1(s)$ 后开鼓风机；停机时，先关鼓风机，经过时间 $t_2(s)$ 后关引风机。引风机由接触器 KM1 控制，鼓风机由接触器 KM2 控制。控制时序图如图 4-34a 所示。延时时间 t_1 和 t_2 由用户设定，图中设定 $t_1=10s$，$t_2=15s$。PLC 控制工作过程如下：

开机时按下启动按钮 SB1，输入继电器 X001 的常开接点接通输出继电器 Y031 和定时器 T51 的线圈，Y031 自锁，KM1 得电吸合，引风机先启动，同时 T51 开始计时，延时 t_1（s）后，接通 Y032 的线圈，KM2 得电吸合，鼓风机后启动，这时鼓风机和引风机都在工作运行。

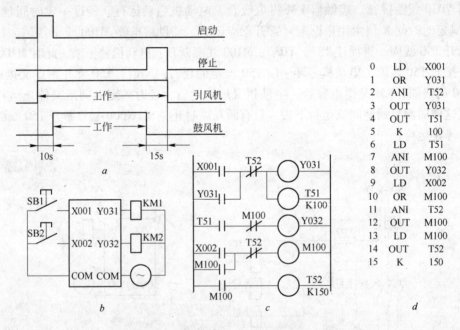

图 4-34　锅炉鼓风机和引风机的控制
a—时序图；b—PLC 输入输出接线；c—梯形图；d—指令程序

停机时按下停机按钮 SB2，X002 接点接通辅助继电器 M100 的线圈并自锁，M100 的常闭接点断开 Y032 的线圈，KM2 失电释放，鼓风机先停止工作，与此同时 M100 的一对常开接点闭合，定时器 T52 线圈接通并开始计时，延时 t_2（s）后，它的常闭接点断开 Y031 和 M100 的线圈，KM1 失电释放，引风机也停下来。

4.4.3.5 顺序脉冲发生器

图 4-35a 为顺序脉冲时序波形图。当输入继电器 X000 触点闭合时，输出继电器 Y031、Y032、Y033 按设定顺序产生脉冲信号；当 X000 断开时，所有输出都断开。用定时器产生这种顺序脉冲，梯形图如图 4-35b 所示。对应指令程序如图 4-35c 所示。工作原理如下：

当 X000 接通时，定时器 T50 开始计时，同时 Y031 接通产生脉冲，当定时设定时间（此处 K 值均设定为 100）到了，T50 常闭触点断开 Y031 线圈。T50 常开触点闭合，T51

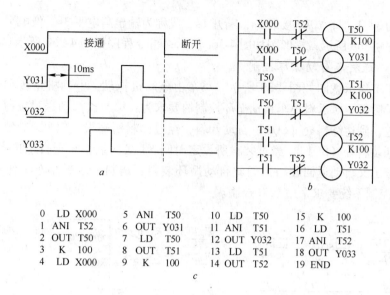

图 4-35 顺序脉冲发生器

a—顺序脉冲波形图；b—梯形图；c—指令程序

线圈接通并开始计时，同时 Y032 接通输出脉冲，当 T51 定时时间到，其常闭触点断开，Y032 输出也断开。与此同时，T51 常开触点闭合，使 T52 和 Y033 线圈接通，T52 开始计时，Y033 输出脉冲。T52 定时时间到，Y033 断开。只要 X000 还接通，则重新开始产生顺序脉冲，如此反复下去，直至 X000 断开为止。定时器 T50、T51 和 T52 的延时时间 K 值由用户设定。

4.4.3.6 方波与占空比可调的脉冲信号发生器

该发生器由两个定时器和一个输出继电器构成。定时器 T50 控制 Y030 接通时间，T51 控制 Y030 断开时间。Y030 作为方波或脉冲信号输出用。如果整定 T50 和 T51 定时时间相同，则输出为方波信号。假定调整两个定时器定时时间不同，则输出为占空比可调的脉冲信号。此外，若设定两个定时器时间值为 3s，则此时输出方波波形图如图 4-36a 所示；若

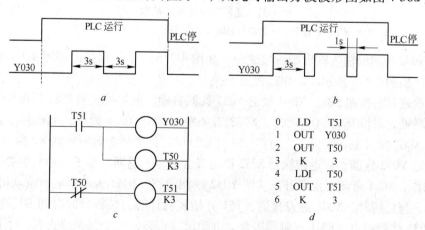

图 4-36 方波与占空比可调的脉冲信号发生器

a—方波波形图；b—脉冲波形图；c—梯形图；d—指令程序

调整占空比为 3∶1，即 Y030 接通 3s，断开 1s，或称为输出高电平 3s，低电平 1s，这时输出波形图如图 4-36b 所示；梯形图如图 4-36c 所示；指令程序如图 4-36d 所示。

4.4.3.7 送料车自动循环控制

送料小车工作示意图如图 4-37 所示。小车由电动机拖动，电动机正转车子前进，电动机反转车子后退。对送料小车自动循环控制的要求为：第一次按动送料按钮，预先装满料的车子前进，到达卸料处（SQ2）自动卸料，经过卸料所需设定时间 K2 延时后，车子则自动返回到装料处（SQ1），经过装料所设定时间 K1 延时后，车子自动再次前进送料，卸完料后，车子又自动返回装料，如此自动循环装料、送料。送料小车工作示意图如图 4-37a 所示，控制系统要求采用 PLC 控制。

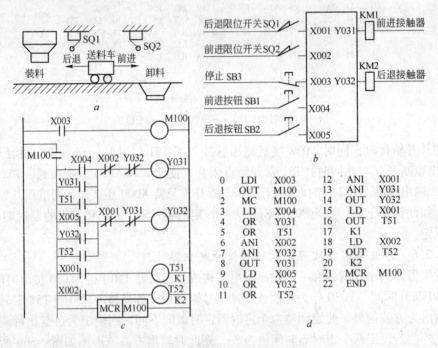

图 4-37 送料车自动循环控制

a—送料车工作示意图；b—PLC 控制输入输出接线；c—梯形图；d—指令程序

采用 PLC 控制的输入输出配置接线图，如图 4-37b 所示；梯形图如图 4-37c 所示；对应指令程序如图 4-37d 所示。工作过程如下：

按下前进送料按钮 SB1，X004 接通 Y031 线圈自锁，前进接触器 KM1 得电吸合，车子前进到卸料处，限位开关 SQ2 动作，X002 常闭触点断开 Y031 线圈。电机停下，开始卸料，同时 X002 常开触点闭合，定时器 T52 开始计时，卸料所需延时时间 K2 到，T52 触点闭合，接通 Y032 线圈，后退接触器 KM2 得电吸合，车子返回。车子返回装料处，限位开关 SQ1 动作，X001 常闭触点断开。切断 Y032 线圈通路，KM2 失电释放，电动机停下来，进行装料，与此同时，X001 触点接通，T51 开始装料计时，装料计时时间 K1 到，T51 触点接通 Y031 线圈得电，KM1 接触器吸合，电动机又正转，车子又前进送料。上述过程循环反复。按下停机按钮 SB3，X003 断开 M100，进而断开 Y031 和 Y032 线圈，KM1 或 KM2 失电释放。电动机停转，车子停止工作。延时时间 K1 和 K2，由用户设定。

4.4.3.8 抢答器的控制

在各种知识竞赛中，经常用到抢答器，现有四人抢答器，通过 PLC 来实现控制，如图 4-38 所示，图中，输入继电器 X001 ~ X004 与 4 个抢答按钮相连，对应 4 个输出继电器 Y001 ~ Y004。只有最早按下按钮的人才有输出，后续者无论是否有输入均不会有输出。当组织人按复位按钮后，输入继电器 X000 接通，抢答器复位，进入下一轮竞赛。

根据图 4-38 所示硬件电路图，绘制 PLC 控制程序，如图 4-39 所示。

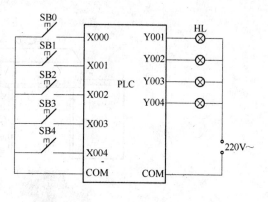

图 4-38 四人抢答器控制电路图

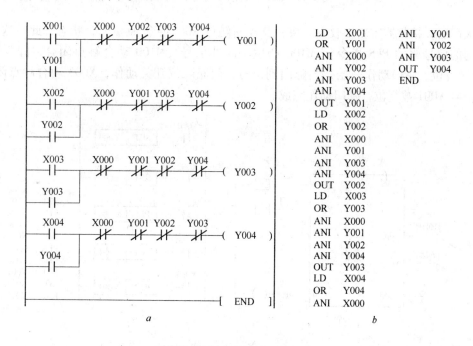

LD	X001	ANI	Y001
OR	Y001	ANI	Y002
ANI	X000	ANI	Y003
ANI	Y002	OUT	Y004
ANI	Y003	END	
ANI	Y004		
OUT	Y001		
LD	X002		
OR	Y002		
ANI	X000		
ANI	Y001		
ANI	Y003		
ANI	Y004		
OUT	Y002		
LD	X003		
OR	Y003		
ANI	X000		
ANI	Y001		
ANI	Y002		
ANI	Y004		
OUT	Y003		
LD	X004		
OR	Y004		
ANI	X000		

图 4-39 抢答器控制程序

a—梯形图；b—指令表

4.4.3.9 自动门的控制

用 PLC 控制一车库大门自动打开和关闭，以便让一个接近大门的物体（如车辆）进入或离开车库。控制要求：采用一台 PLC，把一个超声开关和一个光电开关作为输入设备将信号送入 PLC。PLC 输出信号控制门电动机旋转，如图 4-40 所示。

根据图 4-40 画出 PLC 控制接线图及程序，如图 4-41 所示。当超声开关检测到门前有车辆时，X000 动合触点闭合，升门信号 Y000 被置位，升门动作开始，当升门到位时，门顶限位开关动作，X002 动合触点闭合，升门信号 Y000 被复位，升门动作完成；当车辆进入到大门遮断光电开关的光束时，光电开关 X001 动作，其动断触点断开，车辆继续行驶

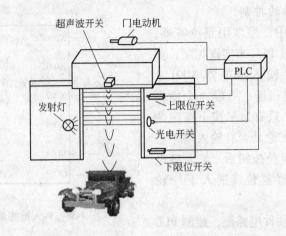

图 4-40   PLC 在自动开关门中的应用

进入大门后，接收器重新接收到光束，其动断触点 X001 恢复原始闭合状态，此时这一由断到通的信号驱动 PLS 指令使 M100 产生一脉冲信号，M100 动合触点闭合，降门信号 Y001 被置位，降门动作开始，当降门到位时，门底限位开关动作，X003 动合触点闭合，降门信号 Y001 被复位，降门动作完成。

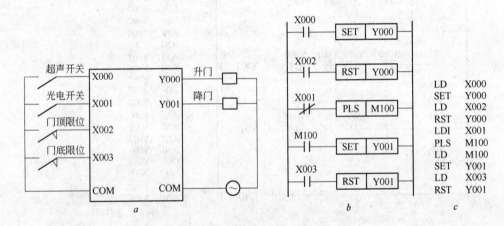

图 4-41   PLC 控制线路图及程序
a—输入输出接线图；b—梯形图；c—指令表

4.5   FX 系列顺序控制梯形图的编程方法

4.5.1   步进指令 STL/RET 及编程方法

步进指令是利用状态转换图来设计梯形图的一种指令，状态转换图可以直观地表达工艺流程。状态转换图中的每个状态表示顺序工作的一个操作，因此步进指令常用于控制时间和位移等顺序的操作过程。采用步进指令设计的梯形图不仅简单直观，而且使顺序控制变得比较容易，大大地缩短了程序的设计时间。

FX$_{2N}$中有两条步进指令：STL（步进触点指令）和 RET（步进返回指令）。

（1）指令格式及梯形图表示方法见表4-6。

表4-6 步进指令的格式及梯形图表示方法

指 令	名 称	功 能	梯形图表示	操作元件
STL	步进开始	步进开始	┤▯▮├	S
RET	返回	步进结束	─────[RET]────	

（2）状态元件。状态元件是构成状态转移图的基本元素，是可编程控制器的软元件之一。FX2 共有 1000 个状态元件，如表 4-7 所示。

表4-7 FX2 的状态元件

类 别	元件编号	个 数	用途及特点
初始状态	S0 ~ S9	10	用作 SFC 的初始状态
返回状态	S10 ~ S19	10	多运行模式控制当中，用作返回原点的状态
一般状态	S20 ~ S499	480	用作 SFC 的中间状态
掉电保持状态	S500 ~ S899	400	具有停电保持功能，停电恢复后需继续执行的场合，可用这些状态元件
信号报警状态	S900 ~ S999	100	用作报警元件

步进指令使用说明：

（1）STL 触点是与左侧母线相连的常开触点，某 STL 触点接通，则对应的状态为活动步；

（2）与 STL 触点相连的触点应用 LD 或 LDI 指令，只有执行完 RET 后才返回左侧母线；

（3）STL 触点可直接驱动或通过别的触点驱动 Y、M、S、T 等元件的线圈；

（4）由于 PLC 只执行活动步对应的电路块，所以使用 STL 指令时允许双线圈输出（顺控程序在不同的步可多次驱动同一线圈）；

（5）STL 触点驱动的电路块中不能使用 MC 和 MCR 指令，但可以用 CJ 指令；

（6）在中断程序和子程序内，不能使用 STL 指令。

在状态转换图 SFC 中，每一状态提供 3 个功能：驱动负载、指定转换条件、置位新状态，如图 4-42 所示。当状态 S20 有效时，输出继电器 Y001 线圈接通。这时，S21、S22 和 S23 的程序都不执行。当 X001 接通时，新状态置位，状态从 S20 转到 S21，执行 S21 中的程序。这就是步进转换作用，图中 X001 是一个状态转换条件。

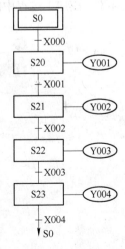

图 4-42 SFC 图

转到 S21 后，输出 Y002 接通，这时 Y001 复位。其他状态继电器之间的状态转换过程，依次类推。

图 4-43 为相应的梯形图和对应的语句指令表。

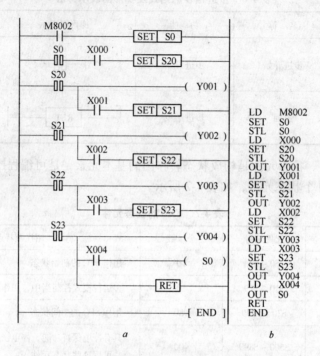

LD	M8002
SET	S0
STL	S0
LD	X000
SET	S20
STL	S20
OUT	Y001
LD	X001
SET	S21
STL	S21
OUT	Y002
LD	X002
SET	S22
STL	S22
OUT	Y003
LD	X003
SET	S23
STL	S23
OUT	Y004
LD	X004
OUT	S0
RET	
END	

图 4-43　梯形图程序及语句表

a—梯形图；b—语句表

4.5.2　步进指令编程实例

某一冷加工自动线有一个钻孔动力头，该钻头的加工过程控制要求如图 4-44 所示。表 4-8 为该加工过程中的 I/O 信号，其步进梯形图如图 4-45 所示。

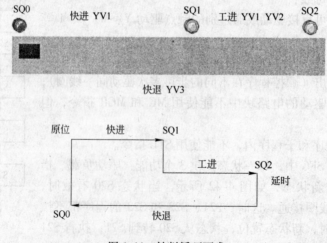

图 4-44　钻削循环要求

表 4-8 I/O 信号

输 入		输 出	
输入设备	输入编号	输出设备	输出编号
启动按钮 S01	X000	电磁阀 YV1	Y000
限位开关 SQ0	X001	电磁阀 YV2	Y001
限位开关 SQ1	X002	电磁阀 YV3	Y002
限位开关 SQ2	X003	接触器 KM1	Y003

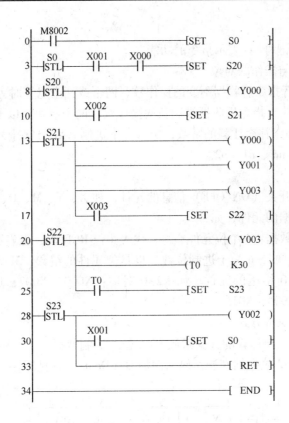

图 4-45 步进梯形图

（1）钻头在原位，并加以启动信号，这时接通电磁阀 YV1，钻头快进。

（2）钻头碰到限位开关 SQ1 后，接通电磁阀 YV1 和 YV2，钻头由快进转为工进，同时钻头电机转动（由 KM1 控制）。

（3）钻头碰到限位开关 SQ2 后，开始延时 3s。

（4）延时时间到，接通电磁阀 YV3，钻头快退。

（5）钻头回到原位即停止。

4.6 FX 系列可编程控制器功能指令

FX2 系列 PLC 除了有基本指令、步进指令外，还有丰富的功能指令或称应用指令。

FX2 系列 PLC 功能指令格式采用梯形图和指令助记符相结合的形式，如图 4-46 所示。

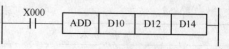

图 4-46 应用指令

    这是一条加法指令，功能是当 X000 接通时，将 D10 的内容与 D12 的内容相加，并将两者之和放到 D14 中。D10 和 D12 是源操作，D14 是目标操作数，X000 是执行条件。

4.6.1 功能指令概述

    具体如下：

    （1）基本格式。

    操作码（指令助记符）：表示指令的功能。

    操作数：指明参与操作的对象。

    源操作数 S：执行指令后收据不变的操作数，两个或两个以上时为 S1、S2。

    目标操作数 D：执行指令后收据被刷新的操作数，两个或两个以上时为 D1、D2。

    其他操作数 m、n：补充注释的常数，用 K（十进制）和 H（十六进制）表示，两个或两个以上时为 m1、m2、n1、n2。

    （2）数据格式。

    位元件：只处理开关（ON/OFF）信息的元件，如 X、Y、M、D、S。

    字元件：处理数据的元件，如 D。

    位元件组合表示数据：4 个位元件一组，代表 4 位 BCD 码，也表示 1 位十进制数；用 KnMm 表示，K 为十进制，n 为十进制位数，也是位元件的组数，M 为位元件，m 为位元件的首地址，一般用 0 结尾的元件。如 K2X0 对应：X000 ~ X007；K3X0 对应：X000 ~ X011；K4X0 对应：X000 ~ X015。

    （3）数据长度及执行方式。

    16 位数据长度：参与运算的数据默认为 16 位二进制数据。

    32 位数据长度：32 位数据在操作码前面加 D（Double），见图 4-47。

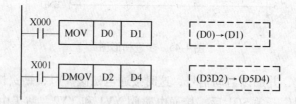

图 4-47 数据长度及执行方式

执行方式：

    连续执行方式：每个扫描周期都重复执行一次。

    脉冲执行方式：只在信号 OFF→ON 时执行一次，在指令后加 P（Pulse）。

功能指令执行结果的标志：

    M8020：零标志；M8021：借位标志；M8022：进位标志；M8029：执行完毕标志；M8064：参数出错标志；M8065：语法出错标志；M8066：电路出错标志；M8067：运算出

错标志。

4.6.2　程序流程指令

程序流程指令包括：

（1）条件跳转指令：FNC00　CJ；

（2）子程序指令：FNC01　CALL；FNC02　SRET；

（3）中断指令：FNC03　IRET；FNC04　EI；FNC05　DI；

（4）主程序结束指令：FNC06　FEND；

（5）警戒时钟定时器指令：FNC07　WDT；

（6）循环指令：FNC08　FOR；FNC09　NEXT。

4.6.2.1　条件跳转指令（FNC00）

具体如下：

（1）指令格式说明如表4-9所示。

表4-9　条件跳转指令的格式

指 令 名 称	指 令 说 明
CJ　FNC00 （16） 条件跳转	操作元件：指针 P0 ~ P63 程序步数：CJ 和 CJ（P）…3 步 标号 P××…1 步

说明：助记符 CJ（P）后面的（P）符号表示脉冲执行，该指令只在执行条件由 OFF 变为 ON 时执行。如 CJ 指令后无（P），表示连续执行，只要执行条件为 ON 状态，该指令在每个扫描周期都被重复执行。条件跳转指令用于在某条件下跳过某一部分程序，以减少扫描时间。

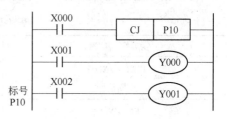

图4-48　CJ 指令的用法

（2）举例说明。如图 4-48 所示，当 X000 为 ON 时，程序跳到标号 P10 处。如果 X000 为 OFF，跳转不执行，程序按原顺序执行。

4.6.2.2　子程序调用与返回指令（FNC01、FNC02）

具体如下：

（1）指令格式说明如表4-10所示。

表4-10　子程序调用与返回指令的格式

指 令 名 称	指 令 说 明
CALL　FNC01 （P）　（16） 子程序调用	操作元件：指针 P0 ~ P62 程序步数：CALL 和 CALL（P）…3 步 标号 P××…1 步
SRET　FNC02 子程序返回	操作元件：无 程序步数：1 步

说明：调用子程序的标号应写在程序结束指令 FEND 之后。标号范围为 P0 ~ P62，同一程序同一标号不能重复使用。

（2）举例说明。CALL 和 SRET 指令的用法如图 4-49 所示。

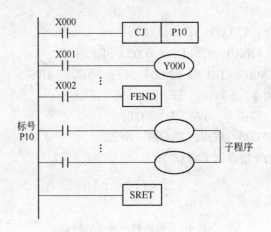

图 4-49　CALL 和 SRET 指令的用法

4.6.2.3　中断指令（FNC03、FNC04、FNC05）

具体如下：

（1）指令格式说明如表 4-11 所示。

表 4-11　中断指令的格式

指 令 名 称	指 令 说 明
IRET　FNC03 中断返回	操作元件：无 程序步数：1 步
EI　FNC04 允许中断	操作元件：无 程序步数：1 步
DI　FNC05 禁止中断	操作元件：无 程序步数：1 步

说明：允许中断指令 EI 和禁止中断指令 DI 之间的程序段为允许中断区间。当程序处理到该区间并出现中断信号时，停止执行主程序，而去执行相应的中断子程序。处理到中断返回指令 IRET 时返回断点，继续执行主程序。

（2）举例说明。中断指令的用法如图 4-50 所示。

4.6.2.4　主程序结束指令（FNC06）

指令格式说明如表 4-12 所示。

表 4-12　主程序结束指令的格式

指 令 名 称	指 令 说 明
FEND　FNC06 主程序结束	操作元件：无 程序步数：1 步

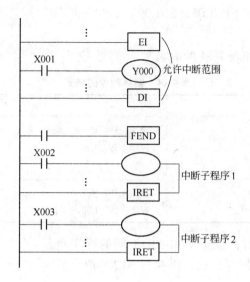

图 4-50 中断指令的用法

说明：主程序结束 FEND 指令表示子程序结束。程序执行到 FEND 时，进行输出处理、输入处理、监视定时器刷新，完成以后返回第 0 步。子程序及中断程序必须写在 FEND 指令与 END 指令之间。

4.6.2.5 警戒时钟指令（FNC07）

具体如下：

（1）指令格式说明如表 4-13 所示。

表 4-13 警戒时钟指令的格式

指 令 名 称	指 令 说 明
WDT FNC07 监视定时器	操作元件：无 程序步数：1 步

说明：警戒时钟 WDT 指令是用来刷新监视定时器的，如果扫描时间（0～END 及 FEND 指令执行时间）超过监视定时器设定时间，PLC 将报警并停止运行。

（2）举例说明。WDT 指令的用法如图 4-51 所示。

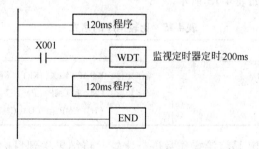

图 4-51 WDT 指令的用法

4.6.2.6　循环指令（FNC08、FNC09）

具体如下：

（1）指令格式说明如表4-14所示。

表4-14　循环指令的格式

指 令 名 称	指 令 说 明
FOR　FNC08 （16） 循环开始指令	操作元件：K、H、KnX、KnY、KnM、KnS、T、C、D等 程序步数：3 步
NEXT　FNC09 循环结束指令	操作元件：无 程序步数：1 步

说明：在程序运行时，位于 FOR-NEXT 间的程序重复执行 n 次（由操作元件指定）后，再执行 NEXT 指令后的程序。

（2）举例说明。FOR、NEXT 指令的用法如图 4-52 所示。

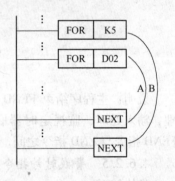

图4-52　FOR、NEXT 指令的用法

4.6.3　传送与比较指令

传送与比较指令包括：

（1）比较指令：FNC10　CMP；

（2）区域比较指令：FNC11　ZCP；

（3）传送指令：FNC12　MOV；

（4）移位传送指令：FNC13　SMOV；

（5）取反传送指令：FNC14　CML；

（6）块传送指令：FNC15　BMOV；

（7）多点传送指令：FNC16　FMOV；

（8）数据交换指令：FNC17　XCH；

（9）变换指令：FNC18　BCD；FNC19　BIN。

4.6.3.1　比较指令（FNC10）

具体如下：

（1）指令格式说明如表4-15所示。

表4-15　比较指令的格式

指 令 名 称	指 令 说 明
CMP　FNC10 （P）（16/32） 比较	操作元件：K、H、KnX、KnY、KnM、KnS、T、C、D等 程序步数：CMP 和 CMP（P）…7 步 　　　　　　（D）CMP 和（D）CMP（P）…13 步

说明：比较指令 CMP 是将源操作数进行比较，将结果送到目标操作数。

（2）举例说明。CMP 指令的用法如图 4-53 所示。

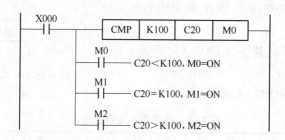

图 4-53 CMP 指令的用法

4.6.3.2 区域比较指令（FNC11）

具体如下：

（1）指令格式说明如表 4-16 所示。

表 4-16 区域比较指令的格式

指 令 名 称	指 令 说 明
ZCP FNC11 （P）（16/32） 区域比较	操作元件：K、H、KnX、KnY、KnM、KnS、T、C、D 等 程序步数：ZCP 和 ZCP（P）…9 步 （D）ZCP 和（D）ZCP（P）…17 步

说明：区域比较指令 ZCP 是将一个数据与两个源操作数进行比较，将结果送到目标操作数。

（2）举例说明。ZCP 指令的用法如图 4-54 所示。

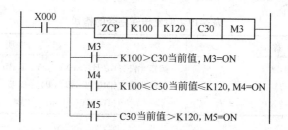

图 4-54 ZCP 指令的用法

4.6.3.3 传送指令（FNC12）

具体如下：

（1）指令格式说明如表 4-17 所示。

表 4-17 传送指令的格式

指 令 名 称	指 令 说 明
MOV FNC12 （P）（16/32） 传 送	操作元件：K、H、KnX、KnY、KnM、KnS、T、C、D 等 程序步数：MOV 和 MOV（P）…5 步 （D）MOV 和（D）MOV（P）…9 步

说明：传送指令 MOV 是将源操作数传送到指定的目标。

（2）举例说明。传送指令 MOV 的用法如图 4-55
所示。

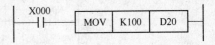

图 4-55　传送指令 MOV 的用法

4.6.3.4　移位传送指令（FNC13）

具体如下：

（1）指令格式说明如表 4-18 所示。

表 4-18　移位传送指令的格式

指令名称	指令说明
SMOV　FNC13 （P）（16/32） 移位传送	操作元件：K、H、KnX、KnY、KnM、KnS、T、C、D 等 程序步数：SMOV 和 SMOV（P）…11 步

说明：移位传送指令 SMOV 是将数据重新分配或组合。

（2）举例说明。移位传送指令的用法如图 4-56 所示。

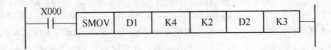

图 4-56　移位传送指令的用法

4.6.3.5　取反传送指令（FNC14）

具体如下：

（1）指令格式说明如表 4-19 所示。

表 4-19　取反传送指令的格式

指令名称	指令说明
CML　FNC14 （P）（16/32） 取反传送	操作元件：K、H、KnX、KnY、KnM、KnS、T、C、D 等 程序步数：CML 和 CML（P）…5 步 （D）CML 和（D）CML（P）…9 步

说明：取反传送指令 CML 是源操作数取反并传
送到目标。

（2）举例说明。取反传送指令的用法如图 4-57
所示。

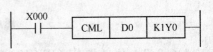

图 4-57　取反传送指令的用法

4.6.3.6　块传送指令（FNC15）

具体如下：

（1）指令格式说明如表 4-20 所示。

表 4-20　块传送指令的格式

指令名称	指令说明
BMOV　FNC15 （P）（16/32） 块传送	操作元件：K、H、KnX、KnY、KnM、KnS、T、C、D 等 程序步数：BMOV 和 BMOV（P）…7 步

说明：块传送指令 BMOV 是将从源操作数指定的元件开始的 n 个数组成的数据块传送到指定的目标。

（2）举例说明。BMOV 指令的用法如图4-58 所示。

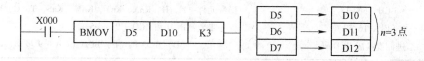

图4-58　BMOV 指令的用法

4.6.3.7　多点传送指令（FNC16）

具体如下：

（1）指令格式说明如表4-21 所示。

表4-21　多点传送指令的格式

指令名称	指令说明
FMOV　FNC16 （P）（16/32） 多点传送	操作元件：K、H、KnX、KnY、KnM、KnS、T、C、D 等 程序步数：FMOV 和 FMOV（P）…7 步

说明：多点传送指令 FMOV 是将源元件中的数据传送到指定目标开始的 n 个元件中。

（2）举例说明。多点传送指令的用法如图4-59 所示。

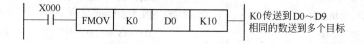

图4-59　多点传送指令的用法

4.6.3.8　数据交换指令（FNC17）

具体如下：

（1）指令格式说明如表4-22 所示。

表4-22　数据交换指令的格式

指令名称	指令说明
XCH　FNC17 （P）（16/32） 交　换	操作元件：K、H、KnX、KnY、KnM、KnS、T、C、D 等 程序步数：XCH 和 XCH（P）…5 步 （D）XCH 和（D）XCH（P）…9 步

说明：数据交换指令 XCH 是将数据在指定的目标元件之间交换。

（2）举例说明。数据交换指令的用法如图4-60 所示。

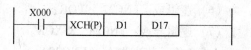

4.6.3.9　BCD 变换指令（FNC18）

具体如下：

图4-60　数据交换指令的用法

（1）指令格式说明如表4-23所示。

表 4-23　BCD 变换指令的格式

指 令 名 称	指 令 说 明
BCD　FNC18 （P）（16/32） 二进制变换成 BCD 码	操作元件：K、H、KnX、KnY、KnM、KnS、T、C、D 等 程序步数：BCD 和 BCD（P）…5 步 　　　　　　（D）BCD 和（D）BCD（P）…9 步

说明：BCD 变换指令是将源元件中的二进制数据转换成 BCD 码送到目标元件中。BCD 变换指令可用于将 PLC 中的二进制数据变换成 BCD 码输出并以驱动七段显示。

（2）举例说明。BCD 变换指令的用法如图 4-61 所示。

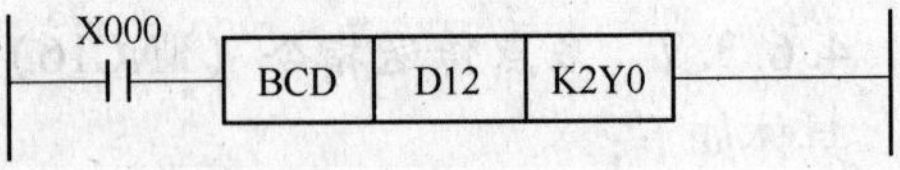

当 X0 = ON 时，源元件 D12 中的二进制变换成 BCD 码送到 Y0 ~ Y7 的目标元件中去。

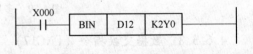

图 4-61　BCD 变换指令的用法

4.6.3.10　BIN 变换指令（FNC19）

具体如下：

（1）指令格式说明如表4-24所示。

表 4-24　BIN 变换指令的格式

指 令 名 称	指 令 说 明
BIN　FNC19 （P）（16/32） BIN 变换	操作元件：KnX、KnY、KnM、KnS、T、C、D 等 程序步数：BIN 和 BINBCD（P）…5 步 　　　　　　（D）BIN 和（D）BIN（P）…9 步

说明：BIN 变换指令是将源元件中的 BCD 码转换成二进制数据送到目标元件中。

（2）举例说明。BIN 变换指令的用法见图 4-62。

图 4-62　BIN 变换指令的用法

4.6.4　四则运算和逻辑运算指令

四则运算和逻辑运算指令包括：

（1）加法：FNC20　ADD；

（2）减法：FNC21　SUB；

（3）加 1：FNC24　INC；

（4）减 1：FNC25　DEC；

（5）逻辑与：FNC26　WAND；

（6）逻辑或：FNC27　WOR；

（7）逻辑异或：FNC28　WXOR。

4.6.4.1　加法指令（FNC20）

具体如下：

（1）指令格式说明如表 4-25 所示。

表 4-25　加法指令的格式

指　令　名　称	指　令　说　明
ADD　FNC20 （P）（16/32） BIN 加法运算	操作元件：K、H、KnX、KnY、KnM、KnS、T、C、D 等 程序步数：ADD 和 ADD（P）…7 步 （D）ADD 和（D）ADD（P）…13 步

说明：ADD 指令是将指定的源元件中的二进制数相加，结果送到指定的目标元件中去。

（2）举例说明。加法指令 ADD 的用法如图 4-63 所示。

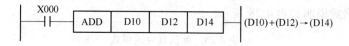

图 4-63　加法指令 ADD 的用法

4.6.4.2　减法指令（FNC21）

具体如下：

（1）指令格式说明如表 4-26 所示。

表 4-26　减法指令的格式

指　令　名　称	指　令　说　明
SUB　FNC21 （P）（16/32） BIN 减法运算	操作元件：K、H、KnX、KnY、KnM、KnS、T、C、D 等 程序步数：SUB 和 SUB（P）…7 步 （D）SUB 和（D）SUB（P）…13 步

说明：SUB 指令是将指定的源元件中的二进制数相减，结果送到指定的目标元件中去。

（2）举例说明。减法指令的用法见图 4-64。

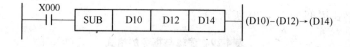

图 4-64　减法指令的用法

4.6.4.3　乘法指令（FNC22）

具体如下：

（1）指令格式说明如表 4-27 所示。

表 4-27　乘法指令的格式

指　令　名　称	指　令　说　明
MUL　FNC22 （P）（16/32） BIN 乘法运算	操作元件：K、H、KnX、KnY、KnM、KnS、T、C、D 等 程序步数：MUL 和 MUL（P）…7 步 （D）MUL 和（D）MUL（P）…13 步

说明：MUL 指令是将指定的源元件中的二进制数相乘，结果送到指定的目标元件中去。16 位相乘积为 32 位，32 位相乘积为 64 位。

（2）举例说明。乘法指令的用法见图 4-65。

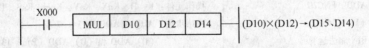

图 4-65　乘法指令的用法

4.6.4.4　除法指令（FNC23）

具体如下：

（1）指令格式说明如表 4-28 所示。

表 4-28　除法指令的格式

指 令 名 称	指 令 说 明
DIV　FNC23 （P）（16/32） BIN 除法运算	操作元件：K、H、KnX、KnY、KnM、KnS、T、C、D 等 程序步数：DIV 和 DIV（P）…7 步 （D）DIV 和（D）DIV（P）…13 步

说明：DIV 指令是将指定的源元件中的二进制数相除，结果送到指定的目标元件中去。

（2）举例说明。除法指令的用法见图 4-66。

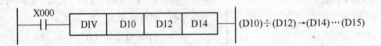

图 4-66　除法指令的用法

4.6.4.5　逻辑与指令（FNC26）

具体如下：

（1）指令格式说明如表 4-29 所示。

表 4-29　逻辑与指令的格式

指 令 名 称	指 令 说 明
AND　FNC26 （P）（16/32） 逻辑与	操作元件：K、H、KnX、KnY、KnM、KnS、T、C、D 等 程序步数：AND 和 AND（P）…7 步 （D）AND 和（D）AND（P）…13 步

（2）举例说明。逻辑与指令的用法见图 4-67。

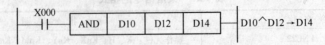

图 4-67　逻辑与指令的用法

4.6.4.6 逻辑或指令（FNC27）

具体如下：

（1）指令格式说明如表 4-30 所示。

表 4-30　逻辑或指令的格式

指 令 名 称	指 令 说 明
OR　FNC27 （P）（16/32） 逻辑或	操作元件：K、H、KnX、KnY、KnM、KnS、T、C、D 等 程序步数：OR 和 OR（P）…7 步 　　　　　（D）OR 和（D）OR（P）…13 步

（2）举例说明。逻辑或指令的用法见图 4-68。

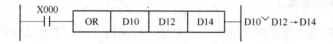

图 4-68　逻辑或指令的用法

4.6.4.7 逻辑异或指令（FNC28）

具体如下：

（1）指令格式说明如表 4-31 所示。

表 4-31　逻辑异或指令的格式

指 令 名 称	指 令 说 明
XOR　FNC28 （P）（16/32） 逻辑或	操作元件：K、H、KnX、KnY、KnM、KnS、T、C、D 等 程序步数：XOR 和 XOR（P）…7 步 　　　　　（D）XOR 和（D）XOR（P）…13 步

（2）举例说明。逻辑异或指令的用法见图 4-69。

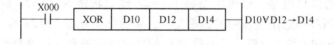

图 4-69　逻辑异或指令的用法

4.6.4.8 求补指令（FNC29）

求补指令是把二进制数各位取反再加 1 后，送入目标操作数[D]中。实际是绝对值不变的变号操作。PLC 的负数以二进制的补码形式表示，其绝对值可以通过求补指令求得。

（1）指令格式说明如表 4-32 所示。

表 4-32　求补指令的格式

指 令 名 称	指 令 说 明
NEG　FNC29 （P）（16/32） 求　补	操作元件：K、H、KnX、KnY、KnM、KnS、T、C、D 等 程序步数：NEG 和 NEG（P）…3 步 　　　　　（D）NEG 和（D）NEG（P）…5 步

（2）举例说明。求补指令的用法见图4-70。

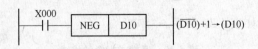

图4-70 求补指令的用法

4.7   FX 系列可编程控制器特殊功能模块

4.7.1   PLC 通信网络简介

在 PLC 及其网络中存在两类通信：一类是并行通信，另一类是串行通信，并行通信一般发生在可编程序控制器的内部，它指的是多处理器 PLC 中多台处理器之间的通信，以及 PLC 中 CPU 单元与智能模板的 CPU 之间的通信。前者是在协处理器的控制与管理下，通过共享存储区实现多处理器之间的数据交换；后者则是经过背板总线（公用总线）通过双口 RAM 实现通信。

PLC 网络包括 PLC 控制网络与 PLC 通信网络，这两种网络的功能是不同的。

PLC 控制网络是指只传送 ON/OFF 开关量，且一次传送的数据量较少的网络。例如，PLC 的远程 I/O 控制。这种网络的特点是 PLC 虽然远离控制设备，但对开关量的控制如同自身的一样，简单方便。

PLC 通信网络又称高速数据公路，此网络既可传送开关量又可传送数字量，且数据量较大。它类似普通局域网，如西门子的 SINEC-H1 网。

三菱 FX2 系列 PLC 的编程接口采用 RS-422 标准，而计算机的串行口采用 RS-232 标准。RS-232 标准与 RS-422 标准在信号的传送、逻辑电平方面均不相同。因此，作为实现 PLC 计算机通信的接口电路，必须配备将 RS-422 标准转换成 RS-232 标准的电缆（见表 4-33）。FX2 系列 PLC 与通讯设备间的数据交换，由特殊寄存器 D8120 的内容指定，交换数据的点数、地址用 RS 指令设置，并通过 PLC 的数据寄存器和文件寄存器实现数据交换。

表 4-33   电缆

USB-SC09	USB 接口的三菱 PLC 编程电缆，USB/RS-422 接口，用于三菱 FX 系列和 A 系列，带通信指示灯，通信距离达 2km，长度 3m
USB-SC09-FX	USB 接口的三菱 PLC 编程电缆，USB/RS-422 接口，仅用于三菱 FX 系列，带通信指示灯，长度 3m
SC-09（白色）	RS-232 接口的三菱 PLC 编程电缆，RS-232/RS-422 接口，用于三菱 FX 和 A 系列 PLC，长度 2.5m
SC-09（带 IC）	RS-232 接口的三菱 PLC 编程电缆，RS-232/RS-422 接口，用于三菱 FX 和 A 系列 PLC，长度 3m（带 IC）
FX-USB-AW	USB 接口的三菱 FX$_{3UC}$ 系列 PLC 编程电缆，USB/RS-422 接口适配器，带通信指示灯，长度 3m

FX-232AWC-H	RS232接口的三菱FX$_{3UC}$系列PLC编程电缆，RS-232/RS-422接口适配器，带通信指示灯，长度3m
USB-QC30R2	USB接口的三菱Q系列PLC编程电缆，USB/RS232接口，电缆长度3m
QC30R2	三菱Q系列PLC编程通讯电缆，RS-232/RS-232接口，3m
FX-20P-CAB0	三菱FX编程器到FX0/FX$_{2N}$/FX$_{1N}$等系列PLC连接电缆，2.5m
F2-232CAB-1	计算机到FX-232AW/FX$_{0N}$-232ADP/50DU连接电缆，3m
USB-FX232-CAB-1	USB接口的三菱F940/930/920触摸屏编程电缆，带通信指示灯，电缆长度3m
FX-232-CAB-1	计算机到三菱F940/930/920触摸屏编程电缆，2m
FX-50DU-CAB0	三菱FX0/FX$_{2N}$系列PLC同人机界面F940、F920相连电缆，3/10m
FX-40DU-CAB0	三菱FX2/A系列PLC同人机界面F940、F920相连电缆，3m
FX-9GT-CAB0	FX$_{0S}$/FX$_{0N}$/FX$_{2N}$到A970GOT人机界面连接电缆，3m
AC30R4-25P	FX2、ANS系列PLC到A970GOT人机界面连接电缆，3m
FX-422CAB0	FX-232AW与FX$_{2N}$/FX$_{1N}$/FX$_{0N}$/FX$_{1S}$/FX0等连接电缆，1.5m
USB-AC30R2-9SS	USB接口三菱A970/A985GOT触摸屏编程电缆，带通信指示灯，长度3m
AC30R2-9SS	计算机到三菱A970/A985GOT触摸屏编程电缆，2m
FX$_{2N}$-485-BD	三菱PLC FX$_{2N}$专用485接口通信扩展板
FX$_{2N}$-232-BD	三菱PLC FX$_{2N}$专用232接口通信扩展板
FX$_{2N}$-422-BD	三菱PLC FX$_{2N}$专用422接口通信扩展板
FX$_{1N}$-485-BD	三菱PLC FX$_{1N}$专用485接口通信扩展板
FX$_{1N}$-232-BD	三菱PLC FX$_{1N}$专用232接口通信扩展板
FX$_{1N}$-422-BD	三菱PLC FX$_{1N}$专用422接口通信扩展板
FX$_{2N}$-CNV-BD	三菱PLC FX$_{2N}$通信转换板
FX$_{2N}$-CNV-BC	三菱PLC FX$_{2N}$通信转换板
FX$_{1N}$-CNV-BD	三菱PLC FX$_{1N}$通信转换板

4.7.2 特殊功能模块读写指令

基本单元通过FROM/TO指令与特殊功能模块实现数据交换。FROM指令是将特殊功能模块缓冲存储器（BFM）的内容读入到PLC指定的地址中，是一个读取指令。指令格式如图4-71所示。

图4-71 FROM指令

X001：是指令执行的条件，当X001接通时才能执行此FROM指令。当X001接通，则指令将第一块特殊功能模块的第17号缓冲区内的数据读出，并将读出的数据保存到K4M10指定的地址里面。

FROM：指令代码，代表特殊功能模块缓冲存储器（BFM）的阅读指令。

K0：模块所在 PLC 的实际地址，确定指令所要执行的对象是 PLC 上的哪个模块。如在 FX 系列 PLC 中，从基本单元开始，依次向右的第 1、2、3、…个特殊功能模块，对应的模块地址依次为 K0、K1、K2…

K17：指定模块的缓冲存储器地址，K29 代表第 29 号缓冲存储器地址 BFM#17。

K4M10：FROM 指令读取缓冲区数据后，将数据存放的地址。

K1：需要读取的点数，若指定为 K1，表示只读取当前缓冲区的地址；若指定为 K2，表示要读取当前缓冲区及下一个缓冲区的地址；若指定为 K3，表示要读取当前缓冲区及下两个缓冲区的地址。依此类推。

TO 指令是将 PLC 指定的地址的数据写入特殊功能模块的缓冲存储器（BFM）中，是一个写入指令，如图 4-72 所示。

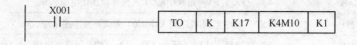

图 4-72   TO 指令

整个指令的意思如下：指令将 K4M10 这个 PLC 内存数据写入第一块特殊功能模块的第 17 号缓冲区地址内。

X001：是指令执行的启动条件。X001 接通，则指令执行，X001 断开，则指令不执行。

TO：指令代码，功能是向特殊功能模块缓冲存储器（BFM）写入数据指令。

K0：模块所在的 PLC 的地址。其功能与 FROM 指令中类似。

K17：该地址模块的缓冲存储器地址。其功能与 FROM 指令中类似。

K4M10：要向缓冲区地址写入的实际数据。其功能与 FROM 指令中类似。

K1：需要传送的点数。其功能与 FROM 指令中类似。

4.7.3   PLC 模拟量输入输出

4.7.3.1   模拟量输入

FX-4AD 为 4 通道 12 位 A/D 转换模块，根据外部连接方法及 PLC 指令，可选择电压输入或电流输入，是一种比 F2-6A 具有更高精确度的输入模块，如图 4-73 所示。

FX$_{2N}$-4AD 模块有 4 个输入通道（CH），通过输入端子变换，可以任意选择电压或电流输入状态。工作电源为 DC24V，模拟量与数字量之间采用光电隔离技术，但各通道之间

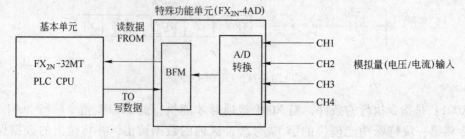

图 4-73   FX$_{2N}$-4AD 与基本单元

没有隔离。FX-4AD 消耗 PLC 主单元或有源扩展单元 5V 电源槽 30mA 的电流。FX-4AD 占用基本单元的 8 个映像表,即在软件上占 8 个 I/O 点数,在计算 PLC 的 I/O 时可以将这 8 个点作为 PLC 的输入点来计算。FX$_{2N}$-4AD 的技术指标如表 4-34 所示。

表 4-34   FX$_{2N}$-4AD 的技术指标

项 目	电 压 输 入	电 流 输 入
	4 通道模拟量输入。通过输入端子变换可选电压或电流	
模拟量输入范围	DC:−10~+10V(输入电阻 200kΩ),绝对最大输入±15V	DC:−20~+20mA(输入电阻 250Ω),绝对最大输入±32mA
数字量输出范围	带符号的 16 位二进制(有效数值 11 位)数值范围为 −2048~+2047	
分辨率	5mV(10V×1/2000)	20μA(20mA×1/1000)
综合精确度	±1%(在 −10~+10V 范围内)	±1%(在 −20~+20V 范围内)
转换速度	每通道 15ms(高速转换方式时为每通道 6ms)	
隔离方式	模拟量与数字量间用光电隔离;从基本单元来的电源经 DC/DC 转换器隔离;各输入端子间不隔离	
模拟量用电量	24×(1±10%)V DC、50mA	
I/O 占有点数	程序上为 8 点(计输入或输出点均可),由 PLC 供电的消耗功率为 5V、30mA	

FX$_{2N}$-4AD 的接线如图 4-74 所示,图中模拟输入信号采用双绞屏蔽电缆与 FX$_{2N}$-4AD

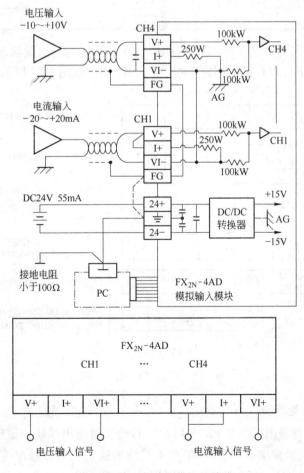

图 4-74   FX$_{2N}$-4AD 模块的接线

连接，电缆应远离电源线或其他可能产生电气干扰的导线。如果输入有电压波动，或在外部接线中有电气干扰，可以接一个 $0.1 \sim 0.47 \mu F$（25V）的电容。如果是电流输入，应将端子 V + 和 I + 连接。FX_{2N}-4AD 接地端与 PLC 主单元接地端连接，如果存在过多的电气干扰，再将外壳地端 FG 和 FX_{2N}-4AD 接地端连接。FX_{2N}-4AD 模块 BFM 分配表见表 4-35。

表 4-35　FX_{2N}-4AD 模块 BFM 分配表

BFM	内　　容	
#0	通道初始化 缺省设定值 = H 0000	
#1	通道 1	平均值取样次数缺省值 = 8
#2	通道 2	
#3	通道 3	
#4	通道 4	
#5	通道 1	平均值
#6	通道 2	
#7	通道 3	
#8	通道 4	
#9	通道 1	当前值

FX_{2N}-4AD 编程实例。仅开通 CH1 和 CH2 两个通道作为电压量输入通道，计算 4 次取样的平均值，结果存入 PLC 的数据寄存器 D0 和 D1 中，如图 4-75 所示。

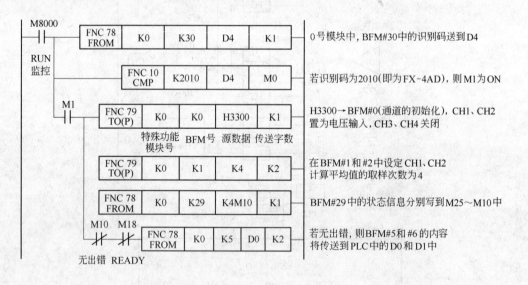

图 4-75　FX_{2N}-4AD 编程实例

4.7.3.2　模拟量输出

FX_{2N}-4DA 模拟量输出模块是 FX 系列专用的模拟量输出模块。该模块将 12 位的数字值转换成相应的模拟量输出。FX_{2N}-4DA 有 4 路输出通道，通过输出端子变换，也可任意选择电压或电流输出状态。FX_{2N}-4DA 的技术指标见表 4-36。

表 4-36 FX$_{2N}$-4DA 的技术指标

项 目	电 压 输 出	电 流 输 出
	4 通道模拟量输出。根据是电流输出还是电压输出，对端子进行设置	
模拟量输出范围	DC：$-10 \sim +10$V （外部负载电阻为 $1k\Omega \sim 1M\Omega$）	DC：$+4 \sim +20$mA （外部负载电阻在 500Ω 以下）
数字输入	电压 $= -2048 \sim +2047$	电流 $= 0 \sim +1024$
分辨率	5mV（$10V \times 1/2000$）	$20\mu A$（$20mA \times 1/1000$）
综合精确度	满量程 10V 的 $\pm 1\%$	满量程 20mA 的 $\pm 1\%$
转换速度	2.1ms（4 通道）	
隔离方式	模拟电路与数字电路间有光电隔离。与基本单元间是 DC/DC 转换器隔离。通道间没有隔离	
模拟量用电源	DC $24 \times (1 \pm 10\%)$V、130mA	
I/O 占有点数	程序上为 8 点（作输入或输出点计算），由 PLC 供电的消耗功率为 5V、30mA	

模拟输出信号采用双绞屏蔽电缆与外部执行机构连接，电缆应远离电源线或其他可能产生电气干扰的导线。当电压输出有波动或存在大量噪声干扰时，可以接一个 0.1 ~ 0.47μF（25V）的电容。如果是电压输出，应将端子 I + 和 VI-连接。FX$_{2N}$-4DA 接地端与 PLC 主单元接地端连接。FX$_{2N}$-4DA 缓冲存储器的分配见表 4-37。

表 4-37 FX$_{2N}$-4DA 缓冲存储器分配

BFM 地址号	说 明	BFM 地址号	说 明
#0	输出方式选择	#3	CH3 输出数据
#1	CH1 输出数据	#4	CH4 输出数据
#2	CH2 输出数据	#5	输出保持模式

BFM #0

H O O O O

O = 0：电压输出模式（$-10 \sim +10$V）；

O = 1：电流输出模式（$+4 \sim +20$mA）；

O = 2：电流输出模式（$0 \sim +20$mA）。

FX$_{2N}$-4DA 程序实例：FX$_{2N}$-4DA 模拟量输出模块编号为 1 号。现要将 FX$_{2N}$-48MR 中数据寄存器 D10、D11、D12、D13 中的数据通过 FX$_{2N}$-4DA 的四个通道输出，并要求 CH1、CH2 设定为电压输出（$-10 \sim +10$V），CH3、CH4 通道设定为电流输出（$0 \sim +20$mA），并且 FX$_{2N}$-48MR 从 RUN 转为 STOP 状态后，CH1、CH2 输出值保持不变，CH3、CH4 的输出值回零。其梯形图如图 4-76 所示。

为通道 CH1、CH2 传送数据的寄存器 D10、D11 的取值范围是 $-2000 \sim +2000$；为通道 CH3、CH4 传送数据的寄存器 D12、D13 的取值范围是 $0 \sim +1000$。

4.7.4 位置控制

位置控制是对工位的控制，可由位置控制模块实现，PLC 系统可作为整个位置控制系统中的一个控制环节，配上伺服放大器或驱动放大器，就可以将位置控制功能和逻辑控

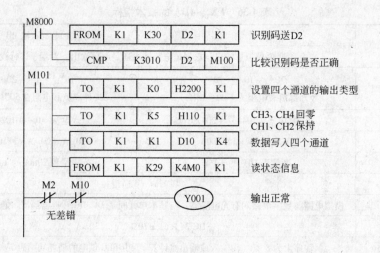

图 4-76 梯形图

制、顺序控制等一揽子解决。

脉冲输出模块为 FX-1PG（FX2、FX₂C用）。FX₂N-1PG 模块的面板见图 4-77。

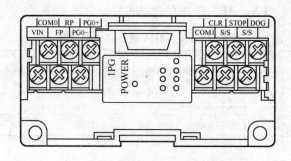

图 4-77 FX₂N-1PG 模块面板

定位模块 FX₂N-1PG 是三菱 PLC 功能模块之一，可单轴控制，脉冲输出最大可达 100KB/s。针对定位控制的特点，该模块具有完善的控制参数设定，如定位目标跟踪、运行速度、爬行速度、加减速时间等。这些参数都可通过 PLC 的 FROM/TO 指令设定。除高速响应输出外，还有常用的输入控制，如正反限位开关、STOP、DOG（回参考点开关信号）、PG0（参考点信号）等。此外，还内置了许多软控制位，如返回原点、向前、向后等。对这些特定的功能，只要通过设置特定的缓冲单元已定义的位就可实现。FX₂N-1PG 与基本单元见图 4-78。

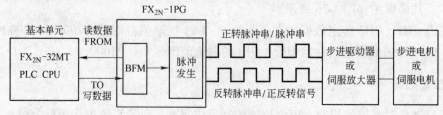

图 4-78 FX₂N-1PG 与基本单元

FX$_{2N}$-1PG 端子分配见表 4-38。

表 4-38 FX$_{2N}$-1PG 端子分配

端 子	功 能
STOP	减速停止输入，在外部命令操作模式下可作为停止命令输入起作用
DOG	根据操作模式提供以下不同功能： （1）机器原位返回操作：近点挡块输入 （2）中断单速操作：中断输入 （3）外部命令操作：减速停止输入
S/S	24V DC 电源端子，用于 STOP 输入和 DOG 输入 连接到 PC 的传感器电源或外部电源
PG0 +	0 点信号的电源端子 连接伺服放大器或外部电源（5～24V DC，20mA 或更小）
PG0 −	从驱动单元或伺服放大器输入 0 点信号，响应脉冲宽度：4ns 或更大
VIN	脉冲输出的电源端子（由伺服放大器或外部单元供电） 5～24V DC，35mA 或更少
FP	输出单向脉冲的端子，100kHz，20mA 或更少（5～24V DC）
COM0	用于脉冲输出的通用端子
RP	输出反向脉冲或方向的端子，100kHz，20mA 或更少（5～24V DC）
COM1	CLR 输出的公共端
CLR	清除漂移计数器的输出，5～24V DC，20mA 或更少，输出脉冲宽度 20ms （在返回原位或 LIMIT SEITCH 输入被给出时输出）
●	空闲端子，不可做继电器端子

FX$_{2N}$-1PG 的面板指示见表 4-39，BFM 地址号见表 4-40。

表 4-39 FX$_{2N}$-1PG 的面板指示

POWER	显示 PGU 的供电状态，当由 PC 提供 5V 电压时亮
STOP	当输入 STOP 命令时灯亮 由 STOP 端子或 BFM#2561 使用时亮
DOG	当有 DOG 输入时亮
PGO	当输入 0 点信号时亮
FP	当输出向前脉冲或脉冲时，闪烁
RP	当输出反向脉冲或方向时，闪烁
CLR	当输出 CLR 信号时亮
ERR	当发生错误时闪烁，且不接受起始指令

可以使用 BFM#3b8 调整输出格式（对应 FP、RP 两行）

表 4-40 BFM 地址号

BFM 地址号		说 明
高 16 位	低 16 位	
	#0	脉冲率
#2	#1	进给率

BFM 地址号		说　明
高 16 位	低 16 位	
	#3	参　数
#5	#4	最大速度
	#6	基底速度
#8	#7	点动速度
#10	#9	原点回归速度（高速）
	#11	原点回归速度（低速）
	#12	原点回归零点信号量
#14	#13	原点位置
	#15	加/减速时间
#18	#17	设定位置（Ⅰ）
#20	#19	运行速度（Ⅰ）
#22	#21	设定位置（Ⅱ）
#24	#23	运行速度（Ⅱ）
	#25	操作指令
#27	#26	当前位置
	#28	状态及出错信号
	#29	出错代码
	#30	模块代码

FX$_{2N}$-1PG 使用程序的例子（点动）见图 4-79。

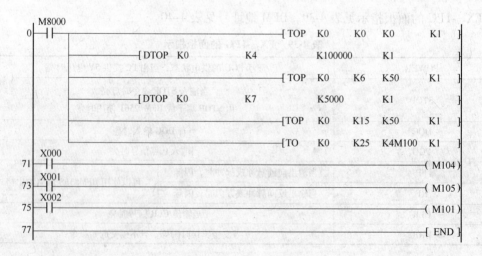

图 4-79　FX$_{2N}$-1PG 使用程序

4.7.5　计数控制

FX$_{2N}$-1HC 可作为双相 50kHz 一通道的高速计数模块，通过 PLC 的指令或外部输入可进行计数器的复位或启动。只要将 FX_{2N}-1HC 左侧的插头插入位于其左侧的基本单元或扩展单元的插座内，就完成了 FX_{2N}-1HC 与 PLC 的 CPU 之间的连接。该计数器的当前计数值与设定值的比较以及比较结果的输出都由该模块直接进行，与 PLC 的扫描周期无关，具有较高的计时精度和分辨率。FX_{2N}-1HC 高速计数器模块的技术指标如表 4-41 所示。

表 4-41 FX_{2N}-1HC 高速计数器模块的技术指标

项 目	描 述
信号等级	5V、12V 和 24V，依赖于连接端子。线驱动器输出型连接到 5V 端子上
频率	单相单输入：不超过 50kHz 单相双输入：每个不超过 50kHz 双相双输入：不超过 50kHz（1 倍数）；不超过 25kHz（2 倍数）；不超过 12.5kHz（4 倍数）
计数器范围	32 位二进制计数器：−2147483648 ~ +2147483647 16 位二进制计数器：0 ~ 65535
计数方式	自动时向上/向下（单相双输入或双相双输入）；当工作在单相单输入方式时，向上/向下由一个 PLC 或外部输入端子确定
比较类型	YH：直接输出，通过硬件比较器处理 YS：软件比较器处理后输出，最大延迟时间 300ms
输出类型	NPN，开路，输出 2 点，5 ~ 24V 直流，每点 0.5A
辅助功能	可以通过 PLC 的参数来设置模式和比较结果； 可以监测当前值、比较结果和误差状态
占用的 I/O 点数	这个块占用 8 个输入或输出点（输入或输出均可）
基本单元提供的电源	5V、90mA 直流（主单元提供的内部电源或电源扩展单元）
适用的控制器	FX_{1N}/FX_{2N}/FX_{2NC}（需要 FX_{2NC}-CNV-IF）
尺寸	宽×厚×高：55mm×87mm×90mm（2.17in×3.43in×3.54in）
质量（重量）	0.3kg（0.66lb）

计数器的输出有两种类型四种方式：

（1）由该模块内的硬件比较器输出比较的结果。一旦当前计数值等于设定值时，立即将输出端置"1"，其输出方式有两种：输出端 YHP 采用 PNP 型晶体管输出方式；输出端 YHN 采用 NPN 型晶体管输出方式。

（2）通过该模块内的软件输出比较的结果。由于软件进行数据处理需要一定的时间，因此当当前计数值等于设定值时，要经过 200μs 的延迟才能将输出端置"1"，其输出方式也有两种：输出端 YSP 采用 PNP 型晶体管输出方式；输出端 YSN 采用 NPN 型晶体管输出方式。

上述各输出端的电源可以是 12 ~ 24V 的直流电源，最大负载电流为 0.5A。

当以 32 位计数器计数时，其最大计数限定值为 + 2147483647，最小计数限定值为 – 2147483648。在进行递加计数时，当计数值超过最大计数限定值（即溢出）时，计数值变为最小计数限定值；反之，在进行递减计数时，当计数值小于最小计数限定值时，计数值变为最大计数限定值。

当以 16 位计数器计数时，其计数范围为 0 ~ 65535。BFM#2 和 BFM#3 内存放的数作为 16 位计数器的最大计数限定值，其取值范围为 2 ~ 65536。在进行递加计数时，当计数值超过最大计数限定值（即溢出）时，计数值变为 0；反之，在进行递减计数时，当计数值小于 0 时，计数值变为最大计数限定值。

应用举例：高速计数器模块 FX_{2N}-1HC 的序号为 2。将该模块内的计数器设置为由软件控制递加/递减的单相单输入的 16 位计数器，并将其最大计数限定值设定为 K4444，采用硬件比较的方法，设定值为 K4000，其用户程序编制如图 4-80 所示。

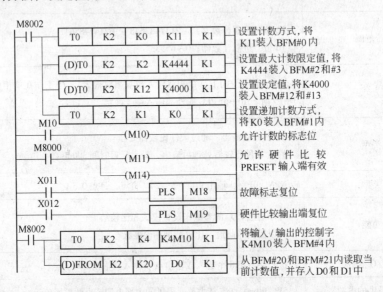

图 4-80　使用高速计数模块的梯形图程序

4.7.6　三菱触摸屏

触摸屏包括：（1）显示模块，显示用户的数据和图形；（2）感压模块，用于接收用户对于显示器的操作；（3）通信模块，连接上位机用于设计和调试程序，也可以在正常工作状态时用于连接 PLC 执行机内程序，作为 PLC 的输入和输出终端。触摸屏在 PLC 上的应用具有以下特点：开发快；稳定性高（工业级）；成本低；通用性好；形象化。

触摸屏的示意图如图 4-81 所示。

三菱触摸屏来到中国有 20 多年的历史，

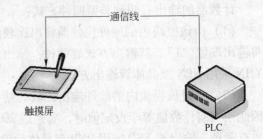

图 4-81　触摸屏

现在市场上主要使用的有以下系列：GT1150 系列、GT1155 系列、GT1175 系列、GT1575 系列、GT1585 系列、GT1595 系列、A970GOT 系列、A975GOT 系列、A985GOT 系列、F930GOT 系列、F940GOT 系列。

4.7.6.1　PLC 触摸屏的应用开发流程

PLC 触摸屏的开发流程如下：

（1）熟悉开发目的，确认设计方向。确认是否适合使用触摸屏。

（2）编写并调试 PLC 程序。决定触摸屏与 PLC 通信所需的资源。

（3）设计触摸屏界面和通信协议。决定最终用户界面。

（4）联机调试 PLC 和触摸屏现场应用。

4.7.6.2　GT Designer 三菱触摸屏编程软件

使用三菱触摸屏编程软件 GT Designer2 进行触摸屏编辑，通过提供的图形控件，控制器件库可组态出可视化界面。GOT 系统设置、PLC 设置、面板设置如图 4-82 ~ 图 4-84 所示。

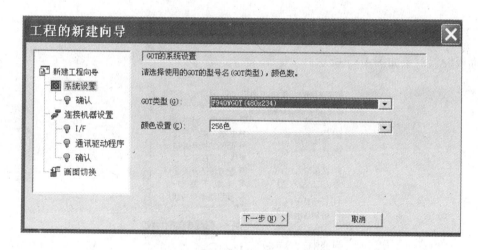

图 4-82　GOT 系统设置

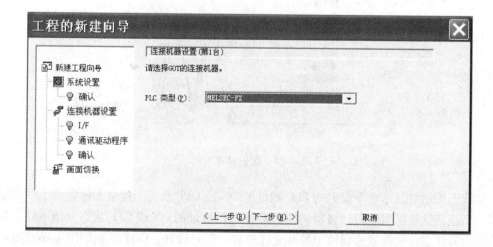

图 4-83　PLC 设置

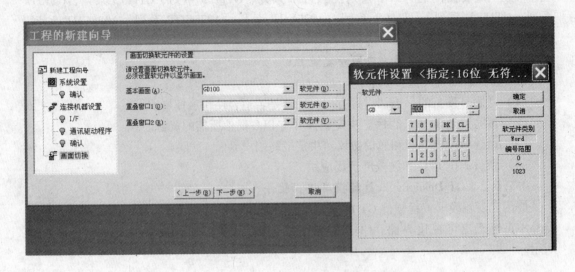

图 4-84　面板设置

面板设置对象如图 4-85 所示。

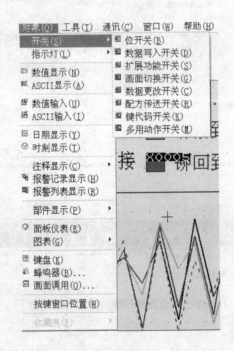

图 4-85　面板设置对象

位状态指示灯显示一个指定的 PLC 地址的 ON 或 OFF 状态，这个元件定义了一块触控区域，当激活这块区域时可以强制切换 PLC 上的位地址的 ON 或 OFF 状态。指示灯、数值显示等输入状态或数据通过属性中的软元件设置。面板设计、GOT 下载如图 4-86、图 4-87所示。

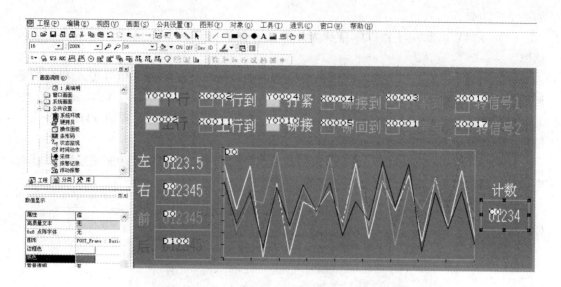

图 4-86　面板设计

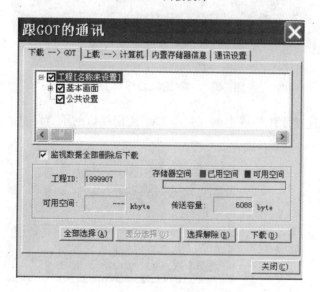

图 4-87　GOT 下载

4.8　FX 系列可编程控制器编程及调试

4.8.1　三菱 FX$_{2N}$概述

三菱 FX$_{2N}$外部端口（图 4-88）包括以下几种：

（1）外接电源端子：PLC 的外部电源端子（L、N、地——火线 L 零线 N），通过这部分端子外接 PLC 的外部电源（AC220V）。

（2）输入公共端子 COM：在外接传感器、按钮、行程开关等外部信号元件时必须接的一个公共端子。

（3）＋24V 电源端子：PLC 自身为外部设备提供的直流 24V 电源，多用于三端传感器。

（4）X 端子：X 端子为输入（IN）继电器的接线端子，是将外部信号引入 PLC 的必经通道（FX_{2N}X000 ～ X267）。

（5）Y 端子：Y 端子为 PLC 的输出（OUT）继电器的接线端子，是将 PLC 指令执行结果传递到负载侧的必经通道（FX_{2N}Y000 ～ Y267）。

（6）输出公共端子COM：此端子为 PLC 输出公共端子，在 PLC 连接交流接触器线圈、电磁阀线圈、指示灯等负载时必须连接的一个端子。

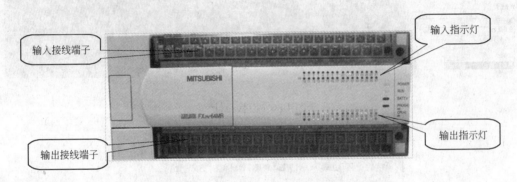

图 4-88　三菱 FX_{2N}外部 I/O 端口

通讯接口用来连接手编器或电脑。三菱 FX_{2N}通信接口的示意图见图 4-89。

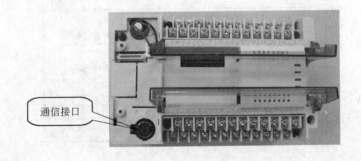

图 4-89　三菱 FX_{2N}通信接口

PLC 的状态指示灯见图 4-90，状态指示灯的相关说明见表 4-42。

4.8.2　三菱 PLC 的选型

工程设计选型和估算时，应详细分析工艺过程的特点、控制要求，明确控制任务和范围，确定所需的操作和动作，然后根据控制要求，估算输入输出点数、所需存储器容量、确定 PLC 的功能、外部设备特性等，最后选择有较高性价比的 PLC 和设计相应的控制系统。

图 4-90　PLC 的状态指示灯

表 4-42 状态指示灯说明

指 示 灯	指示灯的状态与当前运行的状态
POWER 电源 指示灯（绿灯）	PLC 接通 220V 交流电源后，该灯点亮，正常时仅有该灯点亮表示 PLC 处于编辑状态
RUN 运行指示灯（绿灯）	当 PLC 处于正常运行状态时，该灯点亮
BATT. V 内部锂电池电压低指示灯（红灯）	如果该指示灯点亮说明锂电池电压不足，应更换
PROG. E（CPU. E）程序出错指示灯 （红灯）	如果该指示灯闪烁，说明出现以下类型的错误： （1）程序语法错误； （2）锂电池电压不足； （3）定时器或计数器未设置常数； （4）干扰信号使程序出错； （5）程序执行时间超出允许时间，此灯连续亮

（1）输入输出（I/O）点数的估算。在自动控制系统设计之初，就应该对控制点数有一个准确的统计，这往往是选择 PLC 的首要条件，在满足控制要求的前提下力争所选的 I/O 点最少。考虑到以下几方面的因素，PLC 的 I/O 点还应留有一定的备用量（10% ~ 15%）：

1）可以弥补设计过程中遗漏的点；

2）能够保证在运行过程中个别点有故障时，可以有替代点；

3）将来可以升级时扩展 I/O 点。

（2）存储器容量的估算。存储器容量是可编程序控制器本身能提供的硬件存储单元的大小，存储器内存容量的估算没有固定的公式，许多文献资料中给出了不同公式，大体上都是按数字量 I/O 点数的 10 ~ 15 倍，加上模拟量 I/O 点数的 100 倍，以此数为内存的总字数（16 位为一个字），另外再按此数的 25% 考虑余量。

（3）功能的选择。包括运算功能、控制功能、通信功能、编程功能、诊断功能和处理速度等特性的选择。

（4）编程功能。五种标准化编程语言：顺序功能图（SFC）、梯形图（LD）、功能模块图（FBD）三种图形化语言和语句表（IL）、结构文本（ST）两种文本语言。选用的编程语言应遵守其标准（IEC6113123），同时，还应支持多种语言编程形式，如 C、Basic 等，以满足特殊控制场合的控制要求。

（5）诊断功能。硬件诊断通过硬件的逻辑判断确定硬件的故障位置，软件诊断分为内诊断和外诊断。PLC 诊断功能的强弱，直接影响对操作和维护人员技术能力的要求，并影响平均维修时间。

（6）处理速度。PLC 采用扫描方式工作。从实时性要求来看，处理速度应越快越好，如果信号持续时间小于扫描时间，则 PLC 将扫描不到该信号，造成信号数据的丢失。

（7）输入输出模块的选择。例如对于输入模块，应考虑信号电平、信号传输距离、信号隔离、信号供电方式等应用要求。对于输出模块，应考虑选用的输出模块类型，通常继电器输出模块具有价格低、使用电压范围广、寿命短、响应时间较长等特点；可控硅输出模块适用于开关频繁、电感性低功率因数负荷的场合，但价格较贵，过载能力较差。输出模块还有直流输出、交流输出和模拟量输出等，与应用要求应一致。

（8）电源的选择。PLC 的供电电源，除了引进设备时同时引进 PLC，应根据 PLC 说明书的要求设计和选用外，一般 PLC 的供电电源应设计选用 220V AC 电源，与国内电网电压一致。重要的应用场合，应采用不间断电源或稳压电源供电。

4.8.3　三菱 PLC 编程调试

4.8.3.1　绘制各种电路图

绘制电路图的目的是把系统的 I/O 所涉及的地址和名称联系起来。绘制时主要考虑以下几点：

（1）在绘制 PLC 的输入电路时，不仅要考虑到输入信号的连接点是否与命名一致，还要考虑到输入端的电压和电流是否合适，是否会把高电压引入到 PLC 的输入端。

（2）在绘制 PLC 的输出电路时，不仅要考虑到输出信号的连接点是否与命名一致，还要考虑 PLC 的输出模块的带负载能力和耐电压能力。

（3）要考虑电源的输出功率和极性问题。

4.8.3.2　梯形图程序设计

根据系统的控制要求，采用合适的设计方法来设计 PLC 程序。程序要以满足系统控制要求为主线，逐一编写实现各控制功能或各子任务的程序，逐步完善系统指定的功能。除此之外，程序通常还应包括以下内容：

（1）初始化程序。在 PLC 上电后，一般都要做一些初始化的操作，为启动做必要的准备，避免系统发生误动作。初始化程序的主要内容有：对某些数据区、计数器等进行清零，对某些数据区所需数据进行恢复，对某些继电器进行置位或复位，对某些初始状态进行显示等等。

（2）检测、故障诊断和显示等程序。这些程序相对独立，一般在程序设计基本完成时再添加。

（3）保护和连锁程序。保护和连锁是程序中不可缺少的部分，必须认真加以考虑。它可以避免由非法操作而引起的控制逻辑混乱。

4.8.3.3　编制 PLC 程序并进行模拟调试

编制 PLC 程序时要注意以下问题：

（1）以输出线圈为核心设计梯形图，并画出该线圈的得电条件、失电条件和自锁条件。在画图过程中，注意程序的启动、停止、连续运行、选择行分支和并行分支。

（2）如果不能直接使用输入条件逻辑组合成输出线圈的得电和失电条件，则需要使用中间继电器建立输出线圈的得电和失电条件。

（3）如果输出线圈的得电和失电条件中需要定时或计数条件时，要注意定时器或计数器的得电和失电条件。在此注意，一般定时器和计数器的地址范围是相同的，即某一地址如果作为定时器使用，那么在同一个控制程序中就不能作为计数器使用。

（4）如果输出线圈的得电和失电条件中需要功能指令的执行结果作为条件时，使用功能指令梯级建立输出线圈的得电和失电条件。

（5）画出各个输出线圈之间的互锁条件。互锁条件可以避免同时发生互相冲突的动作，保证系统工作的可靠性。

（6）画保护条件。保护条件可以在系统出现异常时，使输出线圈的动作保护控制系统和生产过程。在设计梯形图程序时，要注意先画基本梯形图程序，当基本梯形图程序的功能能够满足工艺要求时，再根据系统中可能出现的故障及情况，增加相应的保护环节，以保证系统工作的安全。

根据以上要求绘制好梯形图后，将程序下载到 PLC 中，通过观察其输出端发光二极管的变化进行模拟调试，并根据要求进行修改，直到满足系统要求为止。

4.8.3.4 制作控制台和控制柜

在制作控制台与控制柜时要注意开关、按钮和继电器等器件规格和质量的选择。设备的安装要注意屏蔽、接地和高压隔离等问题的处理。

PLC 布线时应注意以下几点：

（1）PLC 应远离变压电源线和高压设备，不能与变压器安装在同一个控制柜内。

（2）动力线、控制线以及 PLC 的电源线和 I/O 线应分开布线，并保持一定距离。隔离变压器与 PLC 和 I/O 之间应采用双绞线连接。

（3）PLC 的输入与输出最好分开走线，开关量与模拟量也要分开敷设。模拟量信号的传送应采用屏蔽线，屏蔽层应一端接地，接地电阻应小于屏蔽层电阻的 1/10。

（4）PLC 的基本单元与扩展单元以及功能模块的连接线缆应单独敷设，以防止外界信号的干扰。

（5）交流输出线和直流输出线不要用同一根电缆，输出线应尽量远离高压线和动力线，避免并行敷设。

4.8.3.5 现场调试

现场调试是整个控制系统完成的重要环节。只有通过现场调试，才能发现控制回路和控制程序之间是否存在问题，以便及时调整控制电路和控制程序，适应控制系统的要求。

4.8.3.6 编写技术文件并现场试运行

经过现场调试后，控制电路和控制程序就基本确定了，即整个系统的硬件和软件就被确定了。这时就要全面整理技术文件，技术文件包括设计说明书、硬件原理图、安装接线图、电气元件明细表、PLC 程序以及使用说明书等。到此整个系统的设计就完成了。

4.8.4 三菱 PLC 编程软件 GX Developer 8

GX Developer 是三菱通用性较强的编程软件，它能够完成 Q 系列、QnA 系列、A 系列（包括运动控制 CPU）、FX 系列的 PLC 梯形图、指令表、SFC 等的编辑。该编程软件能够将编辑的程序转换成 GPPQ、GPPA 格式的文档，当选择 FX 系列时，还能将程序存储为 FXGP（DOS）、FXGP（WIN）格式的文档，以实现与 FX-GP/WIN-C 软件的文件互换。该编程软件能够将 Excel、Word 等软件编辑的说明性文字、数据，通过复制、粘贴等简单操作导入程序中，使软件的使用、程序的编辑变得更加便捷。

打开工程，选中新建，选用 FX 系列，选中 FX_{2N}（C），如图 4-91 所示。

点击确定后出现如图 4-92 所示画面，在画面上我们清楚地看到，最左边是根母线，蓝色框表示现在可写入区域，上方有菜单，只要任意点击其中的元件，就可得到所要的线圈、触点等。

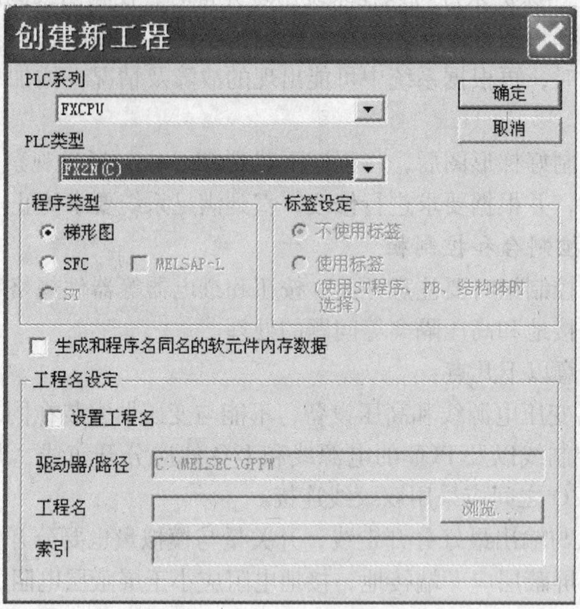

图 4-91　选择 PLC

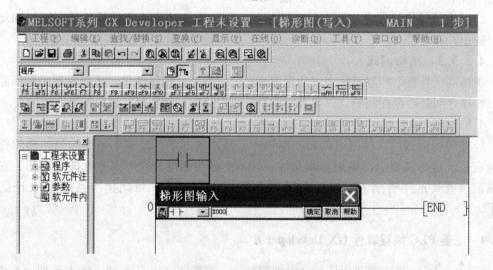

图 4-92　编辑梯形图

　　如你要在某处输入 X000，只要把蓝色光标移动到你所需要写的地方，然后在菜单上选中"┤├"触点，就会出现如图 4-93 所示画面，再输入 X000，即可完成写入 X000。

图 4-93　输入 X000

如要输入一个定时器，先选中线圈，再输入一些数据，图 4-94 显示了其操作过程。

图 4-94　定时器输入

对于计数器，因为它有时要用到两个输入端，所以在操作上既要输入线圈部分，又要输入复位部分，如图 4-95 所示。

图 4-95　计数器输入

如果需要画梯形图中其他的一些线、输出触点、定时器、计时器、辅助继电器等，在菜单上都能方便地找到，再输入元件编号即可。

写完梯形图，最后写上 END 语句后，必须进行程序转换，在程序的转换过程中，如果程序有错，它会显示。只有当梯形图转换完毕后，才能进行程序的传送。传送前，必须将 FX$_{2N}$ 面板上的开关拨向 STOP 状态，再打开"在线"菜单，进行传送设置，如图 4-96 所示。

根据图 4-96，必须确定 PLC 与计算机的连接是通过 COM1 口还是 COM2 口，进行设置选择。写完梯形图后，在菜单上还是选择"在线"，选中"PLC 写入（W）"，就出现如图 4-97 所示的界面。

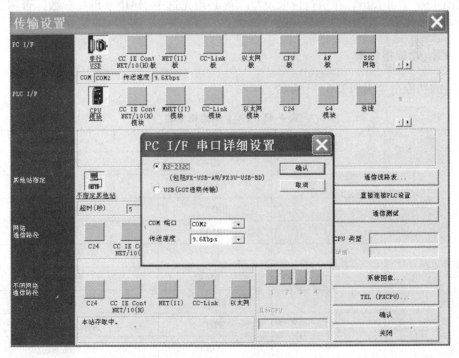

图 4-96　串口设置

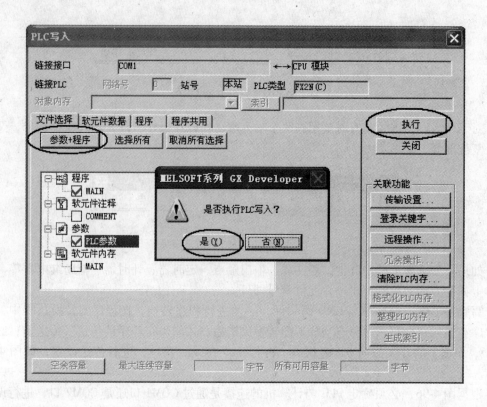

图 4-97　PLC 写入

从图 4-97 中可看出，在执行读取及写入前必须先选中 MAIN、PLC 参数，否则，不能执行对程序的读取、写入。

4.8.5　FX$_{2N}$功能指令表

FX$_{2N}$的功能指令表如表 4-43 所示。

表 4-43　FX$_{2N}$ 功能指令表

分　类	FNC 编号	指令符号	功　能
程序流程	00	CJ	条件跳转
	01	CALL	调用子程序
	02	SRET	子程序返回
	03	IRET	中断返回
	04	EI	允许中断
	05	DI	禁止中断
	06	FEID	主程序结束
	07	WDT	监视定时器刷新
	08	FOR	循环范围起点
	09	NEXT	循环范围终点

分 类	FNC 编号	指令符号	功 能
传送比较	10	CMP	比较（S1）（S2）→（D）
	11	ZCP	区间比较（S1）~（S2）（S）→（D）
	12	MOV	传送（S）→（D）
	13	SMOV	移位传送
	14	CML	反向传送（S）→（D）
	15	BMOV	成批传送（n 点→n 点）
	16	FMOV	多点传送（1 点→n 点）
	17	XCH	数据交换（D1）←→（D2）
	18	BCD	BCD 变换 BIN（S）→BCD（D）
	19	BIN	BIN 变换 BCD（S）→BIN（D）
循环移位与移位	30	ROR	向右循环（n 位）
	31	ROL	向左循环（n 位）
	32	RCR	带进位右循环（n 位）
	33	RCL	带进位左循环（n 位）
	34	SFTR	位右移位
	35	SFTL	位左移位
	36	WSFR	字右移位
	37	WSFL	字左移位
	38	SFWR	"先进先出"（FIFO）写入
	39	SFRD	"先进先出"（FIFO）读出
数据处理	40	ZRST	成批复位
	41	DECO	解 码
	42	ENCO	编 码
	43	SUM	置 1 位数总和
	44	BOM	置 1 位数判别
	45	MEAN	平均值计算
	46	ANS	信号报警器置位
	47	ANR	信号报警器复位
	48	SQR	BIN 开方运算
	49	FLT	浮点数与十进制数间转换
方便指令	60	IST	状态初始化
	61	SER	数据搜索
	62	ABSD	绝对值鼓轮顺控（绝对方式）
	63	INCD	增量值鼓轮顺控（相对方式）
	64	TTMR	示数定时器
	65	STMR	特殊定时器

续表4-43

分　类	FNC 编号	指令符号	功　能
方便指令	66	ALT	交替输出
	67	RAMP	斜坡信号
	68	ROTC	旋转台控制
	69	SORT	数据整理排列
四则运算和逻辑运算	20	ADD	BIN 加(S1) + (S2)→(D)
	21	SUB	BIN 减(S1) − (S2)→(D)
	22	MUL	BIN 乘(S1) × (S2)→(D)
	23	DIV	BIN 除(S1) ÷ (S2)→(D)
	24	INC	BIN 加1(D) + 1→(D)
	25	DEC	BIN 减1(D) − 1→(D)
	26	WAND	逻辑字"与"(S1) ∧ (S2)→(D)
	27	WOR	逻辑字"或"(S1) ∨ (S2)→(D)
	28	WXOR	逻辑字异或(S1) ∀ (S2)→(D)
	29	NEG	2 的补码($\overline{D}$) + 1→(D)
高速处理	50	REF	输入输出刷新
	51	REFF	刷新和滤波调整
	52	MTR	矩阵输入
	53	HSCS	比较置位（高速计数器）
	54	HSCR	比较复位（高速计数器）
	55	HSZ	区间比较（高速计数器）
	56	SPD	速度检测
	57	PLSY	脉冲输出
	58	PWN	脉冲宽度调制
	59	PLSR	加减速的脉冲输出
外部 I/O 设备	70	IKV	0~9 数字键输入
	71	NKV	16 键输入
	72	DSW	数字开关
	73	SEGD	7 段解码器
	74	SEGL	带锁存的 7 段显示

续表 4-43

分　类	FNC 编号	指令符号	功　能
	75	ARWS	矢量开关
	76	ASC	ASCII 转换
外部 I/O 设备	77	PR	ASCII 代码打印输出
	78	FROM	特殊功能模块读出
	79	TO	特殊功能模块写入

思考练习题

4-1　写出图 4-98 所示的梯形图对应的指令表程序。

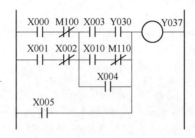

图 4-98　习题 4-1 梯形图

4-2　写出图 4-99 所示的梯形图的指令表程序。

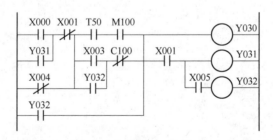

图 4-99　习题 4-2 梯形图

4-3　画出与下面指令表程序对应的梯形图。

1	LD	M150	8	ORB		15	OUT	Y033
2	ANI	X001	9	LDI	X004	16	ANI	X011
3	OR	M200	10	OR	T50	17	OUT	Y004
4	AND	X002	11	ANB		18	AND	X010
5	LD	X003	12	ANI	X005	19	OUT	M100
6	AND	M201	13	OR	M203			
7	ANI	M202	14	ANI	X006			

4-4　为了扩大延时范围，现需要采用两个计时器来完成这一任务，试设计这一定时电路。要求在 X000

接通以后，延时 1400s，再将 Y030 接通。

4-5　为了扩大计数范围，现需要采用两个计数器来完成这一任务，试设计这一计数电路。要求在 X005 输入计数脉冲信号，当达到预定值时，Y030 接通，并将计数器复位。

4-6　现有三条运输皮带，每条皮带都由一台电动机拖动。按下启动按钮以后，3 号运输皮带开始运行，5s 以后 2 号运输皮带自动启动，再过 5s 以后，1 号运输皮带自动启动。停机的顺序与启动的顺序正好相反，间隔时间仍然为 5s。试设计出该系统的 PLC 接线图以及相应的梯形图程序。

4-7　试设计一自动售货机的控制程序。系统动作要求如下：

（1）此自动售货机可投入 1 元、5 元、10 元硬币。

（2）当投入的硬币总值等于或超过 12 元时，汽水按钮指示灯亮；当投入的硬币总值超过 15 元时，汽水、咖啡按钮指示灯都亮。

（3）当汽水按钮指示灯亮时，按汽水按钮，则汽水排出 7s 后自动停止。汽水排出时，相应指示灯闪烁。

（4）当咖啡按钮指示灯亮时，动作同上。

（5）若投入的硬币总值超过所需钱数（汽水 12 元、咖啡 15 元）时，找钱指示灯亮。

5 S7-200 系列可编程序控制器的指令系统及编程方法

本章要点： S7-200 系列可编程序控制器是德国 SIEMENS 公司的产品。该产品在工业生产过程自动化控制领域得到成功的应用。本章将主要介绍 S7-200 系列可编程序控制器的编程基础、数据类型、寻址方式、指令系统、编程方法和调试过程。

5.1 S7 系列可编程序控制器编程基础

S5、S7 系列 PLC 的程序设计是分别由 STEP5、STEP7 编程语言来实现的。由于 STEP7 编程语言是在 STEP5 编程语言基础上发展起来的，且其编程指令更加丰富，因而本节将主要介绍 STEP7。

5.1.1 STEP7 编程语言及指令组成形式

STEP7 支持的编程语言有三种，即梯形图语言（LAD）、助记符语言（STL 又称语句表）和功能块图指令形式。每种语言的指令组成形式如下：

（1）梯形图语言指令形式。

1）单元式指令。用不含地址参数的单个单元表示梯形图逻辑指令。如反向信号流单元指令，如图 5-1a 所示。

2）带地址的单元式指令。以单个单元加地址的形式表示的梯形图逻辑指令。如常开触点单元指令，如图 5-1b 所示。

3）带地址和数值的单元式指令。这种以单个单元形式表示的梯形图需要输入地址和数值。保持型开通延时计时器线圈如图 5-1c 所示。

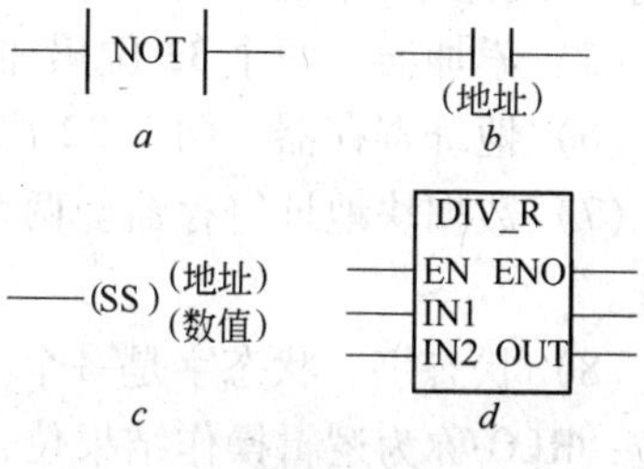

4）带参数的方块式指令。带有表示输入和输出的横线的方块表示某些梯形逻辑指令。如实数除法指令，如图 5-1d 所示。输入在方块的左边，输出在方块的右边。输出参数必须是 STEP7 软件能够用于放置输出信息的存储单元。参数必须是专用的数据类型。

图 5-1 梯形图语言指令
a—反向流单元信号指令；b—常开触点指令；
c—保持型开通延时计时器线圈；
d—实数除法指令

（2）助记符语言指令形式。

一条指令语句的组成有两种基本格式：

1）一条语句由一条单个指令组成，如 NOT（反向信号流指令）；

2）一条语句由一个指令和一个地址组成，如 L + 27（把整数 27 装入累加器）。

（3）功能块图指令形式。

5.1.2　存储区

S7 系列 PLC 中 CPU 的存储区组成如图 5-2 所示。

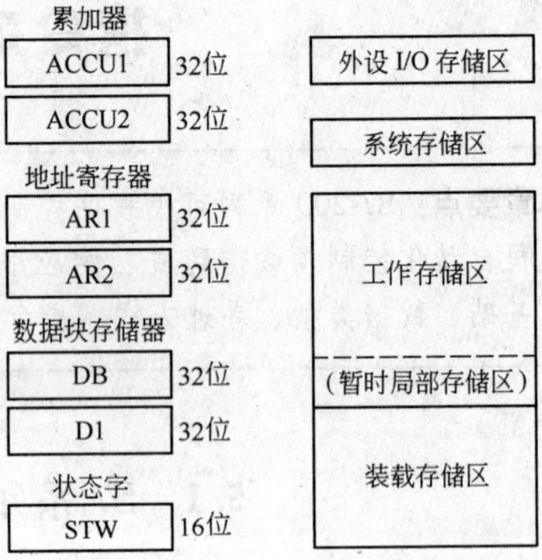

各存储区的功能如下：

（1）系统存储区。系统存储区（CPU 中的 RAM）用来存放操作数据，这些操作数据包括输入过程暂存区数据、输出过程暂存区数据、位存储区数据、定时器数据和计数器数据。其中输入过程暂存区用来存放输入状态值；输出过程暂存区用来存放经过程序处理的输出数据；位存储区存放程序运行的中间结果；定时器存储区存放计时单元；计数器存储区存放计数单元。

（2）工作存储区。工作存储区（CPU 中的 RAM）用来存放 CPU 所执行的程序单元（逻辑块和数据块）的复制件，此外有为块调用而安排的暂

图 5-2　S7 系列 PLC 中 CPU 的存储区组成

时局部存储区。局部存储区在块工作时一直保持，在块中将数据写入 L 堆栈中，数据只在块工作时有效，新块调用时，L 堆栈重新分配。

（3）装载存储区。装载存储区分为动态装载存储区（CPU 中的 RAM）和可选的固定装载存储区（EPROM），用来存放用户程序。

（4）外设存储区。外设存储区允许直接访问现场设备（物理的或外部的输入和输出）。外设存储区能够以字节、字和双字格式被访问，但不可为位。

（5）累加器。两个 32 位累加器用来进行装载、传送、算术数运算、移位等操作。

（6）地址寄存器。两个 32 位地址寄存器，用来存放寄存器间接寻址的指针。

（7）数据块地址寄存器。两个数据块地址寄存器用来存放已打开的数据块（DB）的地址。

（8）状态字。状态字是一个 16 位存储区，其结构如图 5-3 所示。图中 FC 称为首次检测位；RLO 称为逻辑操作结果位，该位存储逻辑指令或数字指令；STA 称为状态位，状态位存储所参考位的状态；OR 称为或位；OV 称为溢出位，用来表示故障，它在故障（溢出、非法操作、关系无序）发生之后由数字指令或浮点比较指令置位，当故障取消时该位复零；OS 称为存储溢出位，当故障发生时，此位与 OV 位一起被置位；状态位的位 7 和位 6 称为条件代码 1（CC1）和条件代码 0（CC0），它们可提供操作结果或位的信息；BR 称为二进制结果位，它建立了一个处理位与字间的联系，此位使程序能将一个字操作的结果翻译为一个逻辑结果并将这一结果加入到一个二进制逻辑串中。

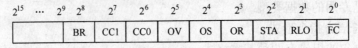

2^{15}	...	2^9	2^8	2^7	2^6	2^5	2^4	2^3	2^2	2^1	2^0
			BR	CC1	CC0	OV	OS	OR	STA	RLO	$\overline{FC}$

图 5-3　状态字结构

在程序可访问的存储区中，每个存储区指定一个助记识别符，如 I 为输入、Q 为输出、M 为中间结果、C 为计数器、T 为定时器、PI/PQ 为外部输入/输出等。程序中的指令用这些存储区来寻址或处理数据。

5.1.3 编址

STEP7 两种编程语言中许多指令是与一个地址一起工作的，这个地址表示指令执行逻辑操作寻找所需变量的地点，这个地点可以是输入或输出模块上的一个点，或者是 PLC 存储器中的一个存储单元。STEP7 有两种编址方法，即绝对编址和符号编址。

（1）绝对编址。在绝对编址中，每个单元能够以绝对地址访问特定的位置，如输入 Q4.1，输出 I3.1。S7 PLC 的物理 I/O 口与 CPU 的外设存储区相对应，可以通过输入（I）、输出（Q）过程映像存储区访问 I/O 口。如果未配置 S7 PLC 系统的物理 I/O，可采用固定的 I/O 地址。图 5-4 为数字 I/O 模板的默认地址；图 5-5 为模拟 I/O 模板的默认地址，根据机架上模板的类型，地址可以为输入（I）或输出（Q）。如数字输入模板在机架 0 的第一个槽（槽 3）的地址为 0.0 至 3.7。一个 8 个点的输入模板只占用 0.0 至 0.7，而地址 1.0 至 3.7 未用。

机架 3	接口模块接收和电源	96.0 至 99.7	100.0 至 103.7	104.0 至 107.7	108.0 至 111.7	112.0 至 115.7	116.0 至 119.7	120.0 至 123.7	124.0 至 127.7
机架 2	接口模块接收和电源	64.0 至 67.7	68.0 至 71.7	72.0 至 75.7	76.0 至 79.7	80.0 至 83.7	84.0 至 87.7	88.0 至 91.7	92.0 至 95.7
机架 1	接口模块接收和电源	32.0 至 35.7	36.0 至 39.7	40.0 至 43.7	44.0 至 47.7	48.0 至 51.7	52.0 至 55.7	56.0 至 59.7	60.0 至 63.7
机架 0 CPU 和电源	接口模块发送	0.0 至 3.7	4.0 至 7.7	8.0 至 11.7	12.0 至 15.7	16.0 至 19.7	20.0 至 23.7	24.0 至 27.7	28.0 至 31.7

图 5-4 数字 I/O 的默认地址

机架 3	接口模块接收和电源	640 至 655	656 至 671	672 至 687	688 至 703	704 至 719	720 至 735	736 至 751	752 至 767
机架 2	接口模块接收和电源	512 至 527	528 至 543	544 至 559	560 至 575	576 至 591	592 至 607	608 至 623	624 至 639
机架 1	接口模块接收和电源	384 至 399	400 至 415	416 至 431	432 至 447	448 至 463	464 至 479	480 至 495	496 至 511
机架 0 CPU 和电源	接口模块发送	256 至 271	272 至 287	288 至 303	304 至 319	320 至 335	336 至 351	352 至 367	368 至 383

图 5-5 模拟 I/O 的默认地址

（2）符号编址。符号编址中，可以用符号名来表示特定的绝对地址，建立符号数据库。符号编址要建立一个符号名数据库，让程序中的所有指令访问。符号表不仅有益于程序归档，也有助于故障寻踪。符号名数据库可用 STEP7 的符号编址器（Symbol Editer）建立。图 5-6 是一个建立起来的符号名数据库。

Symbol	MemAddress	DataType	Comment
InA_Mtr_Fbk	I0.0	BOOL	Motor A feedback
InA_Start_PB	I1.2	BOOL	Motor A Start Switch
InA_Stop_PB	I1.3	BOOL	Motor A Stop Switch
Hight_Speed	MW5.0	INT	Maximum Speed
Low_Speed	MW4.0	INT	Minimum Speed
In_A_Mtr_Coil	Q4.0	BOOL	Motor A Starter Coil
In_A_Start_Lt	Q4.4	BOOL	Ingred A Light On/Off

图 5-6　符号名数据库中的符号名示例

5.1.4　数据类型及标记

STEP7 编程语言中大多数指令要与具有一定大小的数据对象一起进行操作。如位逻辑指令以二进制数执行它们的操作；装载和传送指令以字节、字或双字执行它们的操作。不同的数据类型具有不同的格式选择和数制。程序所用的数据可指定一数据类型。指定数据类型时，要确定数据大小和数据的位结构。数据可分为如下三种类型：

（1）基本数据类型。基本数据类型有很多种，每种数据类型在分配存储空间时有固定长度。如布尔数据类型（BOOL）为 1 位，一个字节（BYTE）是 8 位，一个字（WORD）是双字节（16 位），双字是四字节（32 位）。表 5-1 列出了 STEP7 所支持的基本数据类型。

表 5-1　STEP7 所支持的基本数据类型说明

数 据 类 型	大小（位）	说　　明
布尔 BOOL	1	位　范围：是或非
字节 BYTE	8	字节　范围：0～255
字 WORD	16	字　范围：0～65,535
双字 DWORD	32	双字　范围：0～（$2^{32}-1$）
字符 CHAR	8	字符　任何可打印的字符（ASCII 码大于 31），除去 DEL 和 NULL
整型 INT	16	整数　范围：−32768～32767
双整型 DINT	32	双字整数　范围：-2^{31}～（$2^{31}-1$）
实数 REAL	32	IEEE 浮点数
时间 TIME	32	IEC 时间，间隔为 1ms
日期 DATE	32	IEC 日期，间隔为 1d
每天时间 TIME_OF_DAY_TOD	32	每天时间间隔为 1ms：小时（0～23），分（0～59），秒（0～59），毫秒（0～999）
S5 系统时间　S5TIME	32	定时器的预置时间范围：0H_0M_0S_0MS 到 2H_46M_30S_0MS

(2) 复式数据类型。超过 32 位或由其他数据类型组成的数据。STEP7 允许四种复式数据类型，如表 5-2 所示。

表 5-2　复式数据类型说明

数据类型	说明
日期_时间 DATE_AND_TIME DT	定义 64 位区（8 字节）。存储如下信息（BCD）：年-字节 0，月-字节 1，日-字节 2，小时-字节 3，分-字节 4，秒-字节 5，毫秒-字节 6 和字节 7 的一半，一周中的第几天-字节 7 的另一半
字符串 STRING	可定义多达 254 个字符。字符串的默认大小为 256 字节，存放 254 个字符，外加 2 个双字节字头。可以定义字符实际数目来减少预留值，如：（String[7]'Siemens'）
数 组 ARRAY	定义一种数据格式的多维数组（基本数据类型或者复式数据类型）。如："AR-RAY[1..2,1..3]OF INT"表示 2×3 的整数数组；通过下标（"[2,2]"）访问数组中的数据。可以定义到 6 维组数，下标为任意整数（-32768~32767）
构 造 STRUCT	定义多种数据类型组合的数组（可以定义构造中的数组，也可以是构造中的组合数组）

另一种复式数据类型称为用户数据类型（UDT）。利用 STEP7 程序编辑器（Program Editor）产生的可命名结构。通过将大量数据组织到 UDT 中，在生成数据块或在变量声明表中声明变量时，利用 UDT 数据类型输入更加方便。

(3) 参数类型。传送给 FB 块和 FC 块的参数。STEP7 提供以下参数类型：

1）定时器或计数器。定义一个特定的过程中使用的定时器和计数器。当分配给定时器和计数器的参数类型为实参时，可以在 T 或 C 后面跟一整数。

2）块。定义一个作为输入输出的块，参数声明决定了块的类型（FB、FC、DB 等）。当分配给一个块的参数类型为实参时，需写入块地址作为实参，例如 FC101。

3）指针。定义变量的位置。一个指针包括一个地址而不是数值。当分配给一个指针的参数类型为实参时，就需提供内存地址。STEP7 允许以指针格式作为地址，如从 M50.0 开始存数据：P#M50.0。

4）ANY。当实参的类型不能确定或可使用任何数据类型时，可使用该参数。

此外，参数也可是用户自定义的数据类型。表 5-3 是参数类型表。

表 5-3　参数类型表

参 数	大 小	说 明
定时器（Timer）	2 字节	在被调用的逻辑块内定义一个特殊定时器格式 T1
计数器（Counter）	2 字节	在被调用的逻辑块内定义一个特殊定时器格式 C1
块 Block_FB Block_FC		在被调用的逻辑块内定义一个特殊定时器格式 FC101
Block_DB Block_SDB	2 字节	DB42
指针（Pointer）	6 字节	定义内存单元 格式：P#M50.0

参 数	大 小	说 明
ANY	10 字节	当实参的数据类型未知 格式：P#M50. 0byte 10 P#M100. 0word 5

在程序设计中，各指令涉及的数据类型格式是以其标记体现的。大多数标记对应特定的数据类型或参数类型，有些标记可表示几种数据类型。STEP7 提供下列数据格式的标记：

（1）时间/日期标记。见表 5-4，这些时间/日期标记不仅用来为 CPU 输入日期和时间，也可为定时器赋值。

（2）数值标记。见表 5-5，提供了数值的不同格式，这些标记用来输入常数或监测数据。它包括二进制格式、布尔格式（真或假）、字节格式（输入字或双字的每个字节中的值）、计数器常数格式、十六进制数、带符号的整数格式（含 16 位和 32 位）、实数格式（浮点数）。

（3）字符/文字标记。STEP7 允许输入字符/文字信息。表 5-6 是字符/文字标记。

（4）参数类型的标记。参数类型定义了在结构化程序中传递给逻辑块的特定数据。表 5-7 列出了参数类型的标记。

表 5-4 时间/日期标记表

标 记	数据类型	说 明	示 例
T#（Time#）	时间（Time）	T#天 D_小时 H_分钟 M_秒 S_毫秒 MS	T#0D_1H_10M_22S_0MS
D#（DATE）	日期（Date）	D#年_月_日	D#1995_3_15
TOD （Time_of_day#）	当天时间 （Time_of_day#）	TOD#小时：分钟：秒. 毫秒	TOD#13: 24: 33. 555
ST5#（ST5time#）	S5 时间（ST5time#）	ST5#天 D_小时 H_分钟 M_秒 S_毫秒 MS	ST5#12M_22S_100MS
DT# （Date_and_time#）	日期和时间 （Date_ and_ time#）	DT#年_ 月_ 日_ 小时_ 分钟_ 秒. 毫秒	DT#1995 _ 3 _ 15 _ 17 _ 10 _ 3. 335

表 5-5 数值标记表

标 记	数据类型	说 明	示 例
2#	WORD, DWORD	二进制:16 位（字） 32 位（双字）	2#0001_0000_1101 2#1001_0101_1010_0000_ 1011_1010_1110_1111
True/false	BOOL	布尔值（真 =1,假 =0）	TRUE
B#（..） Byte#（..）	WORD, DWORD	字节:16 位（字） 32 位（双字节）	B#（10,20） B#（1,14,100,114）
B#16#Byte#16#	BYTE	十六进制:8 位（字节）	B#16#4F
W#16#Word#16#	WORD	十六进制:16 位（字）	W#16#FF12

续表 5-5

标 记	数据类型	说 明	示 例
DW#16#DWord#16#	DWORD	十六进制:32 位(双字)	DW#16#09A2_FF12
Integer	INT	IEC 整数格式:16 位,位 15 放符号	612;-2270
L#	DINT	"长"整数格式:32 位,位 31 放符号	L#44520;L#338245
Real number	REAL	IEC 实数(浮点数)格式:32 位	3.14;1.234567E+13
C#	WORD	计数器常数:16 位 0~999(BCD 格式)	C#500

表 5-6　字符/文字标记表

标 记	数据类型	说明和有效数据类型	示 例
'Character'	CHAR	ASCII 字符:8 位	'A'
'String'	STRING	IEC 字符串格式:可达 254 个字符	'Siemens'

表 5-7　参数类型的标记表

标 记	说 明	示 例
定时器	Tnn（nn 为定时器号）	T10
计数器	Cnn（nn 为计数器号）	C25
FB 块	FBnn（nn 为 FB 块号）	FB100
FC 块	FCnn（nn 为 FC 块号）	FC20
DB 块	DBnn（nn 为 DB 块号）	DB101
SDB 块	SDBnn（nn 为 SDB 块号）	SDB210
指 针	P#存储区地址	P#M50.0
任意参数	P#存储区地址_数据类型_长度	P#M10.0word5

5.2　S7-200CPU 存储器的数据类型及寻址方式

可编程序控制器的核心组成部分是计算机,因而指令和数据在存储器当中是按一个个存储单元存放的,操作数是按数据类型分类存放和分类查找的。

5.2.1　CPU 存储器区域的直接寻址

S7-200 将信息存于不同的存储器单元,每个单元都有唯一的地址,可以明确指出要存取的存储器地址,这样就允许用户程序直接存取这个信息。使用存储器地址来存取数据,若要存取存储器区域的某一位,则必须指定地址,包括存储器标识符、字节地址及位号。图 5-7 是一个位寻址的例子(也称为"字节.位"寻址)。在这个例子中,存储器区以及字节地址(I=输入存储区,3=字节)3 和位地址(第 4 位)之间用点号"·"相隔开。使用这种字节寻址方式,可以按照字节、字或双字来存取许多存储器区域(V、I、Q、M、S、L 及 SM)中的数据。

若要存取 CPU 存储器中的一个字节、字或双字数据,则必须以类似位寻址的方式给出地址,包括区域标志符、数据大小以及该字节、字或双字的起始字节地址,如图 5-8 所示。其他 CPU 存储器区域(如 T、C、HC 以及累加器)中存取数据使用的地址格式为:

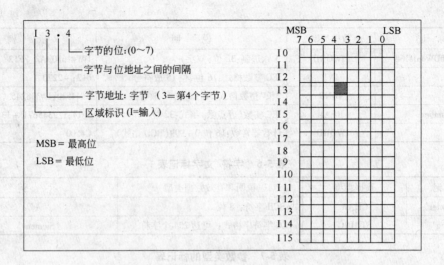

图 5-7   存取 CPU 存储器中的位数据（字节．位寻址）

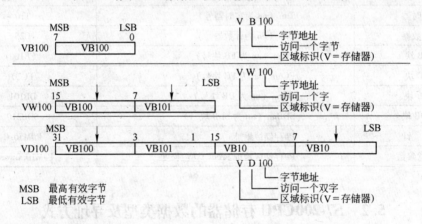

图 5-8   字节、字和双字对同一地址存取操作的比较

区域标识符和设备号。

数值表示有整数和实数两类。表 5-8 给出了不同长度的数值所能表示的整数范围。实数（或浮点数）采用 32 位单精度数来表示，其格式是正数：+ 1.175495E – 38 到 + 3.402523E + 35；负数：– 1.175495E – 35 到 – 3.402523E + 35。按照 ANSI/IEEE 754 1985 标准格式，以双字长度来存取。

表 5-8   数据大小规定及相关整数范围

数据大小	无符号整数		有符号整数	
	十 进 制	十六进制	十 进 制	十六进制
B（字节）：8 位值	0 ~ 255	0 ~ FF	– 128 ~ 127	80 ~ 7F
W（字）：16 位值	0 ~ 65535	0 ~ FFFF	– 32768 ~ 32767	8000 ~ 7FFF
D（双字）：32 位值	0 ~ 4294967295	0 ~ FFFF FFFF	– 2147483648 ~ 2147483647	8000 0000 ~ 7FFF FFFF

CPU 存储器区域的寻址方式有直接寻址和间接寻址。直接寻址包括以下几种：

（1）输入映像寄存器（I）寻址。在每次扫描周期的开始，CPU 对输入点进行采样，并将采样值存于输入映像寄存器中。可以按位、字节、字或双字来存取输入映像寄存器。

　　格式：位　　　　　　　　　I［字节地址］［位地址］　　　I0.1
　　　　　字节，字，双字　I［长度］［起始地址］　　　IB4

（2）输出映像寄存器（Q）寻址。在扫描周期的结尾，CPU 将输出映像寄存器的数值复制到物理输出点上。可以按位、字节、字或双字来存取输出映像寄存器。

　　格式：位　　　　　　　　　Q［字节地址］［位地址］　　　Q1.1
　　　　　字节，字，双字　Q［长度］［起始地址］　　　QB5

（3）变量（V）存储器区寻址。程序执行过程中控制逻辑操作的中间结果，可以使用 V 存储器来保存与工序或任务相关的其他数据。可以按位、字节、字或双字来存取 V 存储器。

　　格式：位　　　　　　　　　V［字节地址］［位地址］　　　V10.2
　　　　　字节，字，双字　V［长度］［起始地址］　　　VW100

（4）位存储器（M）区寻址。可以使用内部存储器标志位（M）作为控制继电器存储中间操作状态或其他的控制信息。尽管名为"位存储器区"，表示按位存储，但其不仅可以按位，也可以按字节、字或双字来存取位存储器。

　　格式：位　　　　　　　　　M［字节地址］［位地址］　　　M26.7
　　　　　字节，字，双字　M［长度］［起始地址］　　　MD20

（5）顺序控制继电器（S）存储器区寻址。顺序控制继电器位（S）用于组织机器操作或进入等效程序段的步骤。SCR 提供控制程序的逻辑分段，可以按位、字节、字或双字来存取 S 位。

　　格式：位　　　　　　　　　S［字节地址］［位地址］　　　S3.1
　　　　　字节，字，双字　S［长度］［起始地址］　　　SB4

（6）特殊存储器（SM）标志位。SM 位提供了 CPU 和用户程序之间传递信息的方法。可以使用这些位选择和控制 S7-200CPU 的一些特殊功能，例如，第一次扫描的 ON 位；以固定速度触发位；数学运算或操作指令状态位等。尽管 SM 区基于位存取，但可以按位、字节、字或双字来存取。

　　格式：位　　　　　　　　　SM［字节地址］［位地址］　　　SM0.1
　　　　　字节，字，双字　SM［长度］［起始地址］　　　SMB86

（7）局部存储器（L）区寻址。S7-200PLC 有 64 个字节的局部存储器，其中 60 个可以用作暂时存储器或者给子程序传递参数。如果用梯形图或功能块图编程（STEP7-Micro/WIN 32），可以保留这些局部存储器的最后四个字节。如果用语句表编程，可以寻址所有的 64 个字节，但是不要使用局部存储器的最后 4 个字节。局部存储器和变量存储器很相似，主要区别是变量存储器是全局有效的，而局部存储器是局部有效的。全局是指同一个存储器可以被任何程序存取（例如主程序、子程序或中断程序）。局部是指存储器区和特定的程序相关联。S7-200PLC 给主程序分配 64 个局部存储器；给每一级子程序嵌套分配 64 个字节局部存储器；给中断程序分配 64 个字节。

　　子程序或中断子程序不能访问分配给主程序的局部存储器。子程序不能访问分配给主程序、中断程序或其他子程序的局部存储器。同样的，中断程序也不能访问分配给主程序或子程序的局部存储器。S7-200PLC 根据需要分配局部存储器。也就是说，当主程序执行时，分配给子程序或中断程序的局部存储器是不存在的。当出现中断或调用一个子程序时，需要分配局部存储器。新的局部存储器在分配时可以重新使用分配给不同子程序或中断程序的相同局部存储器。

局部存储器在分配时 PLC 不进行初始化，初值可能是任意的。当在子程序调用中传递参数时，在被调用子程序的局部存储器中，由 CPU 代替被传递的参数的值。局部存储器在参数传递过程中不接收值，在分配时不被初始化，也没有任何值。可以按位、字节、字或双字访问局部存储器。可以把局部存储器作为间接寻址的指针，但是不能作为间接寻址的存储器区。

格式：位　　　　　　　　L［字节地址］［位地址］　　L0.0

字节，字，双字　L［长度］［起始地址］　　LB33

（8）定时器（T）存储器区寻址。S7-200CPU 中，定时器是累计时间增量的设备。S7-200定时器精度（时基增量）有 1ms、10ms、100ms 三种，有两个相关的变量：

1）当前值：16 位符号整数，存储定时器所累计的时间。

2）定时器位：定时器当前值大于预设值时，该位置为"1"（预设值作为定时器指令的一部分输入）。可以使用定时器地址 + 定时器号来存取这些变量。对定时器位或当前值的存取依赖于所用的指令：带位操作数的指令存取定时器位，而带字操作数的指令存取当前值。如图 5-9 所示，常开节点（T3）指令存取定时器位，而 MOV_W 指令存取定时器的当前值。

格式：　　T［定时器号］　　T24

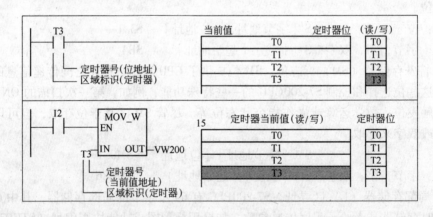

图 5-9　存取 SIMATIC 定时器数据

（9）计数器（C）存储器区寻址。在 S7-200CPU 中，计数器是累计其输入端脉冲电平由低到高的次数。CPU 提供了三种类型的计数器：一种只能增计数；一种是减计数；另一种既可增计数，又可减计数。与计数器相关的变量有两个：

1）当前值：16 位符号整数，存储累计脉冲数。

2）计数器位：当计数器的当前值大于或等于预设值时，此位置为"1"。预设值作为计数器指令的一部分输入。可以使用计数器地址（计数器号）来存取这些变量。对计数器位或当前值的存取依赖于所用的指令：带位操作数的指令存取计数器位，而带字操作数的指令存取当前值。如图 5-10 所示，常开接点（C3）指令存取计数器位，而 MOV 指令存取计数器的当前值。

格式： C［计数器号］ C20

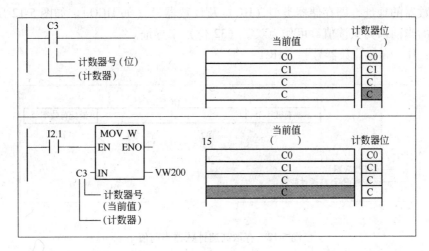

图 5-10 存取计数器数据

（10）累加器（AC）寻址。累加器与存储器相仿，也可进行数据的存取。例如，可以用它来向子程序传递参数，或从子程序返回参数，以及用来存储计算的中间值。CPU 提供了 4 个 32 位累加器（AC0、AC1、AC2、AC3）。可以按字节、字或双字来存取累加器中的数值。如图 5-11 所示，按字节、字来存取累加器只使用存于存储器中数据的低 8 位或低16 位，以双字来存取要使用全部 32 位。存取数据的长度由所用指令决定。

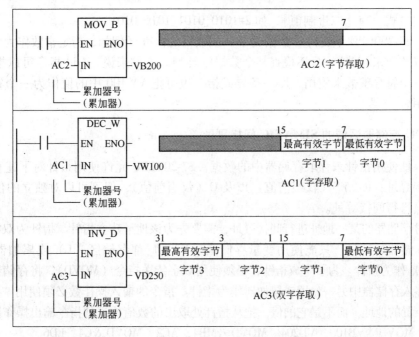

图 5-11 累加器寻址

格式：　AC［累加器号］　ACO

（11）高速计数器（HC）寻址。高速计数器用来累计比 CPU 扫描速率更快的事件。高速计数器有 32 位符号整数累计值（或当前值）。若要存取高速计数器中的值，则必须给出高速计数器的地址，即存储器类型（HC）及计数器号（如 HCO）。如图 5-12 所示，高速计数器的当前值为只读值，可作为双字（32 位）来寻址。

格式：H［高速计数器号］　HC1

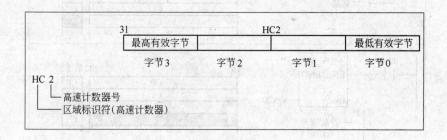

图 5-12　存取高速计数器当前值

在许多 S7-200 指令中可以使用常数。常数值可为字节、字或双字。CPU 以二进制方式存储所有常数，也可用十进制、十六进制、ASCII 码或浮点数形式来表示。其格式为：

十进制格式　　［十进制值］，如 20047

十六进制格式　16#［十六进制值］，如 16#4E4F

ASCII 格式　　‘［ASCII 码文本］’，如‘Text goes between single quotes’

实数或浮点格式　ANSI/I EEE 754-1985；+1.175495E−38（正数），−1.175495E−35（负数）

二进制格式　2#［二进制值］，如 2#1010_0101_1010_0101

注意：S7-200CPU 不支持"数据类型"或数据的检查（例如，指定常数作为整数、符号整数或双整数来存储），且不检查某个数据的类型。举例来说，Add 指令可以把 VW100 的值作为一个符号整数来使用，而一条异或指令也可把 VW100 中的值作为一个符号二进制数来使用。

5.2.2　CPU 存储器区域的 SIMATIC 间接寻址

间接寻址使用指针来存取存储器中的数据。S7-200CPU 允许使用指针对下述存储器区域进行间接寻址：IOVMS（仅当前值）以及 C（仅当前值），但不可以对独立的位（BIT）值或模拟量进行间接寻址。

为了对存储器的某一地址进行间接寻址，需要先为该地址建立指针。指针为双字值，存放另一个存储器的地址。只能使用变量存储区（V）、局部存储区（L）或累加器（AC1、AC2、AC3）作为指针。为了生成指针，必须使用双字传送指令（MOVD），将存储器某个位置的地址移入存储器中另一位置或累加器作为指针。指令的输入操作数必须使用"&"符号表示某一位置的地址，而不是它的值。把从指针处取出的数值传送到指令输出操作数标识的位置。如：MOVD &VB100，VD204、MOVD &MB4，AC2、MOVD &C4，LD6。

当使用指针来存取数据时，在操作数前面加"＊"号表示该操作数为一个指针。如图

5-13 所示，AC1 表示 AC1MOVW 指令确定的一个字长的指针。在这个例子中，存于 V200 和 V201 中的值被移至累加器 AC0。

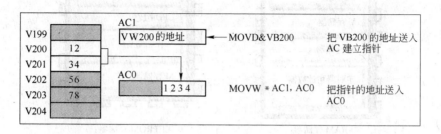

图 5-13 使用指针间接寻址

指针可以修改，由于指针为 32 位的值，所以可以使用双字指令来修改指针值。简单的数学运算指令，如加法或自增指令，可用于修改指针值。记住要调整存取的数据的长度：当存取字节时，指针值加 1；当存取一个字、定时器或计数器的当前值时，指针值加 2；当存取双字时，指针值加 4。

图 5-14 的例子说明了如何建立间接寻址的指针、如何间接存取数据和如何增加指针。

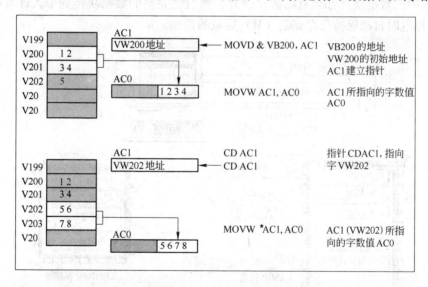

图 5-14 存取字数值时指针的修改

5.2.3 S7-200CPU 的存储器保存数据

S7-200CPU 提供了几种方法来确保用户程序、程序数据以及 CPU 的组态数据不丢失，如图 5-15 所示。CPU 提供了一个 EEPROM 来永久保存用户程序选择的数据区以及 CPU 的组态数据；提供一个超级电容器，在 CPU 掉电时保存完整的 RAM 存储器，根据 CPU 模块类型，超级电容器可保存 RAM 存储器达几天之久；提供一个可选的电池卡，当 CPU 掉电后，可延长 RAM 存储器保持的时间，电池卡只有在超级电容器耗尽后才提供电源。

在不同情况下，使 RAM 中的数据永久保存和驻留的程序包含三部分：用户程序、数

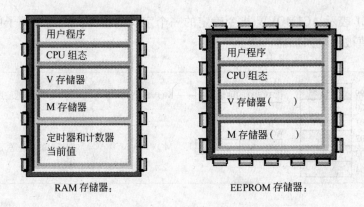

图 5-15   S7-200CPU 的存储区域

据块（可选）和 CPU 组态（可选）。如图 5-16 所示，下装的程序存于 CPU 存储器的 RAM 区。为了永久保存，CPU 会同时自动地把这些用户程序、数据块（OBI）以及 CPU 组态拷贝到 EEPROM 中。当从 CPU 上装一个程序时，如图 5-17 所示，用户程序及 CPU 配置从 RAM 中上装到个人计算机（PC）。当上装数据块时，存于 EEPROM 中的永久数据块将与存于 RAM 中的数据块（如果有的话）合并，然后把完整的数据块传到个人计算机（PC）上。CPU 掉电时自动保持位存储器（M）区域的数据。

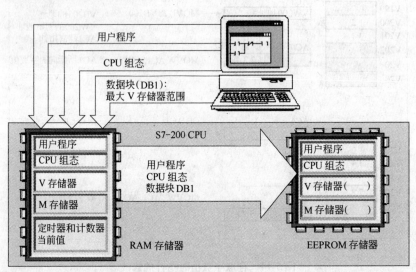

图 5-16   下装程序元素

　　如果设为保持，则当 CPU 模块掉电时，M 存储器前 14 个字节（MB0 到 MB13）会完整保存到 EEPROM 中。

　　开机后，CPU 会从 EEPROM 向 RAM 中恢复用户程序和 CPU 配置；CPU 检查 RAM 存储器，确认超级电容器是否已成功保存了 RAM 存储器中的数据。如果成功保存，那么 RAM 存储器的保持区域将保持不变。如果 RAM 存储器中的内容没有被保持下来（如在意外掉电后），CPU 会清除 RAM 存储器（包括保持和非保持区）并置保持数据丢失存储器标志位（SM0.2）为"1"。

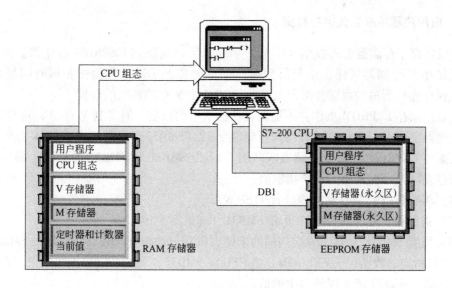

图 5-17　上装程序元素

当电源掉电时，最多可以定义 6 个可选的要保持的存储器区。可以定义的存储器区为：V、M、C 和 T。对于定时器，只有 TONR 可以保持。在 STEP7-Micro/WIN32 中，缺省设置是 M 存储器中最开始的 14 个字节不保持。缺省情况不允许 CPU 断电保存。

注意：定时器和计数器只有当前值可被保持，而定时器位和计数器位是不能保持的。为了定义存储器保持范围，选择菜单命令 View→System Block，点击 Retentive Ranges 块。图 5-18 为定义保持范围的对话框。如果选择 CPU 的缺省保持范围，则按 Defaults 按钮。

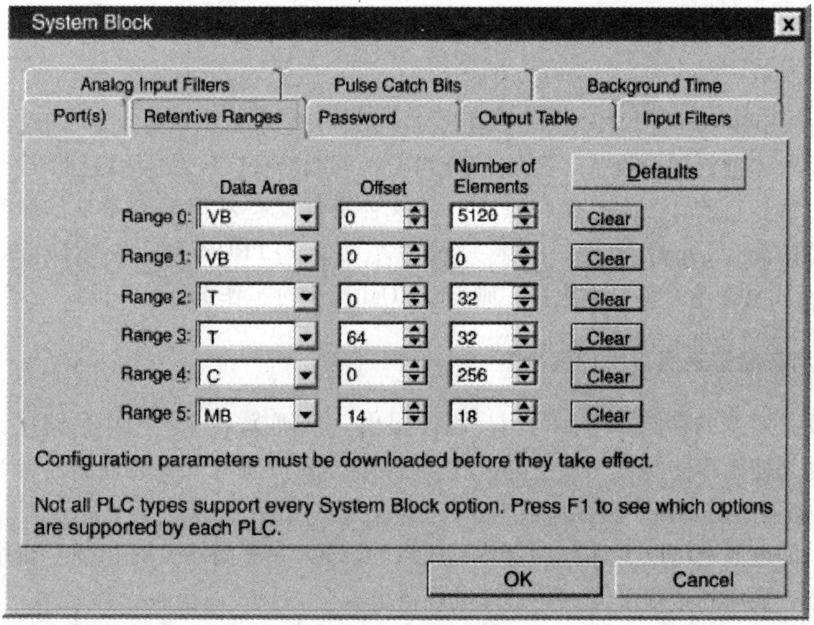

图 5-18　设置 CPU 存储器的保存范围

5.2.4   由用户程序来永久保存数据

可以将存于存储器上的数据（字节、字或双字）复制到 EEPROM 存储器。这项功能可用于保存 V 存储器区任意位置的数据。存一次 EEPROM 操作会把扫描时间增加 10 ~ 15ms。保存操作所写的数据会覆盖先前 EEPROM 中 V 存储器区的数据。

注意：保存 EEPROM 操作并不更新存储器卡中的数据，但复制 V 存储器到 EEPROM。特殊存储器字节 31（SMB31）和特殊存储器字 32（SMB32）命令 CPU 复制 V 存储器中的一个数据到 EEPROM 中的 V 存储器区。图 5-19 为 SMB31 和 SMB32 的格式。采用下述步骤来保存或写 V 存储器中的一个指定值：

（1）将要保持的 V 存储器地址置于 SMW32。

（2）将数据长度写入 SMB31.0 和 SMB31.1（见图 5-19）。

（3）设置 SMB31.7 = 1。每次扫描的末尾，CPU 自动检查 SMB31.7，如果 SMB31.7 等于 1，则将指定的数据存于 EEPROM。当 CPU 将 SMB31.7 置为 0 时，操作结束。在保存操作完成之前，不要改变 V 存储器中的值。

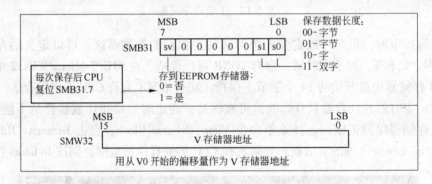

图 5-19   SMB31 和 SMB32 的格式

因为存 EEPROM 操作的次数是有限制的（最少 10 万次，典型为 100 万次），请注意只有在必要时才进行保存操作。否则，EEPROM 可能会失效，从而引起 CPU 故障。原则上，当特殊事件发生时才执行保存操作，而这种事件又是不很频繁发生的。例如，如果 S7-200 扫描时间为 10ms，每次扫描存一个数据，那么 EEPROM 最短只能工作 5000s，还不到 1.5h，而如果每小时存一个数据，则 EEPROM 至少可工作 11 年。

5.2.5   使用存储卡来保存用户程序

CPU 支持可选的存储器卡，为用户程序提供一个便携式 EEPROM 存储器。用户可以像磁盘那样来使用存储器卡。只有当 CPU 在停机方式下通电且安装存储器卡时，才可以从 RAM 存储器中复制程序到存储器卡。

注意：静电放电可以损坏存储器卡或 CPU 接口。拿存储器卡时，应当使用接地垫或戴接地手套，还应当把存储器卡存于导电容器里。

当 CPU 通电时，可以安装或卸下存储器卡。为了安装存储器卡，应当去掉存储器卡接口的保护带，把存储器卡插入 CPU 模块存取盖下面的接口中（存储器卡的正确安装是关键）。当安装完存储器卡后，使用下列步骤来复制程序。

（1）将 CPU 置于停机状态。

（2）如果程序未下装入 CPU，那么应下装程序。

（3）使用菜单命令 PLC→Program Memory Cartridge 来向存储器卡中复制程序。图 5-20 显示了存于存储器卡中的 CPU 存储器元素。

（4）卸下存储器卡（可选）。

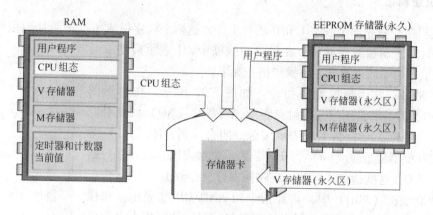

图 5-20　复制 CPU 存储器到存储卡

如果要从存储器卡向 CPU 传送程序，必须打开装有存储器卡的 CPU 电源。如图 5-21 所示，电源接通后，CPU 执行下列任务（当安装存储器卡后）：清除 RAM 存储器；复制存储器卡内容到 RAM 存储器；用户程序编程，CPU 组态和复制到 EEPROM。

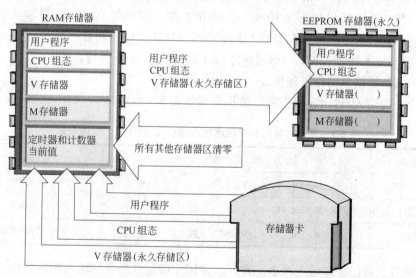

图 5-21　用于安装的存储器卡

注意：在 CPU 通电时，若存储器卡为空，或对不同型号的 CPU 进行编程，则会出现错误。高型号的 CPU 可以读出用低型号 CPU 编程的存储器卡，反之则不能读出，例如 CPU224 可以读出 CPU 221 或 CPU 222 所编写的存储器卡程序，但 CPU 224 在存储器卡中所编写的程序，CPU 221 或 CPU 222 却不能读取。卸下存储器卡，再次通电，存储器卡可以插入并编程。

5.3   S7-200 可编程序控制器指令系统

5.3.1   位逻辑指令

位逻辑指令依靠两个数字 1 和 0 进行工作，这两个数字组成了二进制计数系统，数字 1 和 0 称为二进制数或简称位。在触点与线圈中，1 表示启动或通电；0 表示未启动或未通电。位操作指令如下：

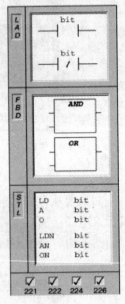

（1）常开、常闭标准触点指令。如图 5-22 所示，在梯形图（LAD）中，常开和常闭指令用触点表示。当常开（NO）触点对应的存储器地址位（bit）为 1 时表示该触点闭合。当常闭（NC）触点对应的存储器地址位（bit）为 0 时，表示该触点闭合。如果数据类型是 I 或 Q，这些指令从存储器或映像寄存器存数值。

在功能块图（FBD）中，常开指令用 AND/OR 盒表示。和梯形图中的触点一样，这些指令用来处理布尔信号。常闭指令也用盒表示，用输入信号上加一个取非的圆圈来表示常闭指令。对于 AND 和 OR 指令盒最多可以使用 7 个输入。

在语句表（STL）中，常开触点由 LD（装载）、A（与）及 O（或）指令描述，LD 将位 bit 值装入栈顶，A、O 分别将位 bit 值与、或栈顶值，运算结果仍存入栈顶。在语句表中，常闭触点由 LDN（非装载）、AN（非与）和 ON（非或）指令描述，LDN 将位 bit 值取反后再装入栈顶，AN、ON 先将位 bit 值取反，再分别与、或栈顶值，其运算结果仍存入栈顶。

图 5-22   常开、常闭
标准触点指令

以上指令的输入/输出、操作数、数据类型如表 5-9 所示。

表 5-9   常开、常闭标准触点输入/输出、操作数、数据类型

输入/输出	操 作 数	数 据 类 型
位（LAD, STL）	I, Q, M, SM, T, C, V, S, L	BOOL
输入（FBD）	I, Q, M, SM, T, C, V, S, L, 能流	BOOL
输出（FBD）	I, Q, M, SM, T, C, V, S, L, 能流	BOOL

（2）常开、常闭立即触点指令。常开、常闭立即触点指令使输入响应更快，允许对实际输入点直接存取。当立即指令执行时，读取物理输入的值，但是不更新映像寄存器。当常开立即触点的物理输入点 bit 的位值为 1 时，表示该触点闭合。当常闭立即触点的物理输入点 bit 的位值为 0 时，表示该触点闭合。

如图 5-23 所示，在梯形图（LAD）中，常开和常闭指令用触点表示。

在功能块图（FBD）中，常开立即指令用操作数前加立即标示符表示。当使用能流

时，可能没有立即标示符。和梯形图中的触点一样，这些指令用来处理布尔信号；常闭立即指令也用操作数前加立即标示符和取负圆圈表示。当使用能流时，可能没有立即标示符，用输入信号上加一个取非的圆圈来表示常闭指令。

在语句表中，常开立即触点，由 LDI（立即装载）、AI（立即与）及 OI（立即或）指令描述。LDI 指令把物理输入点 bit 的位值立即装入栈顶，AI、OI 分别将物理输入点 bit 的位值与、或栈顶值，运算结果仍存入栈顶；常闭立即触点由 LDNI（立即非装载）、ANI（立即非与）和 ONI（立即非或）指令描述。LDNI 把物理输入点 bit 的位值取反后立即装入栈顶。ANI、ONI 先将物理输入点 bit 的位值取反，再分别与、或栈顶值，运算结果仍存入栈顶。

以上指令的输入/输出、操作数、数据类型如表 5-10 所示。

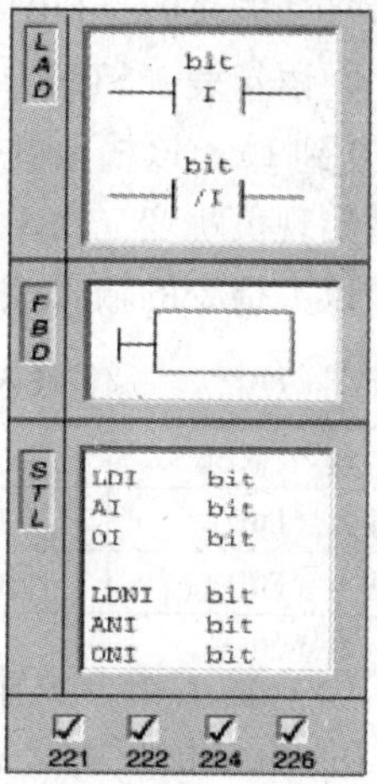

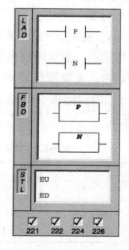

图 5-23　常开、常闭立即触点指令

（3）取非指令。取非指令改变能流的状态。能流到达取非触点时，就停止；能流未到达取非触点，就通过。

表 5-10　常开、常闭立即触点输入/输出、操作数、数据类型

输入/输出	操 作 数	数 据 类 型
位（LAD，STL）	I	BOOL
输入（FBD）	I	BOOL

如图 5-24 所示，在梯形图（LAD）中，取非指令用触点表示。

在功能块图（FBD）中，取非指令用带有非号的布尔盒输入表示。

在语句表（STL）中，取非指令改变栈顶值，使其由 0 变到 1，或者由 1 变到 0。

（4）正、负跳变指令。跳变是指能流从一种状态变化到另一种状态，正跳变指令是指在检测到每一次正跳变（从 OFF 到 ON）之后，让能流接通一个扫描周期；负跳变指令是在检测到每一次负跳变（从 ON 到 OFF）后，让能流接通一个扫描周期。

如图 5-25 所示，在梯形图（LAD）中，正、负跳变用触点表示。

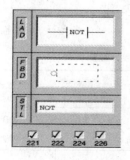

图 5-24　取非指令

图 5-25　正、负跳变指令

在功能块图（FBD）中，正、负跳变用 P 和 N 指令盒表示。

在语句表（STL）中，正跳变触点由 EU 指令来描述，一旦发现栈顶的值出现正跳变（由 0 到 1），该栈顶值被置为 1，否则置 0；负跳变触点由 ED 指令来描述。一旦发现栈顶的值出现负跳变（由 1 到 0），该栈顶值被置 1，否则置 0。

以上指令的输入/输出、操作数、数据类型如表 5-11 所示。

表 5-11　正、负跳变指令的输入/输出、操作数、数据类型

输入/输出	操 作 数	数据类型
输入（FBD）	I，O，M，SM，T，C，V，S，L，能流	BOOL
输出（FBD）	I，O，M，SM，T，C，V，S，L，能流	BOOL

（5）输出指令。输出指令如图 5-26 所示，在梯形图（LAD）和功能块图（FBD）中，当执行输出指令时，指定的位设为等于能流。

在语句表（STL）中，输出指令把栈顶值复制到指定参数位（bit）。当执行输出指令时，映像寄存器中的指定参数位（bit）被接通。

输出指令的输入/输出、操作数、数据类型如表 5-12 所示。

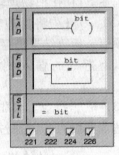

图 5-26　输出指令

表 5-12　输出指令的输入/输出、操作数、数据类型

输入/输出	操 作 数	数 据 类 型
位	I，O，M，SM，T，C，V，S，L	BOOL
输入（LAD）	能流	BOOL
输入（FBD）	I，O，M，SM，T，C，V，S，L，能流	BOOL

（6）立即输出指令。立即输出指令允许对实际输出点直接存取，当执行立即输出指令时，该物理输出点（bit 或 OUT）被设为等于能流。

图 5-27 所示的指令中的 "I" 表示立即之意。当执行指令时，新值被同时写到物理输出点和相应的映像寄存器。这就不同于非立即输出，非立即输出只是把新值写到映像寄存器。

在语句表中，立即输出指令把栈顶值复制到指定物理输出点（bit）。立即输出指令的输入/输出、操作数、数据类型如表 5-13 所示。

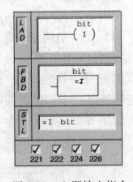

图 5-27　立即输出指令

表 5-13　立即输出指令的输入/输出、操作数、数据类型

输入/输出	操 作 数	数 据 类 型
位	I，O，M，SM，T，C，V，S，L	BOOL
输入（LAD）	能流	BOOL
输入（FBD）	I，O，M，SM，T，C，V，S，L，能流	BOOL

（7）置位、复位指令。置位（置 1）、复位（置 0）指令是指从 bit 或 OUT 指定的地

址开始的 N 个点都被置位或复位，如图 5-28 所示。

复位、置位的点数 N 可以是 1~255。当用复位指令时，如果 bit 或 OUT 指定的是 T 位或 C 位，那么定时器或计数器被复位，同时定时器或计数器的当前值将被清零。置位和复位指令的输入/输出、操作数、数据类型如表 5-14 所示。

表 5-14　置位和复位指令的输入/输出、操作数、数据类型

输入/输出	操 作 数	数 据 类 型
位	I, Q, M, SM, T, C, V, S, L	BOOL
N	VB, IB, QB, MB, SMB, SB, LB, AC, 常数, VD, AC, LD	BYTE

（8）立即置位、复位指令。指令如图 5-29 所示，当执行立即置位或复位指令时，从 bit 或 OUT 开始的 N 个物理输出点将被立即置位或复位。执行该指令时，新值被同时写到物理输出点和相应的映像寄存器。这是与非立即指令的区别，非立即指令只把新值写到映像寄存器。置位、复位的点数 N 可以是 1~128。立即置位和复位指令的输入/输出、操作数、数据类型见表 5-15。

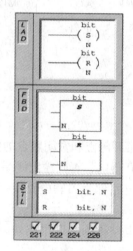

图 5-28　置位、复位指令

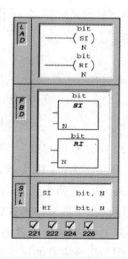

图 5-29　立即置位、复位指令

表 5-15　立即置位和复位指令的输入/输出、操作数、数据类型

输入/输出	操 作 数	数 据 类 型
位	Q	BOOL
N	VB, IB, QB, MB, SMB, SB, LB, AC, 常数, VD, AC, LD	BYTE

（9）空操作指令。空操作指令如图 5-30 所示，空操作指令不影响程序的执行，操作数 N 是一个 0~255 之间的数，数据类型为 BYTE。

图 5-31~图 5-34 是位逻辑指令应用举例。在图 5-31 中，利用"与"和"与反"指令分别检测常开触点和常闭触点的信号状态。当输入点 I1.0 状态为 1，I1.1 状态为 0 时，输出线圈 Q4.0 得电，否则输出线圈不得电。

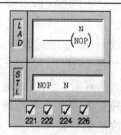

图 5-30　空操作指令

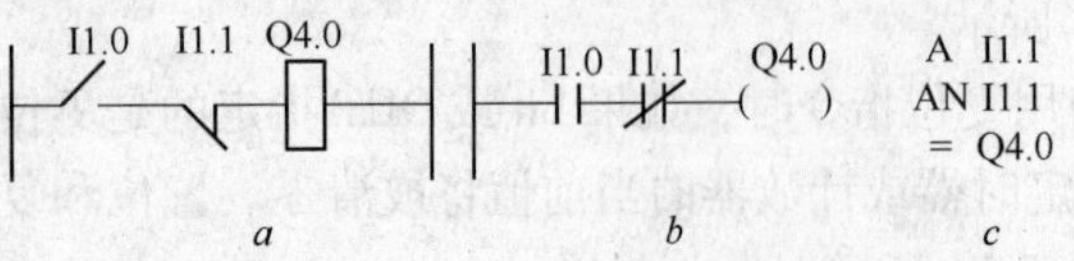

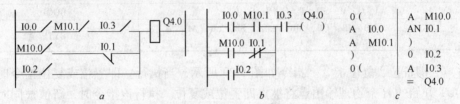

図 5-31　与、与反指令的用法　　　　图 5-32　或、或反指令的用法
　　a—继电器逻辑图；b—梯形图；c—语句表　　　　a—继电器逻辑图；b—梯形图；c—语句表

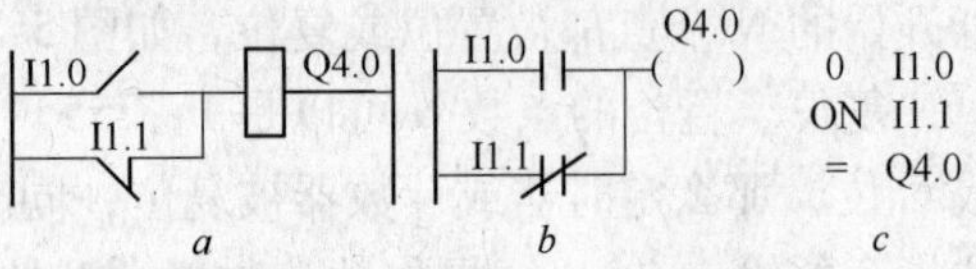

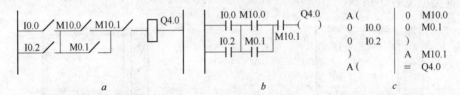

图 5-33　或嵌套指令的用法
a—继电器逻辑图；b—梯形图；c—语句表

图 5-34　与嵌套指令的用法
a—继电器逻辑图；b—梯形图；c—语句表

　　在图 5-32 中，利用"或"和"或反"指令分别检测常开触点和常闭触点的信号状态。当输入点 I1.0 状态为 1，I1.1 状态为 0 时，输出线圈 Q4.0 得电，否则输出线圈不得电。

　　在图 5-33 中，把两个或者两个以上触点串联连接的电路称为串联电路块。图中对串联电路块使用或指令嵌套的形式编写程序。

　　在图 5-34 中，把两个或者两个以上触点并联连接的电路称为并联电路块。图中对并联电路块使用与指令嵌套的形式编写程序。

5.3.2　比较指令

　　比较指令如下：

　　（1）字节比较指令。字节比较指令用来比较两个字节的值 IN1 和 IN2 的关系，如果比较条件成立，触点闭合。比较条件为："＝＝"（等于比较）；"＞＝"（大于等于比较）；"＜＝"（小于等于比较）；"＞"（大于比较）；"＜"（小于比较）；"＜＞"（不等于比较）。指令形式如图 5-35 所示。

　　在 LAD 中，当比较式为真时，该触点闭合；在 FBD 中，当比较式为真时，输出接通；在语句表中，使用 LD、A 或 O 指令，当比较式为真时，将栈顶置 1。字节比较指令的输入/输出、操作数、数据类型见表 5-16。

　　注意：字节比较是无符号的。

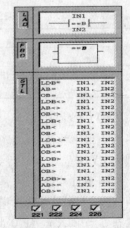

图 5-35　字节比较指令

表 5-16 字节比较指令的输入/输出、操作数、数据类型

输入/输出	操 作 数	数据类型
输 入	Q、VB、IB、QB、MB、SMB、SB、LB、AC、常数、VD、AC、LD	BYTE
输出（FBD）	I、O、M、SM、T、C、V、S、L、能流	BOOL

（2）整数比较指令。整数比较指令用来比较两个值 IN1 和 IN2，如果比较条件成立，触点闭合。比较条件与字节比较相同。

整数比较是有符号的，在 LAD 中，当比较式为真时，该触点闭合；在 FBD 中，当比较式为真时，输出接通；在 STL 中，使用 LD、A 或 O 指令，当比较式为真时，将栈顶置 1。指令如图 5-36 所示。整数比较指令的输入/输出、操作数、数据类型见表 5-17。

表 5-17 整数比较指令的输入/输出、操作数、数据类型

输入/输出	操 作 数	数据类型
输 入	Q、VB、IB、QB、MB、SMB、SB、LB、AC、常数、VD、AC、LD	BYTE
输出（FBD）	I、O、M、SM、T、C、V、S、L、能流	BOOL

（3）双字整型数比较。双字整型数比较指令用来比较两个双字整型数值 IN1 和 IN2，比较条件与字节比较相同，双字比较是有符号的。

指令表示如图 5-37 所示，在 LAD 中，当比较式为真时，该触点闭合；在 FBD 中，当比较式为真时，输出接通；在 STL 中，使用 LD、A 或 O 指令，当比较式为真时，将栈顶置 1。双字整型数比较指令的输入/输出、操作数、数据类型见表 5-18。

表 5-18 双字整型数比较指令的输入/输出、操作数、数据类型

输入/输出	操 作 数	数据类型
输 入	Q、VB、IB、QB、MB、SMB、SB、LB、AC、常数、VD、AC、LD	BYTE
输出（FBD）	I、O、M、SM、T、C、V、S、L、能流	BOOL

（4）实数比较。实数比较指令用来比较两个实数 IN1 和 IN2，其比较式、比较条件与字节比较相同。实数比较是有符号的。

指令表示如图 5-38 所示，在 LAD 中，当比较式为真时，该触点闭合；在 FBD 中，当

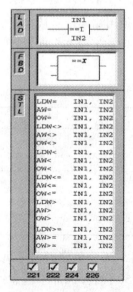

图 5-36 整数比较指令

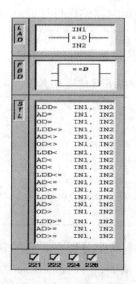

图 5-37 双字整型数比较指令

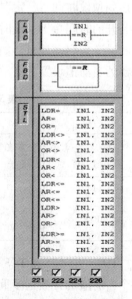

图 5-38 实数比较指令

比较式为真时，输出接通；在 STL 中，使用 LD、A 或 O 指令，当比较式为真时，将栈顶置 1。比较指令的输入/输出、操作数、数据类型见表 5-19。

表 5-19   实数比较指令的输入/输出、操作数、数据类型

输入/输出	操 作 数	数据类型
输 入	Q, VB, IB, QB, MB, SMB, SB, LB, AC, 常数, VD, AC, LD	BYTE
输出（FBD）	I, O, M, SM, T, C, V, S, L, 能流	BOOL

5.3.3   定时器指令

定时器指令有接通延时定时器指令（TON）、记忆接通延时定时器指令（TONR）和断开延时定时器指令（TOF）。指令形式如图 5-39 所示。其中，IN 为输入端；PT 为预设值端。指令的输入/输出、操作数及数据类型见表 5-20。

对于接通延时定时器（TON）和有记忆接通延时定时器（TONR），当输入能流接通时，定时器开始计时，当定时器的当前值（T×××）大于等于预设值时，该定时器位被置位。当能流输入断开时，清除接通延时定时器的当前值，而对于有记忆接通延时定时器，其当前值保持不变。可以用有记忆接通延时定时器累计输入信号的接通时间，利用复位指令（R）清除其当前值。当达到预设时间后，接通延时定时器和有记忆接通延时定时器继续计时，一直计到最大值 32767。

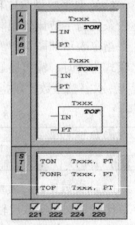

图 5-39   定时器指令

断开延时定时器（TOF）用来在输入断开后延时一段时间断开输出。当使能流输入接通时，定时器位立即接通，并把当前值设为 0。当输入断开时，定时器开始定时，直到达到预设的时间。当达到预设时间时，定时器位断开，并且停止计时当前值。当输入断开的时间短于预设时间时，定时器位保持接通。TOF 指令必须用输入信号从接通到断开的跳变来启动计时。如果 TOF 定时器在顺控（SCR）区，而且顺控区没有启动，TOF 定时器的当前值设置为 0，定时器位设置为断开，当前值不计时。

表 5-20   定时器指令的输入/输出、操作数、数据类型

输入/输出	操 作 数	数据类型
T××× IN（LAD）	常数 能流	BOOL
IN（FBD）	I, O, M, SM, T, C, V, S, L, 能流	BOOL
PT	VW, IW, QW, MW, SW, SMW, LW, AIW, T, C, AC, 常数, VD	INT

TON、TONR 和 TOF 定时器有 3 个分辨率。这些分辨率由表 5-21 中的定时器号决定。每个当前值的计数是多重时基，例如，一个以 10 ms 为时基的数 50 代表 500ms。注意：不能把一个定时器号同时用作 TON 和 TOF，如不能既有 TON 的 T32，又有 TOF 的 T32。

表 5-21 定时器号和分辨率

定时器类型	定时器的分辨率/ms	定时器的最大值/s	定 时 器 号
TONR	1	32.767	T0、T64
	10	327.67	T1 ~ T4；T65 ~ T68
	100	3276.7	T5 ~ T31；T69 ~ T95
TON、TOF	1	32.767	T32、T96
	10	327.67	T33 ~ T36；T97 ~ T100
	100	3276.7	T37 ~ T63；T101 ~ T255

使用定时器可以完成基于时间的计数功能，S7-200 提供的 3 种定时器指令，其使用功能见表 5-22。

表 5-22 S7-200 定时器功能

定时器类型	当前值 > = 预设值	定时器输入接通	定时器输入断开	首次扫描
TON	定时器位 ON 当前连续计数到 32767	当前值计数时间	定时器位 OFF 当前值 = 0	定时器位 OFF 当前值 = 0
TONR	定时器位 ON 当前连续计数到 32767	当前值计数时间	定时器位和当前值保持最后状态	定时器位 OFF 当前值保持 1
TOF	定时器位 OFF 当前值 = 预设值，停止计数	定时器位 ON 当前值 = 0	发生 ON 到 OFF 的跳变之后，定时器计数	定时器位 OFF 当前值 = 0

接通延时定时器（TON）用于单一间隔的定时；有记忆接通延时定时器（TONR）用于累计许多时间间隔；断开延时定时器（TOF）用于故障事件后的时间延时，如在电机停后，需要冷却电机。

注意：复位（R）指令用来对定时器复位。复位指令执行如下的操作：定时器位 = OFF，定时器当前值 = 0。TONR 定时器只能通过复位指令进行复位操作，复位后，为了再启动，TOF 定时器需要使输入能流有一个从 ON 到 OFF 的跳变。

不同分辨率的定时器其执行过程和功能是不同的。1ms 分辨率定时器，在启动后进行 1ms 的间隔计数，且每隔 1ms 刷新一次（定时器位和定时器当前值），不和扫描周期同步。也就是说，定时器位和定时器当前值在扫描周期大于 1ms 的一个周期中要刷新几次。定时器指令用来启动、复位定时器，或在 TONR 中关闭定时器。由于定时器在 1ms 内可以在任何地方启动，预设值必须大于最小需要时间间隔。如使用 1ms 定时器，要确保至少 56ms 的时间间隔，预设值应该设为 57。

10ms 定时器对定时器启动后的 10ms 间隔进行计数，执行定时器指令启动定时，但是 10ms 定时器在每次扫描周期的开始刷新（也就是说，在一个扫描周期内定时器位和定时器当前值保持），把累计的 10ms 的间隔数加到启动的定时器的当前值。由于定时器在 10ms 内可以在任何地方启动，预设值必须大于最小需要时间间隔。如使用 10ms 定时器，要确保至少 140ms 的时间间隔，预设值应该设为 15。

100ms 定时器对定时器启动后的 100ms 间隔进行计数，执行定时器指令启动定时，但是 100ms 定时器在每次扫描周期的开始刷新（也就是说，在一个扫描周期内定时器位和定时器当前值保持），把累计的 100ms 间隔数加到启动的定时器的当前值。只有定时器指令执行时，100ms 定时器的当前值才被刷新。因此，如果 100ms 定时器激活，但是每个扫描周期没有执行定时器指令，定时器的当前值不刷新，则会造成时间丢失。同样，如果在一个扫描周期内多次使用相同的 100ms 定时器指令，就会造成多计时间。定时器仅用在定时器指令在每个扫描周期中精确执行一次的地方。由于定时器在 100ms 内可以在任何地方启动，预设值必须大于最小需要时间间隔。如使用 100ms 定时器时，为了保证至少 2100ms 的时间间隔，预设时间值应该设为 22。

图 5-40 所示为不同分辨率定时器的使用。1ms 定时器的使用方法在修改之前，只有当该定时器的当前值更新发生在常闭触点 T32 执行以后及常开触点 T32 执行以前，Q0.0 才能被置位一个扫描周期，其他情况不能置位。10ms 定时器的使用方法在修改以前，Q0.0 将永不会被置位（ON），因为定时位 T33 只能在每次扫描开始被置位。往后，执行定时器指令时，定时器将被复位（当前值和 T 位将被置 0）。当常开触点 T33 被执行时，因 T33 为 OFF，所以 Q0.0 也会 OFF，即 Q0.0 永不会被置位（ON）。100ms 定时器的使用方法在修改以前，只要当定时器当前值达到预置值时，Q0.0 就会被置位一个扫描周期。用常闭触点 Q0.0 代替常闭触点 T32 作为定时器的允许计时输入，这就保证了当定时器达到预置值时，Q0.0 会置位（ON）一个扫描周期。

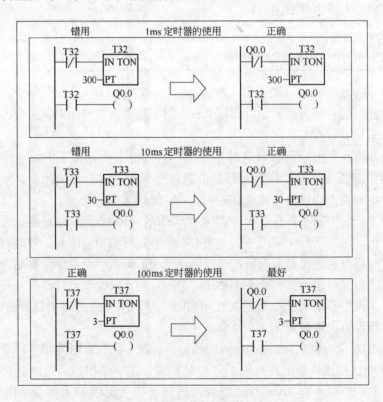

图 5-40　不同分辨率定时器的使用

　　图 5-41 是接通延时定时器使用举例，当 I2.0 为 0 时，T33 定时器的位为 0，T33 定时器的当前值为 0；当 I2.0 为 1 时，T33 输入端有能流通过，T33 定时器开始计时，若 T33 的当前值预设值为 3（30ms）时，T33 定时器的位为 1，此时如果 T33 输入端继续有能流通过，则定时器继续计时直至最大值（327.67ms）。

　　图 5-42 是有记忆接通延时定时器使用举例，当 I2.1 为 0 时，T2 定时器的位为 0，T2 定时器的当前值为 0；当 I2.1 为 1 时，T2 输入端有能流通过，T2 定时器开始计时，若输入端出现从 1 到 0 的跳变，此时 T2 的当前值保持，当输入端出现从 0 到 1 的跳变时，T2 在当前值的基础上继续计时，达到预设值 10（100ms）时，T2 定时器的位为 1，此时如果 T2 输入端继续有能流通过，定时器继续计时直至最大值（327.67ms）。

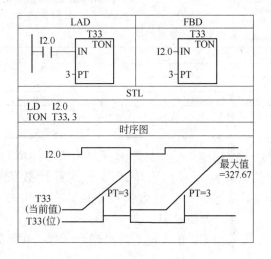 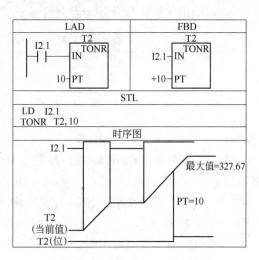

图 5-41　接通延时定时器举例　　　　　　图 5-42　有记忆接通延时定时器举例

　　图 5-43 是断开延时定时器使用举例，当 I0.0 为 0 时，T33 定时器的位为 0，T33 定时器当前值为 0；当 I0.0 为 1 时，T33 输入端有能流通过，T33 定时器的位为 1，若输入端出

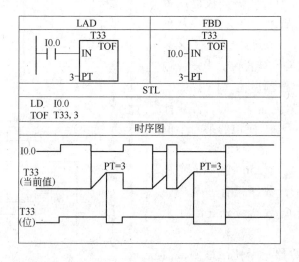

图 5-43　断开延时定时器举例

现从 1 到 0 的跳变，T33 开始计时直至达到预设值，此时 T33 定时器的位从 1 变到 0。

5.3.4   计数器指令

计数器指令如下：

（1）一般计数器指令。一般计数器指令有增计数器（CTU）、增/减计数器（CTUD）和减计数器指令（CTD）。指令形式如图 5-44 所示，其中，CU 为输入的上升沿（从 OFF 到 ON）递增计数端；R 为复位输入端；CD 为输入的上升沿递减计数端；PV 为预设值端。指令的输入/输出、操作数及数据类型见表 5-23。

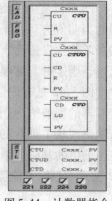

图 5-44   计数器指令

表 5-23   计数器的输入/输出、操作数及数据类型

输入/输出	操 作 数	数据类型
C×× ×	常数	WORD
CU、CD、LD、R（LAD）	能流	BOOL
CU、CD、LD、R（FBD）	I，O，M，SM，T，C，V，S，L，能流	BOOL
PV	VW，IW，QW，MW，SW，SMW，LW，AIW，T，C，AC，常数，VD	INT

增计数器指令（CTU），使该计数器在每一个 CU 输入的上升沿（从 OFF 到 ON）递增计数，直至计数最大值。若当前计数值（C×× ×）大于或等于预置计数值（PV）时，该计数器位被置位。当复位输入（R）置位时，计数器被复位。在语句表（STL）中，栈顶的第一个值是 CTU 复位输入，第二个值是 CU 输入。

增/减计数器指令（CTUD），使该计数器在每一个 CU 输入的上升沿递增计数；在每一个 CD 输入的上升沿递减计数。若当前值（C×× ×）大于或等于预置计数值（PV）时，该计数器位被置位。当复位输入（R）置位时，计数器被复位。在语句表中，栈顶的第一个值是复位输入，第二个值是 CO 输入，第三个值是 CU 输入。

减计数器指令（CTD），使该计数器在每一个 CD 输入的上升沿（从 OFF 到 ON）从预设值开始递减计数。若当前计数值（C×× ×）等于 0 时，该计数器位被置位。当复位输入（R）置位时，计数器把预设值（PV）装入当前值（CV）。当计数值达到 0 时，停止计数。在语句表（STL）中，栈顶的第一个值是 CTD 装载输入，第二个值是 CD 输入。

计数器的个数共有 256 个，范围是 C0～C255。由于每个计数器只有一个当前值，因此不要把一个计数器号分配给几个类型的计数器。

图 5-45 是减计数器指令使用举例，当 I1.0 触点为 0 时，C50 当前值为 0 且其位为

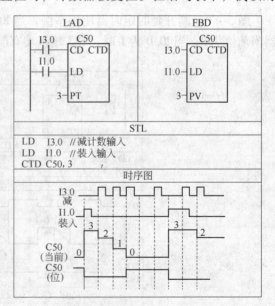

图 5-45   减计数器指令举例

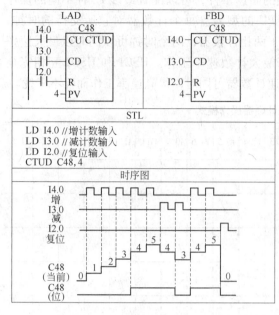

图 5-46 增/减计数器指令举例

1；当 I1.0 触点为 1 时，C50 把预设值装入当前值且其位置 1；减计数器 C50 输入端（CD）有上升沿时，减计数器每次从计数器的当前值减计数。当计数器达到 0 时，计数器位接通（1）。当用复位指令复位计数器时，计数器位被复位并且当前值清零。

图 5-46 是增/减计数器指令使用举例，当 CU、CD 输入端没有能流通过时，C48 当前值为 0 且其位为 0；在 CU（增）输入端出现上升沿时，C48 开始递增计数，若 CD（减）输入端出现上升沿，C48 作递减计数。当复位输入（R）置位或执行复位指令时，计数器复位。在达到计数器最大值 32767 后，下一个 CU 输入上升沿将使计数值变为最小值（－32765）。同样在达到最小计数值 －32765 后，下一个 CD 输入上升沿将使计数值变为最大值（32767）。

增和增/减计数器的当前值记录当前的计数值。该种计数器的预置值在计数器指令执行期间用来与当前值作比较，当前值大于等于预置值时，该计数器位被置位（ON），否则，计数器位被复位（OFF）。

（2）高速计数器指令。一般来说，高速计数器被用作驱动鼓形计时器设备，该设备有一个安装了增量轴式编码器的轴以恒定的速度转动。轴式编码器每圈提供一个确定的计数值和一个复位脉冲。来自轴式编码器的时钟和复位脉冲作为高速计数器的输入。高速计数器装入一组预置值中的第一个值，当前计数值小于当前预置值时，输出有效。计数器设置成在当前值等于预置值和有复位时产生中断。随着每次当前计数值等于预置值的中断事件的出现，一个新的预置值被装入，并重新设置下一个输出状态。当出现复位中断事件时，设置第一个预置值和第一个输出状态，这个循环又重新开始。

由于中断事件产生的速率远低于高速计数器的计数速率，用高速计数器可实现精确控制，而与 PLC 整个扫描周期的关系不大。采用中断的方法允许在简单的状态控制中用独立的中断程序装入一个新的预置值，这样使得程序简单直接，并容易读懂。当然，也可以在一个中断程序中处理所有的中断事件。

高速计数器指令包括图 5-47 所示的高速计数器定义指令（HDEF）、高速计数器指令（HSC）。高速计数器定义指令为指定的高速计数器分配一种工作模式（见表 5-24）。高速计数器指令（HSC）执行时，根据 HSC 特殊存储器位的状态，设置和控制高速计数器的工作模式。参数 N 指定了高速计数器号。每个高速计数器只能用 1 个 HDEF。

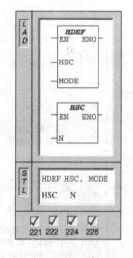

图 5-47 高速计数器指令

　　高速计数器累计 CPU 扫描速率不能控制的高速事件，可以配置最多 12 种不同的操作模式。高速计数器的最高计数频率有赖于 CPU 的型号。每个计数器对它所支持的时钟、方向控制、复位和启动都有专用的输入。对于两相计数器，两个时钟可以同时以最大速率工作。对正交模式，可以选择以单倍或 4 倍最大计数速率工作。HSC1 和 HSC2 互相完全独立，并且不影响其他的高速功能。所有高速计数器可同时以最高速率工作而互不干扰。

表 5-24　高速计数器操作模式

高速计数器	模式	描述	I0.0	I0.1	I0.2	I0.3	I0.4	I0.5	I0.6	I0.7	I1.0	I1.1	I1.2	I1.3	I1.4	I1.5
HSC0	0	带内部方向控制的单向增/减计数器；SM37.3=1 增计数，SM37.3=0 减计数	时钟												
	1		时钟		复位										
	3	带外部方向控制的单向增/减计数器；I0.1=1 增计数，I0.1=0 减计数		方向											
	4			方向	复位										
	6	带增减计数时钟输入的双向计数器	时钟(增)	时钟(减)											
	7		时钟(增)	时钟(减)	复位										
	9	A/B 相正交计数器：A 相超前 B90°，顺时针转动；B 相超前 A90°，逆时针转动	A 相	B 相											
	10		A 相	B 相	复位										
HSC1	0	带内部方向控制的单向增/减计数器；SM47.3=1 增计数，SM47.3=0 减计数							时钟						
	1								时钟		复位				
	2								时钟		复位	启动			
	3	带外部方向控制的单向增/减计数器；I0.7=1 增计数，I0.7=0 减计数							时钟	方向					
	4								时钟	方向	复位				
	5								时钟	方向	复位	启动			
	6	带增减计数时钟输入的双向计数器							时钟(增)	时钟(减)					
	7								时钟(增)	时钟(减)	复位				
	8								时钟(增)	时钟(减)	复位	启动			
	9	A/B 相正交计数器：A 相超前 B90°，顺时针转动；B 相超前 A90°，逆时针转动							A 相	B 相					
	10								A 相	B 相	复位				
	11								A 相	B 相	复位	启动			

高速计数器	模式	描　述	I0.0	I0.1	I0.2	I0.3	I0.4	I0.5	I0.6	I0.7	I1.0	I1.1	I1.2	I1.3	I1.4	I1.5
HSC2	0	带内部方向控制的单向增/减计数器；SM57.3 = 1 增计数，SM57.3 = 0 减计数											时钟		复位	
	1															
	2															启动
	3	带外部方向控制的单向增/减计数器；I1.3 = 1 增计数，I1.3 = 0 减计数											时钟	方向	复位	
	4															
	5															启动
	6	带增减计数时钟输入的双向计数器											时钟(增)	时钟(减)	复位	
	7															
	8															启动
	9	A/B 相正交计数器：A 相超前 B90°，顺时针转动；B 相超前 A90°，逆时针转动											A相	B相	复位	
	10															
	11															启动
HSC3	0	带内部方向控制的单向增/减计数器；SM137.3 = 1 增计数，SM137.3 = 0 减计数		时钟												
HSC4	0	带内部方向控制的单向增/减计数器；SM147.3 = 1 增计数，SM147.3 = 0 减计数				时钟										
	1							复位								
	3	带外部方向控制的单向增/减计数器；I0.4 = 1 增计数，I0.4 = 0 减计数				时钟	方向									
	4							复位								
	6	带增减计数时钟输入的双向计数器				时钟(增)	时钟(减)									
	7							复位								
	9	A/B 相正交计数器：A 相超前 B90°，顺时针转动；B 相超前 A90°，逆时针转动				A相	B相									
	10							复位								
HSC5	0	带内部方向控制的单向增/减计数器；SM147.3 = 1 增计数，SM147.3 = 0 减计数					时钟									

高速计数器的工作时序如图 5-48 ~ 图
5-54 所示，图中按模式示出每个计数器是如
何工作的。复位和启动输入的操作用独立的
时序图表示，并且对所有用到复位和启动输
入的种类都给出了时序图。在复位和启动
输入图中，复位和启动都编程为高电平
有效。

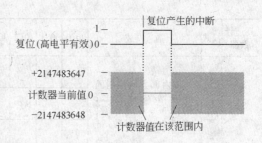

图 5-48　有复位无启动时序

存取高速计数器的计数值，必须指明高速
计数器的地址，并采用 HC 类型和计数器号，
如 HSC1。高速计数器的当前地址是只读的，且只能用双字（32 位）来寻址。表 5-25 给出
了高速计数器的时钟、方向控制、复位和启动所使用的输入。

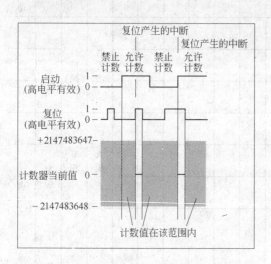

图 5-49　有复位有启动时序

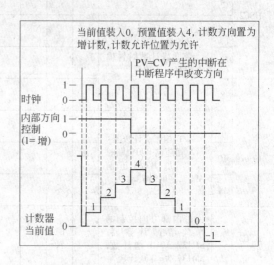

图 5-50　模式 0、1 或 2 的时序

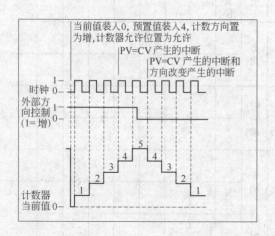

图 5-51　模式 3、4 或 5 的时序

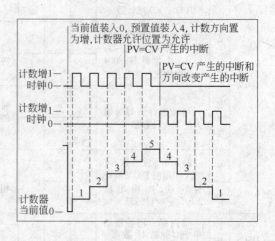

图 5-52　模式 7、8 或 9 的时序

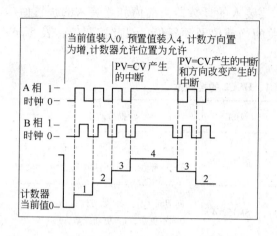

图 5-53　模式 9、10 或 11（正交 1×）的时序

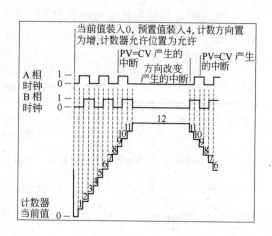

图 5-54　模式 9、10 或 11（正交 4×）的时序

表 5-25　高速计数器的指定输入

高速计数器	使用的输入	高速计数器	使用的输入
HSC0	I0.0, I0.1, I0.2	HSC3	I0.1
HSC1	I0.6, I0.7, I1.0, I1.1	HSC4	I0.3, I0.4, I0.5
HSC2	I1.2, I1.3, I1.4, I1.5	HSC5	I0.4

　　使用高速计数器前，必须用 HDEF 指令（定义高速计数器）选定一种工作模式。HDEF 指令给出了高速计数器（HSC×）和计数模式之间的联系。每个高速计数器只能使用一条 HDEF 指令。可利用初次扫描存储器位 SM0.1（此位仅在第一次扫描周期时接通，然后断开）调用一个包含 HDEF 指令的子程序来定义高速计数器。

　　在使用高速计数器时，同一个输入不能用于两个不同的功能，但不使用高速计数的输入端可以做他用。例如，若 HSC0 工作于模式 2，它使用 I0.0 和 I0.2，于是 I0.1 可以用于 HSC3 的边沿中断。如果 HSC0 的模式不使用输入 I0.1，那么该输入端可以用作 HSC3 或边沿中断。同样，如果在选择的 HSC0 模式中不使用 I0.2，该输入端可以作边沿中断；如果在选择的 HSC4 模式中不使用 I0.4，该输入端可以用作 HSC5。注意：HSC0 的所有模式都使用 I0.0，HSC4 的所有模式都使用 I0.3，所以，当使用这些计数器时这些点不能做他用。

　　高速计数器在相同的工作模式下有相同的功能（表 5-24），共有 4 种基本的计数模式。可使用无复位或启动输入，有复位无启动输入或同时有复位和启动输入。当激活复位输入时，就清除当前计数值并保持到复位无效；当激活启动输入时，就允许计数器计数；当启动输入无效时，计数器的当前值保持不变，时钟事件被忽略。如果在启动输入保持无效时，复位有效，则复位被忽略，当前值不变。如果在复位保持有效时，启动变为有效，则计数器的当前值被清除。

　　只有定义了计数器和计数器模式，才能对计数器的动态参数进行编程。每个高速计数器都有一个控制字节，包括下列几项：允许或禁止计数；计数方向控制（只能是模式 0、

1、2）或对所有其他模式的初始化计数方向；要装入的计数器当前值和要装入的预置值。执行高速计数指令时，要检验控制字节和有关的当前值及预置值。对此控制位，表 5-26 逐一做了说明。

表 5-26　HSC0、HSC1、HSC2 的控制位

HSC0	HSC1	HSC2	HSC3	HSC4	HSC5	描　述
SM37.3	SM47.3	SM57.3	SM137.3	SM147.3	SM157.3	计数方向控制位： 0 = 减计数；1 = 增计数
SM37.4	SM47.4	SM57.4	SM137.4	SM147.4	SM157.4	向 HSC 中写入计数方向： 0 = 不更新；1 = 更新计数方向
SM37.5	SM47.5	SM57.5	SM137.5	SM147.5	SM157.5	向 HSC 中写入预置值： 0 = 不更新；1 = 更新预置值
SM37.6	SM47.6	SM57.6	SM137.6	SM147.6	SM157.6	向 HSC 中写入新的当前值： 0 = 不更新；1 = 更新当前值
SM37.7	SM47.7	SM57.7	SM137.7	SM147.7	SM157.7	HSC 允许：0 = 禁止 HSC； 1 = 允许 HSC

　　每个高速计数器都有一个 32 位的当前值和一个 32 位的预置值。当前值和预置值都是符号整数。为了向高速计数器装入新的当前值和预置值，必须先设置控制字节，并把当前值和预置值存入特殊存储器字节中，然后执行 HSC 指令，从而将新的值送给高速计数器。表 5-27 对保存新的当前值和预置值的特殊存储器字节作了说明。除了控制字节和新的预置值与当前值保存字节外，每个高速计数器的当前值可利用数据类型 HSC（高速计数器当前值）后跟计数器号（0、1、2、3、4 或 5）的格式读出。因此，可用读操作直接访问当前值，但写操作只能用上述的 HSC 指令来实现。

表 5-27　HSC0、HSC1、HSC2、HSC3、HSC4 和 HSC5 的新当前值和新预置值

要装入的值	HSC0	HSC1	HSC2	HSC3	HSC4	HSC5
新当前值	SMD38	SMD48	SMD58	SMD138	SMD148	SMD158
新预置值	SMD42	SMD52	SMD62	SMD142	SMD152	SMD162

　　每个高速计数器都有一个状态字节，其中某些位指出了当前计数方向，即当前值是否等于预置值，当前值是否大于预置值。表 5-28 对每个高速计数器的状态位作了定义。只有执行高速计数器的中断程序时，状态位才有效。监视高速计数器的状态的目的是使外部事件可产生中断以完成重要的操作。HSC 中断所有高速计数器支持中断条件：当前值等于预置时产生中断。使用外部复位输入的计数器模式支持外部复位有效时产生的中断。除模

式 0、1 和 2 外，所有的计数器模式支持计数方向改变的中断，每个中断条件可分别地被允许或禁止。

表 5-28 HSC0、HSC1、HSC2、HSC3、HSC4 和 HSC5 的状态位

HSC0	HSC1	HSC2	HSC3	HSC4	HSC5	描 述
SM36.0	SM46.0	SM56.0	SM136.0	SM146.0	SM156.0	不用
SM36.1	SM46.1	SM56.1	SM136.1	SM146.1	SM156.1	不用
SM36.2	SM46.2	SM56.2	SM136.2	SM146.2	SM156.2	不用
SM36.3	SM46.3	SM56.3	SM136.3	SM146.3	SM156.3	不用
SM36.4	SM46.4	SM56.4	SM136.4	SM146.4	SM156.4	不用
SM36.5	SM46.5	SM56.5	SM136.5	SM146.5	SM156.5	当前计数方向状态位： 0 = 减计数； 1 = 增计数
SM36.6	SM46.6	SM56.6	SM136.6	SM146.6	SM156.6	当前值等于预置值状态位： 0 = 不等； 1 = 相等
SM36.7	SM46.7	SM56.7	SM136.7	SM146.7	SM156.7	当前值大于预置值状态位： 0 = 小于等于； 1 = 大于

下面以 HSC1 为例，介绍其初始化程序设计，如图 5-55 所示。模式设为内部方向控制的单相增/减计数器（模式 0、1 或 2）。用初次扫描存储器位（SM0.1 = 1）调用执行初始化操作的子程序。由于采用了这样的子程序调用，后续扫描不会再调用这个子程序，从而减少了扫描时间，也提供了一个结构优化的程序。

在初始化子程序中，根据所希望的控制操作对 SMB47 置数。如 SMB47 = 16#F8 产生以下的结果：允许计数；写入新的当前值；写入新的预置值；置计数方向为增；置启动和复位输入为高电平有效。执行 HDEF 指令时，HSC 输入置 1，MOOE 输入置 0（无外部复位或启动）或置 1（有外部复位和无启动）或置 2（有外部复位和启动）。

用所希望的当前值装入 SMD48（双字）中，若装入 0，则清除 SMD48。

用所希望的预置值装入 SMD52（双字）中。

为了捕获当前值（CV）等于预置值（PV）中断事件，编写中断子程序，并指定 CV = PV 中断事件（事件号 13）调用该中断子程序。为了捕获外部复位事件，编写中断子程序，并指定外部复位中断事件（事件号 15）调用该中断子程序。执行全局中断允许指令（ENI）来允许 HSC 中断。

执行 HSC 指令，使 S7-200 对 HSC1 编程。

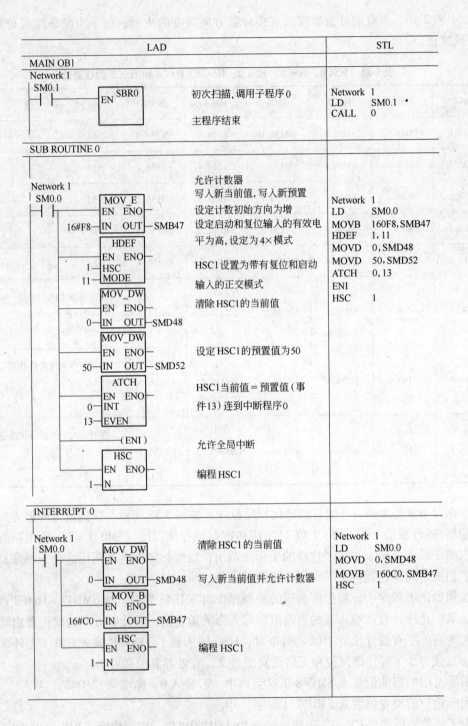

图 5-55   初始化程序设计（LAD、STL）举例

5.3.5   传送指令

传送指令如下：

（1）节、字、双字和实数的传送指令。图 5-56 为节、字、双字和实数的传送指令形式。传送字节指令（MOV_B）是把输入端（IN）的字节传送到输出端（OUT）字节中，在传送过程中不改变字节的大小。

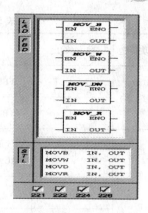

传送字指令（MOV_W）是把输入端（IN）的字传送到输出端（OUT）字中，在传送过程中不改变字的大小。

传送双字指令（MOV_DW）是把输入端（IN）双字传送到输出端（OUT）双字中，在传送过程中不改变双字的大小。

传送实数指令（MOV_R）是把输入端（IN）实数传送到输出端（OUT）实数中，在传送过程中不改变实数的大小。

LAD 各指令中的 EN 和 ENO 分别为允许输入端和允许输出端。表 5-29 为各指令中的输入/输出、操作数、数据类型。

图 5-56 节、字、双字和实数的传送指令

表 5-29 指令中的输入/输出、操作数、数据类型

传送	输入/输出	操 作 数	数据类型
字节	IN	VB、IB、QB、MB、SB、SMB、LB、AC、常数、*VD、*AC、*LD	BYTE
	OUT	VB、IB、QB、MB、SB、SMB、LB、AC、*VD、*AC、*LD	BYTE
字	IN	VW、IW、QW、MW、SW、SMW、LW、T、C、AIW、常数、AC、*VD、*AC、*LD	WORD、INT
	OUT	VW、T、C、IW、QW、SW、MW、SMW、LW、AC、AQW、*VD、*AC、*LD	WORD、INT
双字	IN	VD、ID、QD、MD、SD、SMD、LD、HC、&VB、&IB、&QB、&MB、&SB、&T、&C、AC、常数、*VD、*AC、*LD	DWORD、DINT
	OUT	VD、ID、QD、MD、SD、SMD、LD、AC、*VD、*AC、*LD	DWORD、DINT
实数	IN	VD、ID、QD、MD、SD、SMD、LD、AC、常数、*VD、*AC、*LD	REAL
	OUT	VD、ID、QD、MD、SD、SMD、LD、AC、*VD、*AC、*LD	REAL

（2）字节、字和双字的块传送指令。图 5-57 为字节、字和双字的块传送指令形式。

传送字节块指令（BMB）把从输入字节（IN）开始的 N 个字节值传送到从输出字节（OUT）开始的 N 个字节中，N 可取 1～255。

传送字块指令（BMW）把从输入字（IN）开始的 N 个字值传送到从输出字（OUT）开始的 N 个字中，N 可取 1～255。

传送双字块指令（BMOW）把从输入地址（IN）开始的 N 个双字值传送到从输出地址（OUT）开始的 N 个双字中，N 可取 1～255。

LAD 各指令中的 EN 和 ENO 分别为允许输入端和允许输出端。表 5-30 为各指令中的输入/输出、操作数、数据类型。

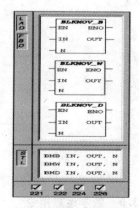

图 5-57 字节、字和双字的块传送指令

表 5-30 指令中的输入/输出、操作数、数据类型

块传送	输入/输出	操 作 数	数据类型
字节	IN, OUT	VB, IB, QB, MB, SB, SMB, LB, *VD, *AC, *LD	BYTE
	N	VB, IB, QB, MB, SB, SMB, LB, AC, 常数, *VD, *AC, *LD	BYTE
字	IN	VW, IW, QW, MW, SW, SMW, LW, T, C, AIW, *VD, *AC, *LD	WORD
	N	VB, IB, QB, MB, SB, SMB, LB, AC, 常数, *VD, *AC, *LD	BYTE
	OUT	VW, IW, QW, MW, SW, SMW, LW, T, C, AQW, *VD, *LD, *AC	WORD
双字	IN, OUT	VD, ID, QD, MD, SD, SMD, LD, *VD, *AC, *LD	DWORD
	N	VB, IB, QB, MB, SB, SMB, LB, AC, 常数, *VD, *AC, *LD	BYTE

图 5-58 为块传送指令的实例。

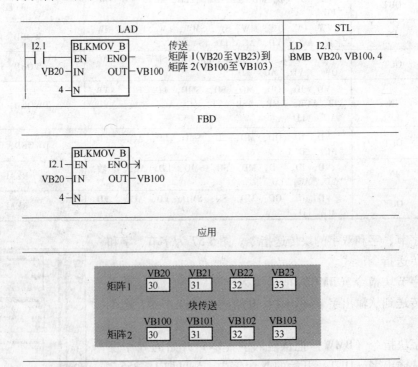

LAD	STL
I2.1 ┤├ BLKMOV_B EN ENO / VB20—IN OUT—VB100 4—N 传送矩阵 1(VB20 至 VB23)到矩阵 2(VB100 至 VB103)	LD I2.1 BMB VB20, VB100, 4

FBD

I2.1—EN BLKMOV_B ENO—/
VB20—IN OUT—VB100
4—N

应用

矩阵1 VB20 [30] VB21 [31] VB22 [32] VB23 [33]

块传送

矩阵2 VB100 [30] VB101 [31] VB102 [32] VB103 [33]

图 5-58 块传送指令的实例

5.3.6 数学运算指令

数学运算指令如下:

（1）整数加法和整数减法指令。整数的加法和减法指令把两个16位整数相加或相减，产生一个16位结果（OUT）。如图5-59所示，在 LAD 和 FBD 中：

IN1 + IN2 = OUT；

IN1 – IN2 = OUT。

在 STL 中：

IN1 + OUT = OUT；

OUT – IN1 = OUT。

LAD 指令中，EN 和 ENO 分别为允许输入端和允许输出端。使 ENO = 0 的错误条件是：SM1.1（溢出），SM4.3（运行时间），0006（间接寻址）。这些指令影响下面的特殊存储器位：SM1.0（零）；SM1.1（溢出）；SM1.2（负）。表5-31为指令中的输入/输出、操作数、数据类型。

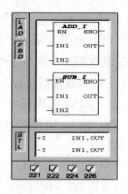

图 5-59 整数加法、减法指令

表5-31 指令中的输入/输出、操作数、数据类型

输入/输出	操 作 数	数据类型
IN1，IN2	VW，IW，QW，MW，SW，SMW，LW，AIW，T，C，AC，常数，*VD，*AC，*LD	INT
OUT	VW，IW，QW，MW，SW，SMW，LW，T，C，AC，*VD，*AC，*LD	INT

（2）双整数加法和双整数减法指令（图5-60）。双整数的加法和减法指令把两个32位双整数相加或相减，产生一个32位结果（OUT）。在 LAD 和 FBD 中：

IN1 + IN2 = OUT；

IN1 – IN2 = OUT。

在 STL 中：

IN1 + OUT = OUT；

OUT – IN1 = OUT。

LAD 指令中，使 ENO = 0 的错误条件是：SM1.1（溢出），SM4.3（运行时间），0006（间接寻址）。表5-32为指令中的输入/输出、操作数、数据类型。

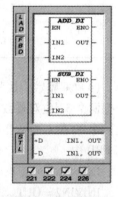

图 5-60 双整数加法和双整数减法指令

表5-32 双整数加法和双整数减法指令中的输入/输出、操作数、数据类型

输入/输出	操 作 数	数据类型
IN1，IN2	VD，ID，QD，MD，SMD，SD，LD，AC，HC，常数，*VD，*AC，*LD	DINT
OUT	VD，ID，QD，MD，SM，SD，LD，AC，*VD，*AC，*LD	DINT

（3）整数乘法和整数除法指令（图 5-61）。整数乘法指令把两个 16 位整数相乘，产生一个 16 位乘积。整数除法指令把两个 16 位整数相除，产生一个 16 位商，不保留余数。如果结果大于一个字，就置位溢出位。在 LAD 和 FBD 中：

IN1 × IN2 = OUT；

IN1/IN2 = OUT。

在 STL 中：

IN1 × OUT = OUT；

OUT/IN1 = OUT。

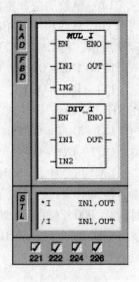

这些指令影响下面的特殊存储器位：SM1.0（零）；SM1.1（溢出）；SM1.2（负）；SM1.3（被 0 除）。如果在乘或除的操作过程中 SM1.1（溢出）被置位，就不写到输出，并且所有其他的算术状态位被置为 0。如果在除法操作的时候 SM1.3（被 0 除）被置位，其他的算术状态位保留不变，原始输入操作数不变化。否则，所有有关的算术状态位是算术操作的有效状态。表 5-33 为指令中的输入/输出、操作数、数据类型。

图 5-61 整数乘法和整数除法指令

表 5-33 整数乘法和整数除法指令中的输入/输出、操作数、数据类型

输入/输出	操 作 数	数据类型
IN1，IN2	VW, IW, QW, MW, SW, SMW, LW, AIW, T, C, AC, 常数, *VD, *AC, *LD	INT
OUT	VW, QW, IW, MW, SW, SMW, LW, T, C, AC, *VD, *LD, *AC	INT

（4）双整数乘法和双整数除法指令（图 5-62）。双整数乘法指令把两个 32 位双整数相乘，产生一个 32 位乘积。双整数除法指令把两个 32 位双整数相除，产生一个 32 位商，不保留余数。在 LAD 和 FBD 中：

IN1 × IN2 = OUT；

IN1/IN2 = OUT。

在 STL 中：

IN1 × OUT = OUT；

OUT/IN1 = OUT。

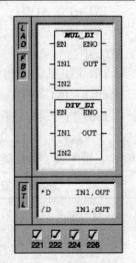

指令在运行过程中使 ENO = 0 的错误条件是：SM1.1（溢出），SM4.3（运行时间），0006（间接寻址）。这些指令影响下面的特殊存储器位：SM1.0（零）；SM1.1（溢出）；SM1.2（负）；SM1.3（被 0 除）。如果在乘或除的操作过程中 SM1.1（溢出）被置位，就不写到输出，并且所有其他的算术状态位被置为 0。如果在除法操

图 5-62 双整数乘法和双整数除法指令

作的时候 SM1.3（被 0 除）被置位，其他的算术状态位保留不变，原始输入操作数不变化。否则，所有有关的算术状态位是算术操作的有效状态。指令中的输入/输出、操作数、数据类型与双整数加法、双整数减法相同。

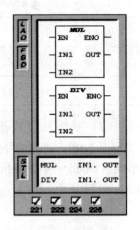

图 5-63 整数乘法产生双整数和整数除法产生双整数指令

（5）整数乘法产生双整数和整数除法产生双整数指令（图 5-63）。整数乘法产生双整数指令把两个 16 位整数相乘，产生一个 32 位积。整数除法产生双整数指令把两个 16 位整数相除，产生一个 32 位结果，其中 16 位是余数（最高有效位），16 位是商（最低有效位）。在 STL 乘法指令中，32 位结果的最低有效位（16 位）被用作乘数。在 STL 除法指令中，32 位结果的最低有效位（16 位）被用作被除数。在 LAD 和 FBD 中：

IN1 × IN2 = OUT；

IN1/IN2 = OUT。

在 STL 中：

IN1 × OUT = OUT；

OUT/IN1 = OUT。

这些指令影响下面的特殊存储器位：SM1.0（零）；SM1.1（溢出）；SM1.2（负）；SM1.3（被 0 除）。如果在除法操作的时候 SM1.3（被 0 除）被置位，其他的算术状态位保留不变，原始输入操作数不变化。否则，所有有关的算术状态位是算术操作的有效状态。指令中的输入/输出、操作数、数据类型见表 5-34。

表 5-34 整数乘法和整数除法指令中的输入/输出、操作数、数据类型

输入/输出	操 作 数	数据类型
IN1，IN2	VW，IW，QW，MW，SW，SMW，LW，AC，AIW，T，C，常数，* VD，* AC，* LD	INT
OUT	VD，ID，QD，MD，SMD，SD，LD，AC，* VD，* LD，* AC	DINT

（6）字节增和字节减指令（图 5-64）。字节增（INCB）或字节减（DECB）指令把输入字节（IN）加 1 或减 1，并把结果存放到输出单元（OUT）。字节增减指令是无符号的。在 LAD 和 FBD 中：

IN + 1 = OUT；

IN − 1 = OUT。

在 STL 中：

OUT + 1 = OUT；

OUT − 1 = OUT。

指令在运行过程中使 ENO = 0 的错误条件是：SM1.1（溢出），SM4.3（运行时间），0006（间接寻址）。这些指令影响下面的特殊存储器位：SM1.0（零）；SM1.1（溢出）。指令中的输入/输出、操作数、数据类型见表 5-35。

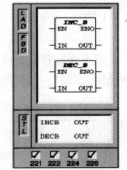

图 5-64 字节增和字节减指令

表 5-35   字节增和字节减指令中的输入／输出、操作数、数据类型

输入／输出	操 作 数	数据类型
IN	VB, IB, QB, MB, SB, SMB, LB, AC, 常数, *VD, *AC, *LD	BYTE
OUT	VB, IB, QB, MB, SB, SMB, LB, AC, *VD, *AC, *LD	BYTE

（7）字增和字减指令（图 5-65）。字增（INCW）或字减（DECW）指令把输入字（IN）加 1 或减 1，并把结果存放到输出单元（OUT）。字增减指令是有符号的（16#7FFF > 16#5000）。在 LAD 和 FBD 中：

IN + 1 = OUT；

IN - 1 = OUT。

在 STL 中：

OUT + 1 = OUT；

OUT - 1 = OUT。

指令中的输入／输出、操作数、数据类型见表 5-36。

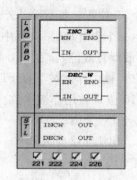

图 5-65   字增和字减指令

表 5-36   字增和字减指令中的输入／输出、操作数、数据类型

输入／输出	操 作 数	数据类型
IN	VW, IW, QW, MW, SW, SMW, AC, AIW, LW, T, C, 常数, *VD, *AC, *LD	INT
OUT	VW, IW, QW, MW, SW, SMW, LW, AC, T, C, *VD, *AC, *LD	INT

（8）双字增和双字减指令（图 5-66）。双字增或双字减指令把输入字（IN）加 1 或减 1，并把结果存放到输出单元（OUT）。在 LAD 和 FBD 中：

IN + 1 = OUT；

IN - 1 = OUT。

在 STL 中：

OUT + 1 = OUT；

OUT - 1 = OUT。

双字增减指令是有符号的（16#7FFFFFFF > 16#50000000）。指令中的输入／输出、操作数、数据类型见表 5-37。

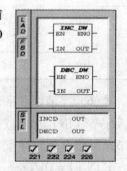

图 5-66   双字增和双字减指令

表 5-37   双字增和双字减指令中的输入／输出、操作数、数据类型

输入／输出	操 作 数	数据类型
IN	VD, ID, QD, MD, SD, SMD, LD, AC, HC, 常数, *VD, *AC, *LD	DINT
OUT	VD, ID, QD, MD, SD, SMD, LD, AC, *VD, *AC, *LD	DINT

（9）实数的加减指令（图5-67）。实数的加减指令把两个32位实数相加或相减，得到32位实数结果（OUT）。在LAD和FBD中：

    IN1 + IN2 = OUT；

    IN1 − IN2 = OUT。

在STL中：

    IN1 + OUT = OUT；

    OUT − IN1 = OUT。

在指令运行过程中，使ENO = 0的错误条件是：SM1.1（溢出），SM4.3（运行时间），0006（间接寻址）。这些指令影响下面的特殊存储器位：SM1.0（零）；SM1.1（溢出）；SM1.2（负）。SM1.1用来指示溢出错误和非法值。如果SM1.1置位SM1.0和SM1.2的状态就无效，原始操作数不改变。如果SM1.1不置位，SM1.0和SM1.2的状态反映算术操作的结果。指令中的输入/输出、操作数、数据类型见表5-38。

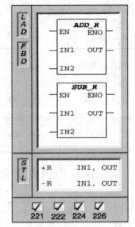

图5-67 实数的加减指令

表5-38 实数的加减指令中的输入/输出、操作数、数据类型

输入/输出	操 作 数	数据类型
IN1，IN2	VD, ID, QD, MD, SD, SMD, AC, LD, 常数, *VD, *AC, *LD	REAL
OUT	VD, ID, QD, MD, SD, SMD, AC, LD, *VD, *AC, *LD	REAL

（10）实数的乘、除法指令（图5-68）。实数的乘法指令把两个32位实数相乘，产生32位实数结果（OUT）。实数的除法指令把两个32位实数相除，得到32位实数商。在LAD和FBD中：

    IN1 × IN2 = OUT；

    IN1/IN2 = OUT。

在STL中：

    IN1 × OUT = OUT；

    OUT/IN1 = OUT。

在指令运行过程中，使ENO = 0的错误条件是：SM1.1（溢出），SM4.3（运行时间），0006（间接寻址）。这些指令影响下面的特殊存储器位：SM1.0（零）；SM1.1（溢出，或在运算中产生非法值，或发现输入参数非法）；SM1.2（负）；SM1.3（被0除）。如果在除法操作过程中SM1.3被置位，则其他的算术状态位保持不变，原始输入操作数也不变。SM1.1用来指示溢出错误和非法值。如果SM1.1置位，SM1.0和SM1.2的状态就无效，原始操作数不改变。如果SM1.1和SM2.3（在除法操作中）不置位，SM1.0和SM1.2的状态反映算术操作的结果。指令中的输入/输出、操作

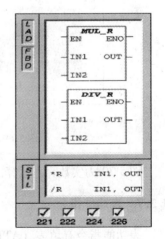

图5-68 实数的乘、除法指令

数、数据类型见表 5-39。

表 5-39　实数的乘、除法指令中的输入/输出、操作数、数据类型

输入/输出	操　作　数	数据类型
IN1，IN2	VD, ID, QD, MD, SMD, SD, LD, AC, 常数，*VD, *AC, *LD	REAL
OUT	VD, ID, QD, MD, SMD, SD, LD, AC, *VD, *AC, *LD	REAL

图 5-69 为整数算术运算的 LAD、STL、FBD 指令使用举例。

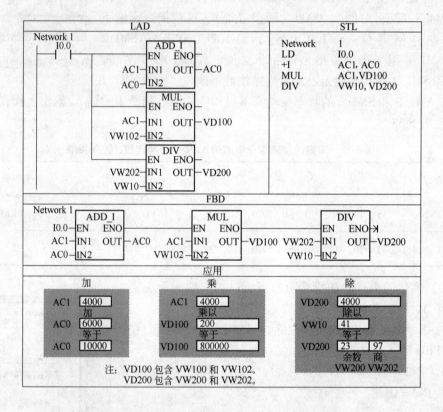

图 5-69　整数算术运算的 LAD、STL、FBD 指令举例

图 5-70 为实数算术运算的 LAD、STL、FBD 指令使用举例。

5.3.7　表功能指令

表功能指令有填表（ATT）、查表（TBL）指令等。图 5-71 为填表（ATT）指令，该指令向表中增加一个字值。表中第一个数是最大填表数（TL），第二个数是实际填表数（EC），指出已填入表的数据个数。新的数据填在表中上一个数据的后面。每向表中填一个新的数据，EC 会自动加 1。一张表除了有 TL 和 EC 这两个参数外，最多还可以有 100 个填表数据。本指令影响特殊存储器标志位 SM1.4，若表溢出则 SM1.4 置 1。表 5-40 是该指令的输入/输出、操作数及数据类型。

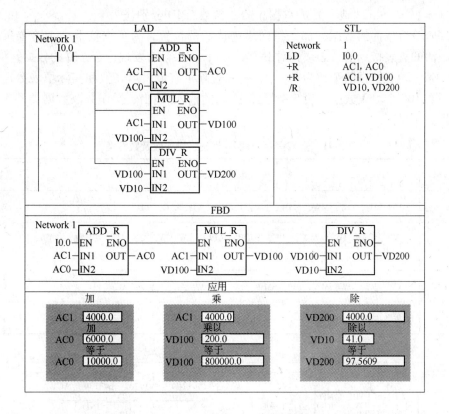

图 5-70 实数算术运算的 LAD、STL、FBD 指令举例

表 5-40 填表指令的输入/输出、操作数及数据类型

输入/输出	操 作 数	数据类型
DATA	VW, IW, QW, MW, SW, SMW, LW, T, C, AIW, AC, 常数, *VD, *AC, *LD	INT
TBL	VW, IW, QW, MW, SW, SMW, LW, T, C, *VD, *AC, *LD	WORD

图 5-72 为查表（TBL）指令，查表指令从 INDX 开始搜索表（TBL），寻找符合 PTN

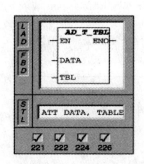

图 5-71 填表指令

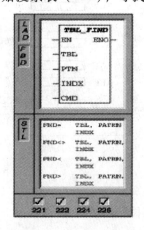

图 5-72 查表指令

和条件（＝、＜＞、＜或＞）的数据。命令参数 CMD 分别代表 ＝、＜＞、＜和＞。如果发现了一个符合条件的数据，那么指向表中该数的位置，为了查找下一个符合条件的数据，在激活的查表指令前，必须先对 INDX 加 1；如果没有发现符合条件的数据，那么 INDX 等于 EC。填表数据的个数为 0～99，一张表除了有最大填表数和实际填表数这两个参数外，还有 100 个填表数据。表 5-41 是该指令的输入/输出、操作数及数据类型。查表指令的应用举例见图 5-73。

表 5-41 查表指令的输入/输出、操作数及数据类型

输入/输出	操 作 数	数据类型
SRC	VW, IW, QW, MW, SMW, LW, T, C, *VD, *AC, *LD	WORD
PTN	VW, IW, QW, MW, SW, SMW, AIW, LW, T, C, AC, 常数, *VD, *AC, *LD	INT
INDX	VW, IW, QW, MW, SW, SMW, LW, T, C, AC, *VD, *AC, *LD	WORD
CMD	常数	BYTE

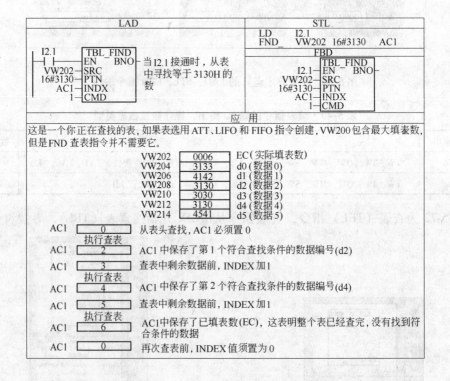

图 5-73 查表指令的应用举例

5.3.8 移位和循环指令

移位和循环指令如下：

（1）字节右移位和左移位指令（图5-74）。字节左移位指令（SLB）或右移位指令（SRB）把输入字节（IN）左移或右移N位后，再把结果输出到OUT字节。移位指令对移出位自动补零。如果所需移位次数N大于或等于8，那么实际最大可移位数为8。

如果所需移位次数大于零，那么溢出位（SM1.1）上的值就是最近移出的位值。如果移位操作的结果是0，零存储器位（SM1.0）就置位。字节左移位或右移位操作是无符号的。表5-42是该指令的输入/输出、操作数及数据类型。

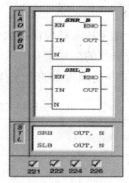

图5-74　字节右移位、左移位指令

表5-42　字节右移位和左移位指令的输入/输出、操作数及数据类型

输入/输出	操　作　数	数据类型
IN	VB，IB，QB，MB，SB，SMB，LB，AC，＊VD，＊AC，＊LD，常数	BYTE
OUT	VB，IB，QB，MB，SB，SMB，LB，AC，＊VD，＊AC，＊LD	BYTE
N	VB，IB，QB，MB，SB，SMB，LB，AC，常数，＊VD，＊AC，＊LD	BYTE

（2）字节循环左移或循环右移指令（图5-75）。字节循环左移指令（RLB）或循环右移指令（RRB）把输入字节（IN）循环左移或循环右移N位后，再把结果输出到字节（OUT）。如果所需移位次数大于或等于8，那么在执行循环移位前，先对N取以8为底的模，其结果0~7为实际移动位数。如果所需移位数为零，那就不执行循环移位。如果执行循环移位，那么溢出位（SM1.1）值就是最近一次循环移动位的值；如果移位次数不是8的整数倍，最后被移出的位就存放到溢出存储器位（SM1.1）上；如果移位操作的结果是0，零存储器位（SM1.0）就置位。字节循环移位操作是无符号的。该指令的输入/输出、操作数及数据类型与表5-42相同。

（3）字左移位和右移位指令（图5-76）。字左移位指令（SLW）或右移位指令（SRW）把输入字节（IN）左移或右移N位后，再把结果输出到字节（OUT）。移位指令令对移出位自动补零。如果所需移位次数N大于或等于16，那么实际最大可移位数

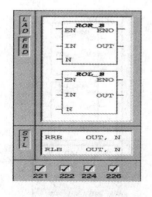

图5-75　字节循环左移、循环右移指令

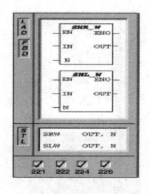

图5-76　字右移位、左移位指令

为 16。

如果所需移位次数大于零，那么溢出位（SM1.1）上的值就是最近移出的位值；如果移位操作的结果是 0，零存储器位（SM1.0）就置位。字左移位或右移位操作是无符号的。表 5-43 是该指令的输入/输出、操作数及数据类型。

表 5-43　字右移位和左移位指令的输入/输出、操作数及数据类型

输入/输出	操　作　数	数据类型
IN	VB, IB, QB, MB, SMB, SB, LB, AC, *VD, *AC, *LD	BYTE
N	VB, IB, QB, MB, SMB, SB, LB, AC, 常数, *VD, *AC, *LD	BYTE
OUT	VB, IB, QB, MB, SMB, SB, LB, AC, *VD, *AC, *LD	BYTE

（4）字循环左移或循环右移指令（图 5-77）。字循环左移指令（RLW）或循环右移指令（RRW）把输入字节（IN）循环左移或循环右移 N 位后，再把结果输出到字（OUT）。

如果所需移位次数大于或等于 16，那么在执行循环移位前，先对 N 取以 16 为底的模，其结果 0～15 为实际移动位数。如果所需移位数为零，那就不执行循环移位。如果执行循环移位的话，那么溢出位（SM1.1）值就是最近一次循环移动位的值；如果移位次数不是 16 的整数倍，最后被移出的位就存放到溢出存储器位（SM1.1）；如果移位操作的结果是 0，零存储器位（SM1.0）就置位。字节循环移位操作是无符号的。该指令的输入/输出、操作数及数据类型与表 5-43 相同。

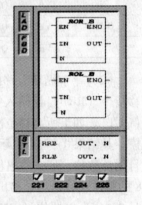

图 5-77　字循环左移或
循环右移指令

双字左移位和右移位指令、双字循环左移或循环右移指令如图 5-78 和图 5-79 所示。

图 5-80 为字的移位和循环指令的使用举例。

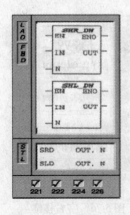

图 5-78　双字左移位和右移位指令

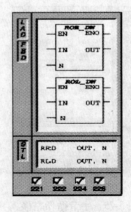

图 5-79　双字循环左移或循环右移指令

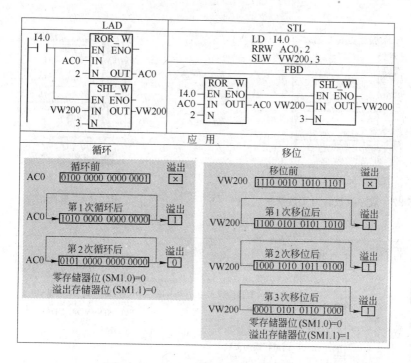

图 5-80　字的移位和循环指令使用举例

5.3.9　转换指令

转换指令如下：

（1）BCD 码转为整数（BCDI），整数转为 BCD 码（IBCD）指令。见图 5-81，CDI 指令将输入的 BCD 码（IN）转换成整数，将结果送入 OUT，输入 IN 的范围是 0～9999。

IBCD 指令将输入的整数（IN）转换成 BCD 码，将结果送入 OUT，输入 IN 的范围是 0～9999。

该指令的输入/输出、操作数及数据类型见表 5-44。

（2）双字整数转为实数指令（DTR）。如图 5-82 所示，该指令将 32 位有符号整数（IN）转换为 32 位实数（OUT）。

（3）取整指令（ROUND）。如图 5-83 所示，该指令将实数（IN）转换成双整数（OUT），若小数部分大于或等于 0.5，则进位，否则舍去。

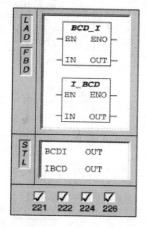

图 5-81　BCD 码、整数
转换指令

表 5-44　指令的输入/输出、操作数及数据类型

输入/输出	操 作 数	数据类型
IN	VW, T, C, IW, QW, MW, SMW, LW, AC, AIW, 常数, *VD, *AC, SW, *LD	WORD
OUT	VW, T, C, IW, QW, MW, SMW, LW, AC, *VD, *AC, SW, *LD	WORD

转换指令使用举例见图 5-84。

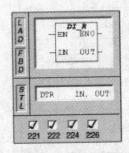

图 5-82 双字整数转为实数指令

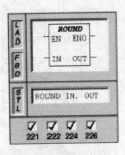

图 5-83 取整指令

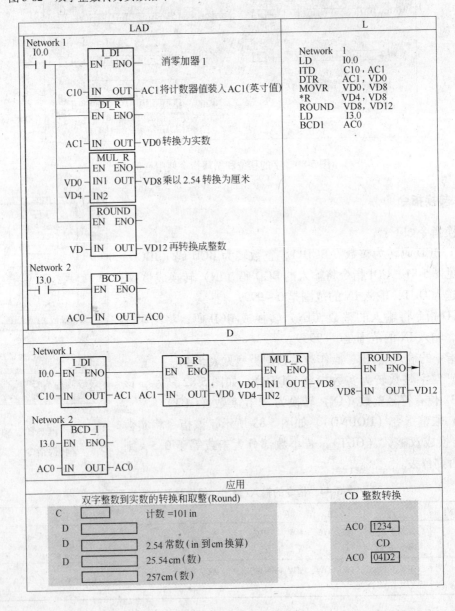

图 5-84 转换指令使用举例

5.3.10 中断指令

PLC 的基本工作方式是循环扫描的方式，在循环扫描的过程中，为了处理紧急的事件，需要使用一种中断的工作方式。中断工作方式提供了对特殊的内部或外部事件的响应。发生中断时，系统停止循环扫描，转而去执行中断服务程序，处理完后再返回到被中断处，继续进行循环扫描。S7-200 系列可编程序控制器的不同 CPU 所提供的中断事件有所不同，但每种 CPU 的中断都有通讯口中断、I/O 中断和时基中断三种类型。CPU221、CPU222、CPU224、CPU226 四种可编程序控制器的中断事件如表 5-45 所示。

表 5-45　中断事件

事件号	中 断 描 述	CPU221	CPU222	CPU224	CPU226
0	I0.0 上升沿	Y	Y	Y	Y
1	I0.0 下降沿	Y	Y	Y	Y
2	I0.1 上升沿	Y	Y	Y	Y
3	I0.1 下降沿	Y	Y	Y	Y
4	I0.2 上升沿	Y	Y	Y	Y
5	I0.2 下降沿	Y	Y	Y	Y
6	I0.3 上升沿	Y	Y	Y	Y
7	I0.3 下降沿	Y	Y	Y	Y
8	端口 0：接收字符	Y	Y	Y	Y
9	端口 0：发送字符	Y	Y	Y	Y
10	定时中断 0，SMB34	Y	Y	Y	Y
11	定时中断 1，SMB35	Y	Y	Y	Y
12	HSC0 CV = PV（当前值 = 预设值）	Y	Y	Y	Y
13	HSC1 CV = PV（当前值 = 预设值）			Y	Y
14	HSC1 输入方向改变			Y	Y
15	HSC1 外部复位			Y	Y
16	HSC2 CV = PV（当前值 = 预设值）			Y	Y
17	HSC2 输入方向改变			Y	Y
18	HSC2 外部复位			Y	Y
19	PLS0 脉冲数完成中断	Y	Y	Y	Y
20	PLS1 脉冲数完成中断	Y	Y	Y	Y
21	定时器 T32 CT = PT 中断	Y	Y	Y	Y
22	定时器 T96 CT = PT 中断	Y	Y	Y	Y
23	端口 0：接收信息完成	Y	Y	Y	Y
24	端口 1：接收信息完成			Y	Y
25	端口 1：接收字符			Y	Y
26	端口 1：发送字符			Y	Y
27	HSC0 输入方向改变	Y	Y	Y	Y
28	HSC0 外部复位	Y	Y	Y	Y

事件号	中 断 描 述	CPU221	CPU222	CPU224	CPU226
29	HSC4 CV = PV（当前值 = 预设值）	Y	Y	Y	Y
30	HSC4 输入方向改变	Y	Y	Y	Y
31	HSC4 外部复位	Y	Y	Y	Y
32	HSC3 CV = PV（当前值 = 预设值）	Y	Y	Y	Y
33	HSC5 CV = PV（当前值 = 预设值）	Y	Y	Y	Y

　　PLC 的串行通讯口中断由 LAD 或 STL 程序来控制，通讯口中断的这种操作模式称为自由端口模式。在该模式下，用户可用程序定义波特率、每个字符位数、奇偶校验和通讯协议。利用接收和发送中断可简化程序对通讯的控制。PLC 的 I/O 中断包含了上升沿或下降沿中断、高速计数器中断和脉冲串中断、时基中断。I/O 中断可用输入 I0.0 至 I0.3 的上升沿或下降沿产生中断；高速计数器中断允许响应诸如当前值等于预置值、对应于轴转动方向变化的计数方向改变和计数器外部复位等事件而产生中断；脉冲串中断给出了已完成指定脉冲数输出的指示，该中断的典型应用是步进电机。PLC 的时基中断包括定时中断和定时器 T32/T96 中断，定时中断可以指定一个周期性的活动；定时器 T32/T96 中断允许及时响应一个给定时间间隔。

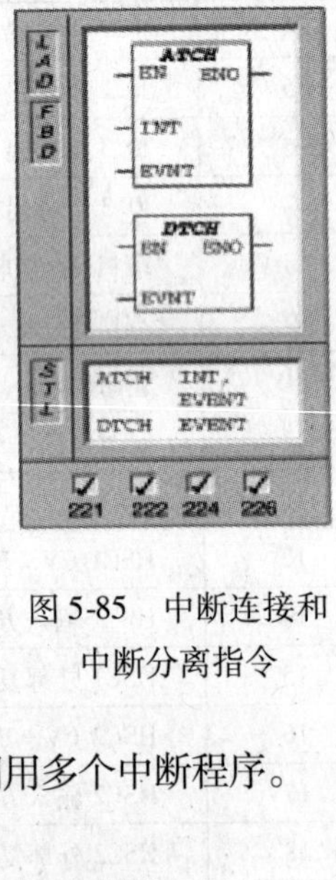

　　在上述三种中断类型中，中断事件按以下固定的优先级顺序优先执行：通讯口中断为最高优先级，其次为 I/O 中断，时基中断是最低优先级。中断指令包括中断连接、中断分离、中断返回、中断允许和中断禁止指令。

　　中断连接、中断分离指令如图 5-85 所示。中断连接指令（ATCH）把一个中断事件（EVNT）和一个中断程序联系起来，并允许这个中断事件。中断分离指令（DTCH）截断一个诸多事件（EVNT）和所有的终端程序的联系，并禁止该中断事件。

图 5-85　中断连接和中断分离指令

　　在执行一个中断指令前,必须在中断事件发生时希望执行的那段程序间建立一种联系,中断连接指令(ATCH)由中断号指定某中断事件。多个中断事件可以调用同一中断程序,但一个中断事件不能同时调用多个中断程序。

　　图 5-86 为中断返回指令，图 5-87 为中断允许和中断禁止指令。

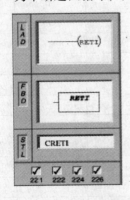

图 5-86　中断返回指令

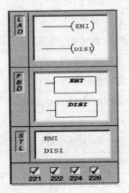

图 5-87　中断允许和中断禁止指令

图 5-88 为中断指令应用举例。

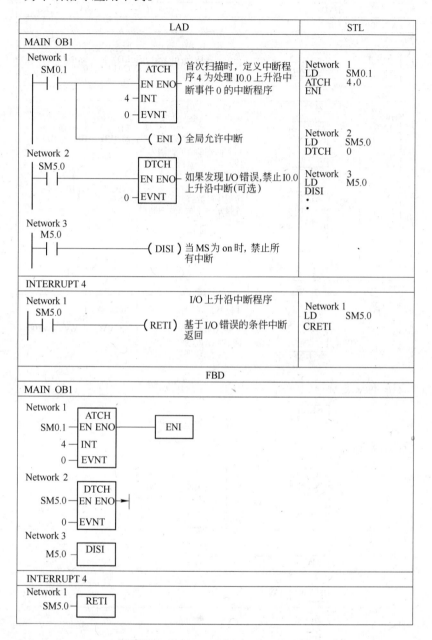

图 5-88 中断指令应用举例

[**例 1**] 利用一个定时中断去读取一个模拟量输入值，试设计此 PLC 软件。

图 5-89 是例 1 的 LAD、STL、FBD 程序。

5.3.11 控制指令

控制指令包括逻辑控制指令和程序控制指令。逻辑控制指令可以中断程序原有的线性逻辑流，使程序转移至某一标号处。标号是转移指令的地址，标号最多由四个字符组成，

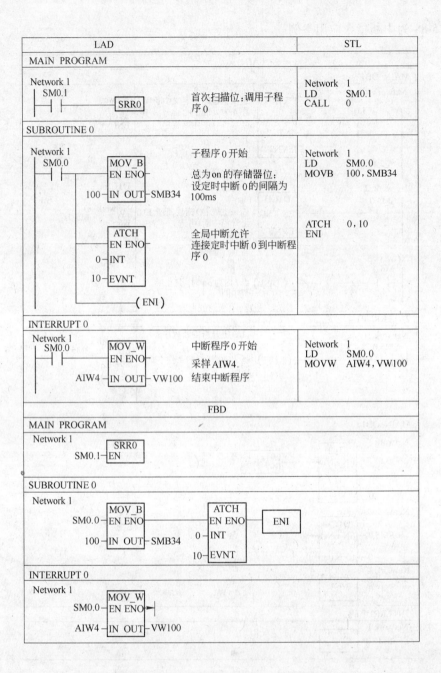

图 5-89　例 1 的 LAD、STL、FBD 程序

第一个字符必须是字母表中的字母；其他字符可以是字母或数字，如 SEG3。程序控制指令可以调用功能块、系统功能块及主控断电器启动、关闭。

（1）逻辑控制转移指令。无条件转移指令如图 5-90a 所示。条件转移指令如图 5-90b 所示。在条件转移指令中，如果 I0.0 的信号状态为 0，执行转移，转移至 "地址标号" 的目的地标号扫描程序。若非条件转移指令如图 5-90c 所示。在若非条件转移指令中，如果 I0.0 的信号状态为 0，则执行转移。

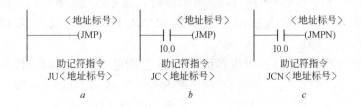

图 5-90　逻辑控制转移指令

a—无条件转移指令；*b*—条件转移指令；*c*—若非条件转移指令

图 5-91*a* 是某一程序设计的流程图；图 5-91*b* 为梯形图程序；图 5-91*c* 为助记符指令程序。在梯形图程序设计中，目的地的标号地址必须在一个程序段的开始，利用 STEP 7 编程软件建立。在助记符程序设计中，目的地的标号地址要占一行且标号地址后跟冒号，如 SEG3：。

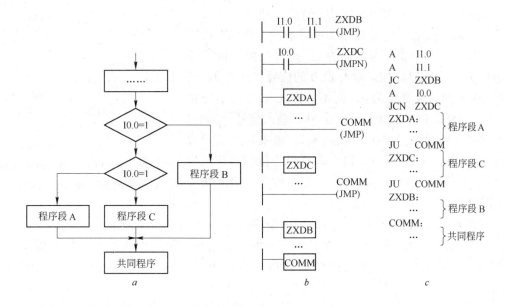

图 5-91　逻辑控制转移指令示例

a—程序流程图；*b*—梯形图；*c*—助记符指令程序

（2）CALL 指令。一个用户程序可以由几部分（子程序）组成。这些部分存储在不同块内。通过使用调用指令（CALL）访问块内的段程序，子程序可存储在功能块 FC 或 FB 里。功能块的编程格式请参阅《S7 用户手册》和《S7 编程手册》。

该指令的梯形图形式：　　$\dfrac{}{}$〈块号〉（CALL）

助记符指令形式：CALL〈块号〉

指令中的块号可以是功能块（FB、FC）和系统功能块（SFB、SFC）。图 5-92 说明子程序在运

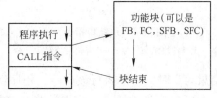

图 5-92　块调用过程

行过程中如何调用各功能块。调用可以是有条件的，也可以是无条件的。在条件调用情况下，不能在功能块 FC 内输入数据类型参数 BLOCK-FC，但在功能块 FB 内能够输入 BLOCK-FC 作为类型参数。

（3）主控继电器指令。主控继电器指令 MCR 是继电器梯形逻辑主控开关，用以控制信号流（电流路径）的通断。它的信号状态是 BOOL 型的，即 0 或 1。"0"表示切断信号流的路径，"1"表示接通信号流的路径。下面介绍主控继电器指令。

启动主控继电器指令：

梯形图：——（MCRA），助记符：MCRA

关闭主控继电器指令：

梯形图：——（MCRD），助记符：MCRD

开通主控继电器指令：

梯形图：——（MCR <），助记符：MCR（

关断主控继电器指令：

梯形图：——（MCR >），助记符：）MCR

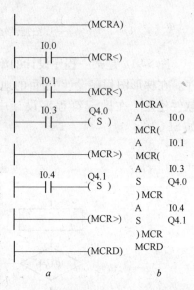

图 5-93 是主控继电器指令编程的示例。程序在执行时，如果输入 I0.0 的信号状态为 1，则输入 I0.0 的信号状态赋予输出 Q4.1。如果输入 I0.0 的信号状态为 0，则输出 Q4.1 的信号状态为 0，而不管输入 I0.4 的信号状态。输出 Q4.0 保持不变，且不受 I0.3 输入信号的影响。如果输入 I0.0 和 I0.1 的信号状态为 1，输入 I0.3 信号状态为 1，则输出 Q4.0 置 1。如果输入 I0.1 的信号状态为 0，则输出 Q4.0 保持不变，而不管输入 I0.3 和输入 I0.0 的信号状态。

图 5-93　主控继电器指令编程举例

a—梯形图程序；b—助记符程序

编程时，开通主控继电器指令和关断主控继电器指令要成对使用。该指令嵌套的最大深度为 8 层。上例中第一个开通主控继电器指令和第二个关断主控继电器指令之间为第一层，第二个开通主控继电器指令和第一个关断主控继电器指令之间为第二层。

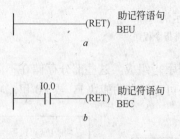

图 5-94　块结束指令

a—无条件块结束指令；b—有条件块结束指令

（4）块结束指令。块结束指令可结束对块的扫描，使扫描返回到调用的程序中，它有两条指令，即无条件块结束指令和有条件块结束指令。

无条件块结束指令助记符为 BEU，梯形图指令如图 5-94a 所示。该指令结束对当前块的扫描，将控制返还给调用的块。

有条件块结束指令助记符为 BEC，梯形图指令如图 5-94b 所示。当条件的逻辑操作结果为 1 时，该指令终止当前块，返还调用的块。当条件逻辑操作结果为 0 时，将不执行该命令，程序继续在当前块内进行扫描。

（5）有条件结束（END）指令（图 5-95）。有条件结束指令（END）可以根据前面的逻辑关系，终止用户主程序。

（6）暂停（STOP）指令（图 5-96）。暂停指令（STOP）能够引起 CPU 方式发生变化，从 RUN 到 STOP，从而可以立即终止程序的执行。如果 STOP 指令在中断程序中执行，那么该中断立即终止，并且忽略所有挂起的中断，继续扫描程序的剩余部分。在本次扫描的最后，完成 CPU 从 RUN 到 STOP 的转变。

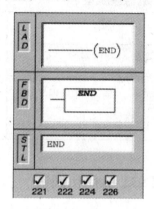

图 5-95   有条件结束指令

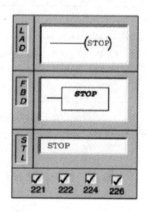

图 5-96   暂停指令

（7）子程序调用、子程序返回指令（图 5-97）。子程序调用指令（CALL）把程序控制权交给子程序 n，可以带参数或不带参数调用子程序。子程序返回指令（CRET）根据该指令前面的逻辑关系，决定是否终止子程序 n。

子程序的嵌套深度最多是 8 层，虽然子程序不禁止递归调用（自己调用自己），但使用时一定要慎重。当有一个子程序被调用时，系统会保存当前的逻辑堆栈，置栈顶值为 1，堆栈的其他值为 0；当子程序执行完成后，恢复逻辑堆栈，把控制权交还给调用程序。

（8）循环指令（图 5-98）。循环指令中的 FOR 指令和 NEXT 指令必须成对使用，FOR 标记循环的开始，NEXT 标记循环的结束。FOR 标记在 FOR 和 NEXT 之间执行指令，必须给 FOR 指令指定当前循环计数（INDX）、初值（INIT）和终值（FINAL）。NEXT 指令标记循环的结束，并且置栈顶值为 1。

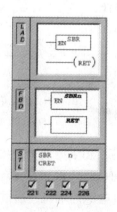

图 5-97   子程序调用、子程序返回指令

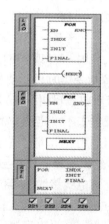

图 5-98   循环指令

例如，给定初值（INIT）为 1，终值（FINAL）为 10，那么随着当前计数值（INDX）

从 1 增加到 10，FOR 与 NEXT 之间的指令被执行 10 次。如果初值大于终值，那么循环体不被执行。每执行一次循环体，当前计数值增加 1，并且将其结果同终值作比较，如果大于终值，那么终止循环。表 5-46 是该指令的输入/输出、操作数、数据类型。

表 5-46　循环指令的输入/输出、操作数、数据类型

输入/输出	操　作　数	数据类型
INDX	VW, IW, QW, MW, SW, SMW, LW, T, C, AC, * VD, * AC, * LD	INT
INIT	VW, IW, QW, MW, SW, SMW, T, C, AC, LW, AIW, 常数, * VD, * AC, * LD	INT
FINAL	VW, IW, QW, MW, SW, SMW, LW, T, C, AC, AIW, 常数, * VD, * AC, * LD	INT

5.4　S7-200 的 STEP7-Micro/WIN32 编程和调试

5.4.1　概述

为了完成来自工程实际中的各种控制任务，S7-200 CPU 提供了许多应用软件设计指令。目前，基于计算机的编程软件 STEP7-Micro/WIN 32 提供了不同的编辑器选择，可以利用这些指令创建控制程序。用户可以使用编辑器（语句表 STL、梯形图 LAO 或功能块图 FBD）创建用户程序或使用两种指令集（SIMATIC 或 IEC 1131-3）创建用户程序。

STEP7-Micro/WIN32 语句表（STL）编辑器允许输入指令助记符创建控制程序。一般来说，STL 编辑器适合于熟悉 PLC 和逻辑编程的有经验的程序员。STL 编辑器也能让你编写用梯形图或功能块图编辑器无法实现的程序。这是因为你是用 CPU 直接执行的语言进行编程，而在图形编程器中，为了正确地画出图形必须遵守一些规则。

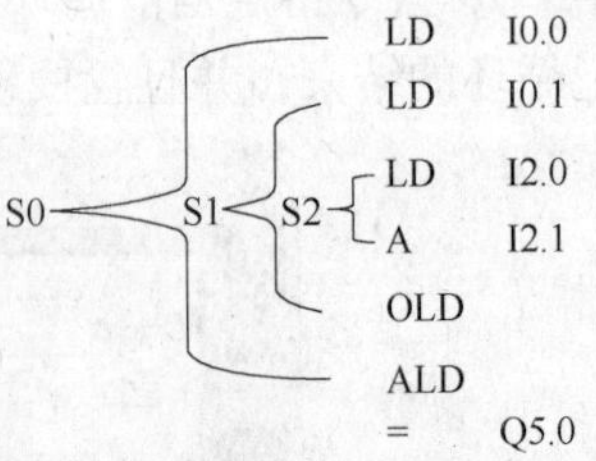

图 5-99 给出了建立语句表程序的一个例子。当选择 STL 编辑器时，主要应考虑：STL 最适合于有经验的程序员；STL 有时能够解决利用 LAO 或 FBO 编辑器不容易解决的问题；当使用 SIMATIC 指令集时只能使用 STL 编辑器。虽然可以利用 STL 编辑器查看或编辑用 SIMATIC LAO 或 FBO 编辑器编写的程序，但是反过来不一定成立。SIMATIC LAO 或 FBO 编辑器不能显示所有利用 STL 编辑器编写的程序。

```
NETW
LD    I0.0
LD    I0.1
LD    I2.0
A     I2.1
OLD
ALD
=     Q5.0
```

图 5-99　建立语句表程序

图 5-100 给出了建立梯形图程序实例。利用 STEP7-Micro/WIN 32 梯形逻辑（LAD）编辑器可以建立与电气接线图等价的类似程序。梯形图编程可能是许多 PLC 编程人员和维护人员选择的方法。一般而言，梯形图程序让 CPU 仿真来自电源的电流，通过一系列的输入逻辑条件，根据结果决定逻辑输出的允许条件。逻辑通常被分解成小的容易理解的片，这些片经常被称为"梯级"或"段"。程序一次执行一个段，从左到右，从上到下。一旦 CPU 执行到程序的结尾，又从上到下重新执行程序。

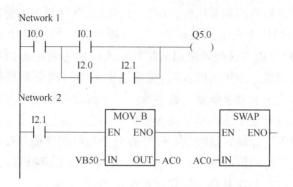

图 5-100　建立梯形图程序

　　图 5-101 给出了建立功能块图程序实例。利用 STEP7-Micro/WIN 32 功能块图（FBD）编辑器可以查看到像普通逻辑门图形一样的逻辑盒指令。它没有梯形图编辑器中的触点和线圈，但是有与之等价的指令，这些指令是作为盒指令出现的。程序逻辑由这些盒指令之间的连接决定。也就是说，一个指令（例如 AND 盒）的输出可以用来允许另一

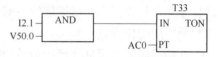

图 5-101　建立功能块图程序

条指令（例如定时器），这样可以建立所需要的控制逻辑。这样的连接思想可以解决范围广泛的逻辑问题。

5.4.2　建立程序的基本元素

　　S7-200CPU 可以连续地、循环地执行用户程序，完成一项控制任务或过程。利用 STEP7-Micro/ WIN 32 可以建立用户程序并把它下装到 CPU。在主程序中，可以调用不同的子程序或中断程序。用户程序由主程序、子程序（可选）和中断程序（可选）三个基本元素构成。其中主程序在程序的主体中放置控制应用指令，主程序中的指令按顺序在 CPU 的每个扫描周期执行一次；子程序是程序执行的可选部分，只有当主程序调用它们时，才能够执行；中断程序也是程序的可选部分，只有当中断事件发生时，才能够执行。

　　S7-200CPU 连续执行用户程序，任务的循环序列称为扫描。如图 5-102 所示，CPU 在每个扫描周期完成以下任务，即读输入、执行程序、处理通讯请求、执行 CPU 自诊断测试和写输出。扫描周期中执行的任务依赖于 CPU 的操作模式。S7-200CPU 有两个操作模式，即 STOP 模式和 RUN 模式。对于扫描周期，STOP 模式与 RUN 模式的主要差别是在 RUN 模式下运行用户程序，而在 STOP 模式下不运行用户程序。

　　每次扫描周期开始时，先读数字输入点的当前值，然后把这些值写到输入映像寄存器中。CPU 以 8 位（1 个字节）为增量的方法来保留输入映像寄存器。如果 CPU 或扩展模块不给物理输入点提供保留字节的每一位，那么就不能把这些位重新分配给 I/O 链中的后续模块，也不能在程

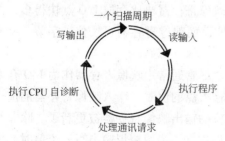

图 5-102　CPU 的扫描周期

序中使用它们。在每次扫描周期开始时，CPU 会将映像寄存器中未使用的输入位清零。然而，如果用户的 CPU 可以连几个扩展模块，而且用户并未使用这个 I/O 功能（即未安装扩展模块），那么用户可以用这些未使用的扩展输入位作为附加的内部存储器标志位来使用。除非允许模拟量滤波，否则 CPU 在扫描周期中不能自动更新模拟量输入值。用户可以选择对每个模拟通道设置数字滤波。数字滤波用于低成本的模拟量模块，这些模块不支持内部滤波。数字滤波应用于输入信号缓慢变化的场合。如果是高速信号，应该不选择数字滤波。如果模拟输入选择输入滤波器，CPU 在每个扫描周期刷新模拟输入、执行滤波功能，并存储滤波值。当访问模拟输入时，使用滤波值。如果模拟输入不选择输入滤波器，当访问模拟输入时，CPU 每次从物理模块读取模拟值。

在扫描周期的执行程序阶段里，CPU 执行程序从第一条指令开始，直到最后一条指令结束。不论在程序或中断程序执行过程中，直接 I/O 指令允许对输入和输出点直接存取。如果在程序中使用了中断，与中断事件相关的中断程序就作为程序的一部分存储下来。中断程序并不作为正常扫描周期的一部分来执行，而是当中断事件发生时才执行（这可能会在扫描周期的任意点上）。

在扫描周期的信息处理阶段，CPU 处理从通讯端口接收到的任何信息。执行 CPU 自诊断测试过程中，CPU 检查其硬件以及用户程序存储器（仅在 RUN 模式下），并检查所有的 I/O 模块的状态。

在每个扫描周期的结尾，CPU 把存在输出映像寄存器中的数据输给数字输出点。CPU 以 1 个字节（8 位）为增量来保留输出映像寄存器。如果 CPU 或扩展模块不给物理输出点提供保留字节的每一位，那么就不能把这些位分配给 I/O 链中的后续模块。但是可以像使用内部存储器标志位那样来使用输出映像寄存器的未用位。当 CPU 操作模式从 RUN 切换到 STOP 时，数字输出设置为输出表中定义的值或保持当前状态，模拟输出保持最后写的值。缺省设置是关闭数字输出。

如果使用中断，则与每个中断事件相关的中断程序作为程序的一部分存储下来。中断程序并不作为正常扫描周期的一部分来执行，而是当中断事件发生后才执行（这可能会在扫描周期的任意点上）。当中断事件发生时，CPU 以异步扫描方式为用户中断服务并根据中断优先级来处理中断。

在程序的执行过程中，输入或输出的存取通常是通过映像寄存器，而不是实际的输入/输出（I/O）点。这主要有三个原因，其一是在同步扫描周期的开始采样所有输入，而在扫描周期的执行阶段就有了固定的输入值，当程序执行完后，就已经更新了输出映像寄存器，这样使系统有稳定效果；其二是用户程序存取映像寄存器要比存取 I/O 点快得多，因此允许快速执行程序；其三，I/O 点必须按位来存取，而映像寄存器可按位、字节、字或双字来存取，因此具有灵活性。

立即 I/O 指令允许对实际输入输出点直接存取。尽管通常用映像寄存器作为 I/O 存取的源或目的操作数，但当使用立即 I/O 指令来存取输入点的值时，输入映像寄存器的值尚未更新。当使用立即 I/O 指令来存取输出点时，相应的输出映像寄存器被更新了。除非给模拟输入设置数字滤波，CPU 才把模拟 I/O 作为立即数据。当给模拟输出写一个值时，输出立即更新。

5.4.3　选择 CPU 的工作方式

S7-200CPU 有两种工作方式，即 STOP 和 RUN。当 CPU 处于 STOP（停止）方式时，CPU 不执行程序，可以向 CPU 装载程序或配置 CPU；当 CPU 处于 RUN（运行）方式时，CPU 运行程序。

在 CPU 前面板上用 LED 显示当前的工作方式。若要往程序存储器中装载程序，则必须把 CPU 置于 STOP 方式。可使用 PLC 上的开关用手动改变工作方式；也可使用 STEP7-Micro/WIN 32 编程软件，并把 CPU 模式开关放在 TERM 或 RUN 位置；还可以使用在程序中插入一个 STOP 指令的方法来改变 CPU 工作方式。

当使用方式开关来改变工作方式时，可按下面操作进行：

（1）使用方式开关（位于 CPU 模块的出入口下面）来手工选择 CPU 工作方式。

（2）把模式开关切换到 STOP，可以停止程序的执行，或把模式开关切换到 RUN，可以启动程序的执行。

（3）设置方式开关为 TERM（terminal）方式，允许程序（STEP7-Micro/WIN）来控制 CPU 工作方式。如果方式开关设为 TERM 或 STOP，且电源发生变化，则当电源恢复时，CPU 会自动进入 STOP 方式。如果方式开关设为 RUN 方式，则当电源恢复时，CPU 会自动进入 RUN 方式。

当使用 STEP7-Micro/WIN 32 来改变工作方式时（图 5-103 所示是使用 STEP7-Micro/WIN 来改变 CPU 的工作方式），必须设方式开关为 TERM 或 RUN。

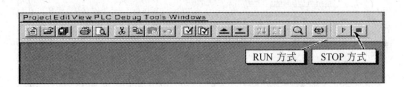

图 5-103　使用 STEP7-Micro/WIN 32 来改变工作方式

当使用在程序中改变工作方式时，要在用户程序中加入 STOP 指令，将 CPU 从 RUN 变为 STOP 方式。这就要基于程序逻辑允许中断程序的执行。

5.4.4　建立 CPU 的密码

所有的 S7-200 CPU 都提供了密码保护，来限制对某些特定的 CPU 功能的使用。对 CPU 功能及存储器的存取授权是通过密码实现的。没有密码，CPU 对任何存取都没有限制。当有密码保护时，根据安装密码时的设置，CPU 禁止所有的受限操作。

对 CPU 的存取限制如表 5-47 所示，S7-200 CPU 提供了限制 CPU 功能存取的三个等级。每个等级允许特定的无需密码的存取功能。对于所有三个等级，输入正确的密码后，可使用 CPU 的所有功能。S7-200 CPU 的缺省状态为等级 1（没有限制）。在网络上输入密码不会危及 CPU 的密码保护。允许一个用户使用授权的 CPU 功能就会禁止其他用户使用这些功能。在同一时刻，只允许一个用户不受限制地存取。

表 5-47　S7-200 CPU 的存取限制

任　务	1 级	2 级	3 级
读写用户数据	不限制	不限制	不限制
启动、停止、重启 CPU			
读写时钟			
上装 CPU 中程序、数据和配置			需要密码
下装到 CPU		需要密码	
STL 状态			
删除用户程序、数据及配置			
强制数据或单次/多次扫描			
拷贝到存储器卡			
在 STOP 模式下写输出			

可以使用 STEP7-Micro/WIN 32 给 CPU 创建密码。过程见图 5-104，选择菜单命令 View→System Block，并点击 Password 项，输入合适的 CPU 限制级别，然后输入并确认 CPU 密码。

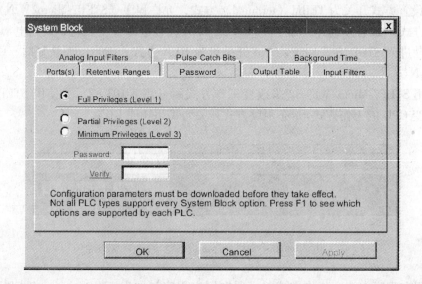

图 5-104　设置 CPU 密码

如果忘记了密码，则必须清除 CPU 存储器，并重新装入程序。清除 CPU 存储器会使 CPU 处于 STOP 方式，并重新设置 CPU 为厂家所设的缺省状态（CPU 地址、波特率和时钟除外）。清除 CPU 中的程序，先选择 PLC→Clear 菜单命令，显示出清除对话框。再选择 "All" 选项，点击 "OK" 按钮。如果配置了密码，就会显示密码授权对话框，输入清除密码（Clear），就可以执行连续清除全部（Clear All）操作。清除全部（Clear All）操作并不把程序从存储器卡中去掉。因为密码同程序一起保存在存储器卡中，必须重新写存储器卡，才能从程序中去掉遗忘的密码。

5.4.5　调试和监视程序

在 STEP7-Micro/WIN 32 中，有用来调试并监视用户程序的工具。可用单次/多次扫描来监视用户程序,可以指定 CPU 以有限扫描次数(1～65535)执行用户程序。通过选择 CPU 扫描次数,可以监视当过程变量改变时用户程序的执行情况。使用菜单命令 Debug → Multiple Scans 来指定执行的扫描次数。图 5-105 即为输入 CPU 执行扫描次数的对话框。

程序运行时的监视功能如图 5-106 所示,利用菜单命令 View→Status Chart,可使用状态表来

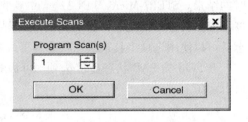

图 5-105 输入 CPU 执行扫描次数的对话框

读、写、强制和监视变量。状态表工具图标在 STEP7-Micro/WIN 32 的工具条区,当选择状态表时,可以激活这些工具图标(前项排序、后项排序、单次读、全部写、强制、解除强制和读所有强制)。选择单元或单元格式,按鼠标右键弹出图 5-106 中的下拉表。

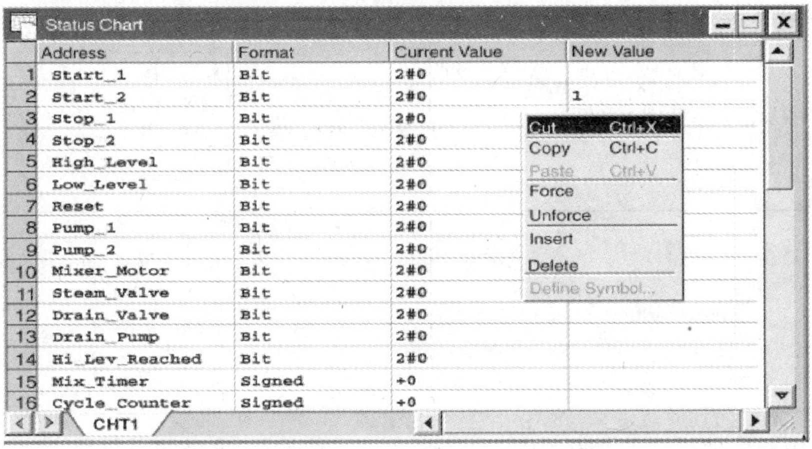

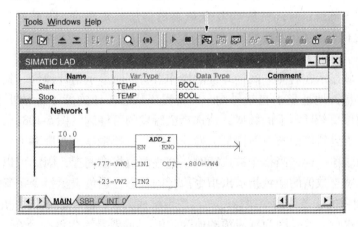

图 5-106 用状态表监视和修改变量

利用 STEP7-Micro/WIN32 的程序编辑器,可以监视在线梯形图程序的状态。梯形图的状态显示所有操作数的值,如图 5-107 所示。所有这些操作数状态都是 PLC 扫描周期完成

图 5-107 梯形图中程序状态监视

时的结果。STEP7-Micro/WIN 32 经过多个 PLC 扫描周期采集状态值，然后刷新梯形图的屏幕显示。通常情况下，梯形图的状态显示不反映程序执行时每个梯形图元素的实际状态。可以使用选项工具来组态状态屏幕。选择 Tools→Options，然后选择 LAD 状态表。

表 5-48 为 LAD 状态显示选项。可以打开 LAD 状态窗口，从工具条中选择状态图标（图 5-107）。

表 5-48 LAD 状态选择显示

显 示 选 项	LAD 状态显示
显示指令内部的地址和指令外部的值	ADD EN ENO +777 — VW0 VW4 — +800 +23 — VW2
显示指令外部的地址和值	ADD EN ENO +777 = VW0 — IN1 OUT — +800 = VW4 +23 = VW2 — IN2
只显示状态值	ADD EN ENO +777 — IN1 OUT — +800 +23 — IN2

如果使用 STL 编辑器来观察程序，STEP7-Micro/WIN 32 提供了一种基于指令的监控程序运行状态的方法。这种状态监控方法叫做 STL 状态图，使用 STL 状态图进行监控的程序窗口叫做 STL 状态窗口。该窗口的大小大约是 STEP7-Micro/WIN 32 屏幕的大小，从 CPU 获取的信息限于 200 个字节或 25 行在屏幕上的 STL 状态行。如果超过了这个限制，将会在状态窗口中显示"—"，状态信息是从位于编辑窗口顶端的第一句 STL 语句开始显示的。当向下滚动编辑窗口时，将从 CPU 获取新的信息。典型的 STL 状态图如图 5-108 所示。选择工具栏上的程序状态按钮来打开 STL 状态窗口，调整 STL 编程页面的右边框来显示 STL 状态窗口。当打开 STL 状态窗口时，STL 代码出现在左侧的 STL 状态窗口里，含有操作数的状态区域显示在右侧。间接寻址的操作数将同时显示指针地址和指针所指的存储单元中的数值。指针地址显示在括号内。STL 程序状态按钮连续不停地更新屏幕上的数值，如果需要暂停更新屏幕上的数据，请选择已触发的暂停键（图 5-108），当前的数据将保留在屏幕上，直到暂停键被重新按下。操作数将会按顺序显示在屏幕上，其顺序与它们出现在指令中的顺序一样，当指令被执行时，这些数值将被捕捉，因此可以反映出指令的实际运行状态。状态数值的颜色指示出指令执行的状态：黑色表示指令正确执行，那些没有在 SCR 块中使用的非条件指令执行时，与逻辑堆栈无关；红色表示指令执行有错误；灰色表示指令没有执行。这是因为堆栈顶的值为"0"，或者是因为该指令在一个 SCR 块中，并且该块未被使用。导致指令不被执行的条件包括：堆栈顶为 0；其他诸如跳转等指令将

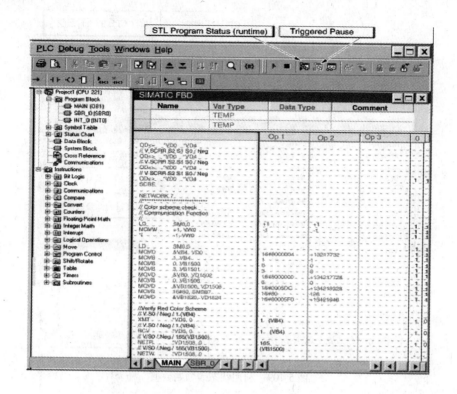

图 5-108　状态图中程序状态监视

该指令跳过。

　　S7-200 CPU 允许使用指定值来强制赋值给一个或所有的 I/O 点（I 和 Q 位），也可以强行改变最多 16 个内部存储器数据（V 或 M）或模拟 I/O 量（AI 或 AQ）。V 和 M 存储器变量可以按字节、字或双字来改变。模拟量只能以字方式改变，以偶字节开始（如 AIW6 或 AQW14）。所有改变值存于 CPU 的固定 EEPROM 存储器中。

　　在扫描周期的不同阶段（执行程序或 I/O 更新，或通讯处理阶段），强制数据可能会改变。因此在扫描周期的不同时间，CPU 又使用了这些强制变量。当 CPU 更新这些强制变量时，以高亮状态显示。强制功能不仅取代了直接读或写，同时也取代了当变为 STOP 方式时，以某个指定值输出：当 CPU 变为 STOP 方式后，输出将为强制值，而不是设置值。如图 5-109 所示，可以利用状态表强制数值。要强制一个新值，应在状态表的新值栏输入一个值，然后按工具条中的强制钮。强制一个已经存在的值，应点亮当前值栏中的值，然后按强制钮。

5.4.6　在 RUN 模式下编辑

　　RUN 模式下编辑可以在对控制过程影响较小的情况下，对用户程序进行少量修改。当在 RUN 模式下向 CPU 下载修改程序时，修改的程序将立即影响过程操作。在 RUN 模式下修改程序可以导致不可预见的系统运行，可能导致严重的人身伤害和/或财产损失。只有了解 RUN 模式下修改程序对系统运行会造成何种影响的授权人员才可以执行 RUN 模式

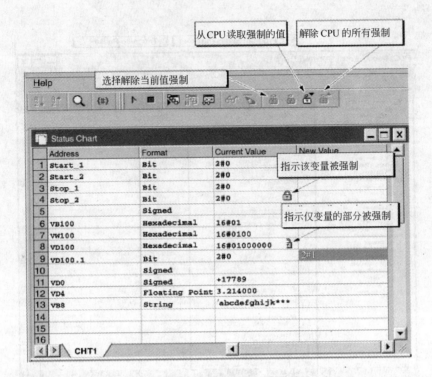

图 5-109　利用状态表强制数值

下的编辑。在 RUN 模式下编辑程序可按以下步骤执行（图 5-110）：

（1）选择 Debug→Program Edit in RUN；

（2）如果项目与 CPU 中的程序不同，将提示用户存盘，RUN 模式只能编辑 CPU 中的程序；

（3）当选择"Continue"后，所连接的 CPU 中的程序被上传，CPU 处于 RUN 模式下编辑状态。

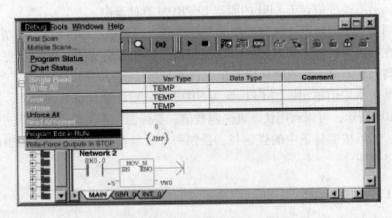

图 5-110　用 FBD 显示程序状态

在 RUN 模式下下载程序之前，RUN 模式编辑允许在 CPU 处于运行状态时下载用户所编辑的程序。决定在 RUN 模式下或在 STOP 模式下下载程序时，应考虑下列因素。

如果在 RUN 模式编辑状态下取消一个输出控制逻辑，则在下一次 CPU 上电之前或 CPU 转换到 STOP 模式前，输出将保持上一个状态；如果在 RUN 模式编辑状态下取消一个正在运行的 ATC 日指令或 PTO/PWM 功能，则这些功能在下一次 CPU 上电或 CPU 转换到 STOP 模式前将保持运行状态；如果在 RUN 模式编辑状态下取消 ATC 日指令，但没有删除中断程序，则在下一次 CPU 上电或 CPU 转换到 STOP 模式之前将继续执行中断。同样，如果删除 DTC 指令，在下一次 CPU 上电之前或 CPU 转换到 STOP 模式前中断将继续运行；如果在 RUN 模式编辑状态下加入 ATC 日指令，并且满足第一次扫描标志的条件，则在下一次 CPU 上电或 CPU 从 STOP 转换到 RUN 模式前不会执行这些指令；如果在 RUN 模式编辑状态下取消 ENI 指令，则在下一次 CPU 上电之前或 CPU 从 RUN 转换到 STOP 模式前将继续执行中断；如果在 RUN 模式编辑状态下修改接收指令的地址表，并且在旧程序向新程序转换时接收指令处于激活状态，则所接收的数据写入旧地址表。

由于 RUN 模式编辑不影响第一次扫描标志，因此在下一次 CPU 上电之前或 CPU 从 STOP 转换到 RUN 模式前第一次扫描标志的逻辑条件不执行。

在 RUN 模式下下载程序，可选择工具条中的下载按钮或从菜单中选择 File→Download，程序编译成功后将下载到 CPU。要退出 RUN 模式编辑，选择 Debug→Program Edit in RUN，点击 Checkmark 即可。如果用户修改完后没有存盘，可选择是否继续编辑、下载和退出 RUN 模式编辑，或不下载退出。

5.4.7 S7-200CPU 的出错处理

S7-200CPU 的错误可分成致命错误和非致命错误。可以使用 STEP7-Micro/WIN 32 通过选择主菜单中的 PLC→Information，检查错误产生的错误代码。图 5-111 是包含错误代码和错误描述的对话框。在图中，最后的致命（Last Fatal）区显示 CPU 产生的致命错误代码，如果 RAM 区是保持的，该代码值就一直保持。当 CPU 的所有存储器区被清除时或如果

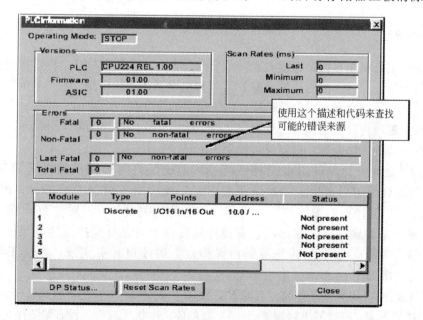

图 5-111 信息对话框、错误状态表

RAM 区非保持时，该区也被清除。总的致命（Total Fatal）区是前一次 CPU 清除所有存储器区后产生的致命错误的次数和。如果 RAM 区是保持的，该值就一直保持。当 CPU 的所有存储器区被清除时或如果 RAM 区非保持时，该区也被清除。

致命错误导致 CPU 停止执行程序。根据错误严重程度，它可能会导致 CPU 无法执行某一或全部功能。处理致命错误的目的是把 CPU 引向安全状态，CPU 可对所存在的错误条件做出询问响应。当 CPU 检测出一个致命错误时，CPU 会变为 STOP 方式，点亮系统错误 LED 和 STOP（停止）LED 指示灯，并关闭（OFF）输出。CPU 会一直保持这种状态，直至消除致命错误条件。

一旦消除了致命错误条件后，必须重新启动 CPU。重启 CPU 会清除这个致命错误，并执行上电诊断测试来确认已改正错误。如果又发现其他致命错误，CPU 会重新点亮错误 LED 指示灯，表示仍存在错误。否则，CPU 会开始正常工作，而有些错误可能会使 CPU 无法进行通讯。这种情况下用户不能看到来自 CPU 的错误代码。这种错误表示硬件出错，CPU 模块需要修理，而修改程序或清除 CPU 内存是无法清除这种错误的。

非致命错误会导致 CPU 运行的某些方面效率降低，但它们不会使 CPU 无法执行用户程序或更新 I/O。可以使用 STEP7-Micro/WIN 32 来查看它们的错误代码。如在 RUN 方式下发现的非致命错误，会反映在特殊存储器标志位（SM）上，用户程序可以监视和鉴定这些位。

5.5 编 程 方 法

为了适应设计程序的不同需求，STEP7 为设计程序提供了三种程序设计方法，即线性编程；分部编程；结构化编程。下面以工业搅拌系统为例讨论这三种程序设计方法的具体过程。

5.5.1 线性编程

线性编程就是将用户程序连续放置在一个指令块内，通常为 OB1，程序按线性的或顺序的执行每条指令。这一结构是最初的 PLC 模拟继电器的逻辑模型，它具有简单、直接的结构，对于所有的指令只有一个逻辑块。由于所有的指令在一个块内，故这一方法适用于由一个人编写的项目。由于仅有一个程序文件，所以其软件管理功能十分简单。下面给出一个用线性编程的方法处理一控制过程的例子。

图 5-112 是一个简单的工业搅拌系统。该系统要将两种流质物料（简称 A、B）按一定比例混合搅匀后送出。由系统示意图可知被搅对象可分为三部分，即物料 A、B 的进料控制和搅拌桶的搅拌控制。每部分控制的相关设备有：对物料 A 控制的设备有成分 A 输入泵、输入阀、输出阀；对搅拌桶控制的设备有搅拌马达、液位开关、排放阀。其中送料电机的启动/停止控制由操作台上的按钮开关实现。系统工作时对被搅拌对象的要求如下：

（1）当成分 A（B）泵工作时，有如下要求：1）成分 A（B）的进料阀已开，出料阀已开；2）搅拌桶未满，搅拌的出料阀关闭；3）泵的驱动电机无故障，没有紧急停止动作。

（2）搅拌电机工作时的条件：1）搅拌桶未空，搅拌桶的出料阀关闭；2）搅拌马达

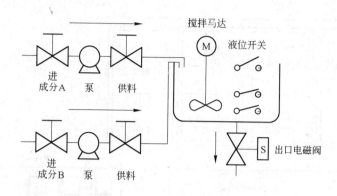

图 5-112   搅拌系统示意图

无故障，紧急停止没有动作。

（3）开排放阀的条件：搅拌马达停止，紧急停止没有动作。

系统中的液位开关让操作者了解搅拌桶内的液位情况，并且提供成分输送泵和搅拌电机之间的连锁关系。

根据系统的要求，可设计如图 5-113 所示的工业搅拌控制系统操作站。其中紧急停止按钮可用于系统在工作过程中出现突发事故时，停止各运行部件的工作。

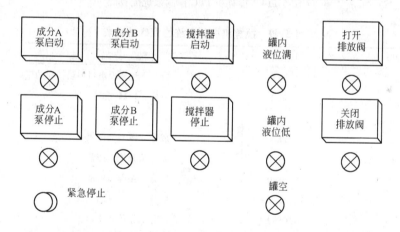

图 5-113   搅拌系统操作站

根据系统的输入/输出要求和操作要求可以确定该控制系统所需的 PLC 系统（选型设计过程略）。图 5-114 是搅拌机 PLC 控制系统的配置图。表 5-49 是该控制系统 I/O 信号的符号——地址表。

搅拌机控制系统的控制要求及 I/O 地址一旦确定就可进行程序设计。由于采用线性编程方法，因而控制程序都在一个逻辑块 OB1 中。在编写具体程序之前，首先需定义设计中要用到的变量。表 5-50 是搅拌机控制系统的变量说明表，其中地址为 0 ~ 20 的变量不能修改，其余暂时变量（从 20.0 ~ 32）为程序中的指令所使用。变量说明表中的变量都是存放在 L 堆栈中某一暂时变量的指针。

图 5-115 是搅拌机控制系统线性程序 OB1 的全部指令。

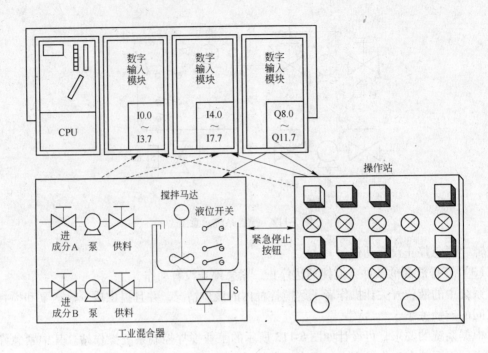

图 5-114   搅拌机 PLC 控制系统配置图

表 5-49   搅拌机控制系统的 I/O 地址表

符 号 名	地 址	描 述
InA_Mtr_Fbk	I0.0	成分 A 输入泵电机启动器辅助接点
InA_Ivlv_Opn	I0.1	成分 A 进料阀开
InA_Fvlv_Opn	I0.2	成分 A 送料阀开
InA_Start_PB	I0.3	成分 A 泵启动按钮
InA_Stop_PB	I0.4	成分 A 泵停止按钮
InA_Mtr_Coil	Q8.0	成分 A 泵电机启动
InA_Start_Lt	Q8.1	成分 A 泵启动指示灯
InA_Stop_Lt	Q8.2	成分 A 泵停止指示灯
InB_Mtr_Fbk	I1.0	成分 B 输入泵电机启动器辅助接点
InB_Ivlv_Opn	I1.1	成分 B 进料阀开
InB_Fvlv_Opn	I1.2	成分 B 送料阀开
InB_Start_PB	I1.3	成分 B 泵启动按钮
InB_Stop_PB	I1.4	成分 B 泵停止按钮
InB_Mtr_Coil	Q8.3	成分 B 泵电机启动
InB_Start_Li	Q8.4	成分 B 泵启动指示灯
InB_Stop_Li	Q8.5	成分 B 泵停止指示灯
A_Mtr_Fbk	I4.0	搅拌器马达启动器辅助接点
A_Mtr_Start_PB	I4.1	搅拌器马达运行按钮
A_Mtr_Stop_PB	I4.2	搅拌器马达停止按钮

续表 5-49

符 号 名	地 址	描 述
A_Mtr_Start_Lt	Q8.6	搅拌器马达运行指示灯
A_Mtr_Stop_Lt	Q8.7	搅拌器马达停止指示灯
A_Mtr_Coil	Q9.0	搅拌器马达启动线圈
Tank_Low	I5.0	混合罐液位低传感器
Tank_Empty	I5.1	混合罐空位置传感器
Tank_Full	I5.2	混合罐满位置传感器
Tank_Full_Lt	Q9.5	混合罐液位满指示灯
Tank_Low_Lt	Q9.6	混合罐液位低指示灯
Tank_Empty_Lt	Q9.7	混合罐空位置指示灯
Drn_Opn_PB	I4.4	开启排放阀按钮
Drn_Cls_PB	I4.5	关闭排放阀按钮
Drn_Sol	Q9.2	排放阀线圈
Drn_Open_Lt	Q9.3	开启排放阀指示灯
Drn_Cls_Lt	Q9.4	关闭排放阀指示灯
E_Stop_Off	I5.7	紧急停止按钮
InA_Mtr_Foult	M10.1	成分 A 泵故障
InB_Mtr_Foult	M10.2	成分 B 泵故障
A_Mtr_Foull	M10.3	搅拌机泵故障

表 5-50 线性程序变量说明表

地 址	说 明	名 称	类 型
0	暂时 Temp	OB1_EV_CLASS	字节 BYTE
1	暂时 Temp	OB1_SCAN1	字节 BYTE
2	暂时 Temp	OB1_PRIORITY	字节 BYTE
3	暂时 Temp	OB1_OB_NUMBER	字节 BYTE
4	暂时 Temp	OB1_RESERVED_1	字节 BYTE
5	暂时 Temp	OB1_RESERVED_2	字节 BYTE
6	暂时 Temp	OB1_PREV_CYCLE	整数 INT
8	暂时 Temp	OB1_MIN_CYCLE	整数 INT
10	暂时 Temp	OB1_MAX_CYCLE	整数 INT
12	暂时 Temp	OB1_DATE_TIME	日期和时间 DATE_AND_TIME
20.0	暂时 Temp	Permit-A	布尔 BOOL
20.1	暂时 Temp	Permit-B	布尔 BOOL
20.2	暂时 Temp	Permit-M	布尔 BOOL
22	暂时 Temp	Cur_Tim1_Bin	字 WORD
24	暂时 Temp	Cur_Tim1_Bcd	字 WORD
26	暂时 Temp	Cur_Tim2_Bin	字 WORD
28	暂时 Temp	Cur_Tim2_Bcd	字 WORD
30	暂时 Temp	Cur_Tim3_Bin	字 WORD
32	暂时 Temp	Cur_Tim3_Bcd	字 WORD

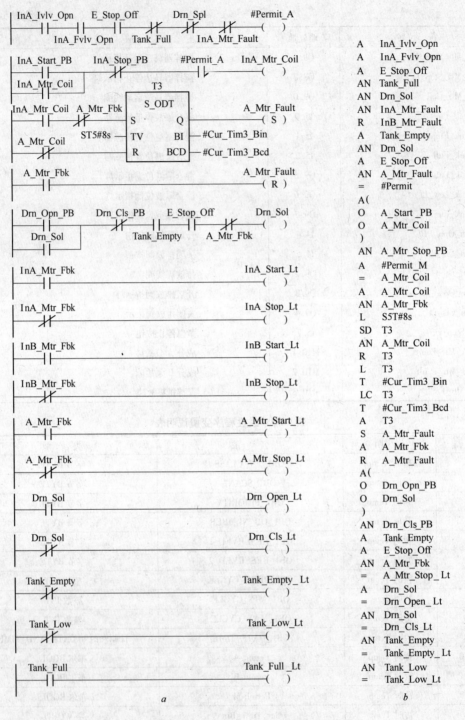

图 5-115　搅拌机控制系统线性程序

a—梯形图；b—STL 程序语句

5.5.2　分部编程

　　分部编程是指将一项控制任务分成若干个独立的指令块。每个块用于控制一套设备或一系列工作的逻辑，而这些块的运行靠组织块（OB1）内的指令来调用。比如说，一个分部程序包含以下指令块：

（1）用于控制设备每一部分的 FC；

（2）用于控制设备每一工作状态的 FC；

（3）用于控制操作员接口的 FC；

（4）用于处理诊断逻辑的 FC。

在分部程序中既无数据交换也无重复利用的代码。这种设计方法可使多个设计人员同时编程而不会因设计同一内容发生冲突。

下面用前面工业搅拌机控制系统的例子来叙述分部编程的具体过程。根据工业搅拌机控制系统的控制对象和控制要求，可将控制软件分为五个功能块：

FC10　功能块用于控制成分 A 的供料泵；

FC20　功能块用于控制成分 B 的供料泵；

FC30　功能块用于控制搅拌马达；

FC40　功能块用于控制排料电磁阀；

FC50　功能块用于控制操作站上的指示灯。

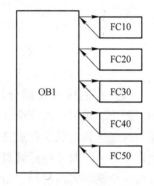

这些功能块中控制内容的实现靠组织块 OB1 内的指令调用。图 5-116 表明了程序运行时，组织块 OB1 与各功能块之间的关系，其中组织块 OB1 中的程序内容为调用控制过程的 FC的指令。

（1）组织块 OB1 程序的设计。在分部编程方法中，块

图 5-116　分块程序调用结构

OB1 的内容与线性编程不同。其内容主要为调用不同的分块程序（FC）。表 5-51 是 OB1 中的符号地址表，表 5-52 是该项目程序设计方法中的变量声明表。接下来是用梯形图语言和助记符语言编写源程序，如图 5-117 所示。

表 5-51　OB1 中的符号地址表

符 号 名	地 址	描 述
Ingred_A	FC10	控制成分 A 供料泵的 FC
Ingred_B	FC20	控制成分 B 供料泵的 FC
Agtr_Mtr	FC30	控制搅拌机马达的 FC
Drn_Valve	FC40	控制排料阀的 FC
Opr_Stn	FC50	控制操作站的 FC

表 5-52　OB1 的变量声明表

地 址	声 明	名 称	类 型
0	暂 时	OB1_EV_CLASS	字 节
1	暂 时	OB1_SCANI	字 节
2	暂 时	OB1_PRIORITY	字 节
3	暂 时	OB1_OB_NUMBR	字 节
4	暂 时	OB1_RESERVED_1	字 节
5	暂 时	OB1_RESERVED_2	字 节
6	暂 时	OB1_PREV_CYCLE	整 数
8	暂 时	OB1_MIN_CYCLE	整 数
10	暂 时	OB1_MAX_CYCLE	整 数
12	暂 时	OB1_DATE_TIME	日期和时间

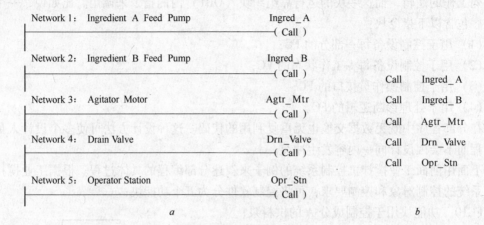

图 5-117   分块程序的 OB1

a—梯形图；b—STL 指令语句

（2）控制成分 A 的分块程序（FC10）的设计。这部分程序主要用来实现泵 A 的启动、停止、延时以及安全保护方面的控制。其逻辑关系为：一系列的连锁允许泵 A 执行功能。这些连锁的状态存放在 FC 的暂时局部数据（L 堆栈中#Permit_A）中。当启动按钮按下允许导通时，泵开始运转直到停止按钮按下或允许（#Permit_A）断开，泵导通的状态被存放在一个输出线圈（InA_Mtr_Coil）指令中。当泵运转时，计时器开始计时，如果在计时器结束前泵反馈信号没有返回，则泵停转。程序设计中的 I/O 地址表如前所述，FC10 中的变量声明如表 5-53 所示。源程序如图 5-118 所示。

表 5-53   FC10 的变量声明表

地　址	声　明	名　　称	类　型	初　始　值
0.0	暂　时	Permit_A	布　尔	False
2	暂　时	Cur_Tim1_Bin	字	W#16#0000
4	暂　时	Cur_Tim1_Bcd	字	W#16#0000

（3）控制成分 B 的分块程序（FC20）的设计。这部分程序主要用来实现泵 B 的启动、停止、延时以及安全保护方面的控制，其逻辑关系与（2）类似。FC20 中变量声明如表 5-54 所示，源程序如图 5-119 所示。

表 5-54   FC20 的变量声明表

地　址	声　明	名　　称	类　型	初　始　值
0.0	暂　时	Permit_B	布　尔	False
2	暂　时	Cur_Tim2_Bin	字	W#16#0000
4	暂　时	Cur_Tim2_Bcd	字	W#16#0000

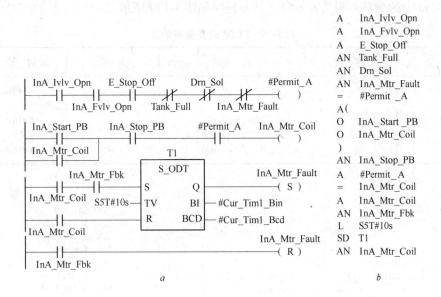

图 5-118　搅拌机控制系统分块程序的 FC10

a—梯形图；*b*—STL 程序语句

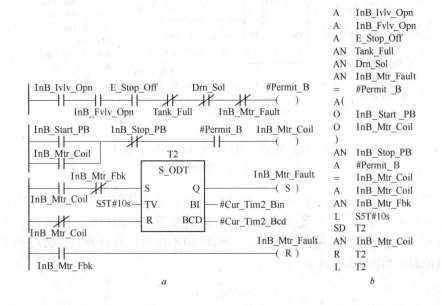

图 5-119　搅拌机控制系统分块程序的 FC20

a—梯形图；*b*—STL 程序语句

（4）控制搅拌电机的分块程序（FC30）设计。这部分程序主要用来实现对搅拌马达的启动、停止、延时以及安全保护方面的控制。其逻辑关系为一系列连锁允许搅拌电机执行功能。这些连锁的状态被存放在功能块 FC30 的 L 堆栈（#Permit_M）中。当搅拌器的启动按钮按下且允许导通时，电机开始运转直到停止按钮按下或允许（#Permit_M）断开。当电机运转时，计时器 T3 开始计时，如果在计时器计时结束前，反馈信号没有返回，则电机停转。FC30 中的变量声明见表 5-55，其源程序如图 5-120 所示。

表 5-55　FC30 的变量声明表

地　址	声　明	名　称	类　型	初　始　值
0. 0	暂　时	Permit_M	布　尔	False
2	暂　时	Cur_Tim3_Bin	字	W#16#0000
4	暂　时	Cur_Tim3_Bcd	字	W#16#0000

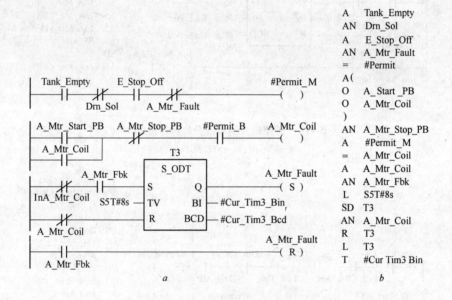

图 5-120　搅拌机控制系统分块程序的 FC30

a—梯形图；b—STL 程序语句

　　（5）控制排料电磁阀的分块程序（FC40）设计。这部分程序主要用来实现对排料电磁阀的打开和关闭的控制。其逻辑关系为当一系列连锁允许阀开启且阀的开启按钮按下时，阀打开，一直到阀关闭按钮按下为止。FC40 中不使用任何特有的或暂时的变量，设计的控制源程序如图 5-121 所示。

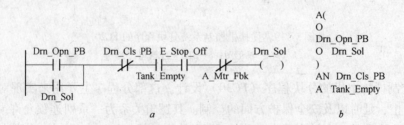

图 5-121　搅拌机控制系统分块程序的 FC40

a—梯形图；b—STL 程序语句

（6）控制操作站上指示灯的分块程序（FC50）设计。这部分程序主要用来实现操作站上各种指示灯的通、断控制。其逻辑关系为：当泵、搅拌马达、排料电磁阀开启并运转时启动指示灯亮；当泵、搅拌马达、排料电磁阀关闭时，关断指示灯亮；搅拌桶内的液位处于满、低、空三个位置时，其相应的指示灯亮。FC50 中不使用任何暂时变量，不需要主变量声明表。控制操作站上指示灯程序设计如图 5-122 所示。

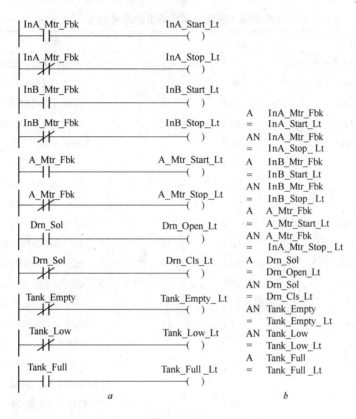

图 5-122　搅拌机控制系统分块程序的 FC50

a—梯形图；*b*—STL 程序语句

5.5.3　结构化编程

在为某项过程控制或某种机器控制进行程序设计时，我们会发现部分控制逻辑常常被重复使用。此种情况下可用结构化编程方法设计用户程序。这样可编一些通用的指令块，以便控制一些相似或重复的功能，避免重复程序的设计工作。例如：上面所述的工业搅拌机控制系统中，成分 A 和成分 B 的泵可视为同一功能控制，这一功能块也适用于搅拌马达的控制。通过传入不同的参数，程序可用同一个块控制三个不同的设备。图 5-123 是工业搅拌机控制系统结构化程序的构成示意图。下面我们就用结构化编程方法对此控

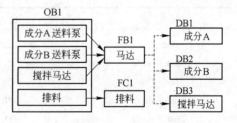

图 5-123　工业搅拌机的结构化程序的结构示意图

制系统进行程序设计。

（1）创建符号地址表。在程序设计中，使用由符号表定义的符号地址。表 5-56 是用来控制送料泵和搅拌机的符号和绝对地址。表 5-57 是用来控制搅拌桶内液位情况和指示灯的符号名和绝对地址。表 5-58 是用来控制排料电磁阀的符号名和绝对地址。表 5-59 是结构化程序的其他元素的符号地址。

表 5-56　送料泵和搅拌机的符号地址

符 号 名	地　址	说　明
InA_Mtr_Fbk	I0.0	成分 A 送料泵启动辅助接点
InA_Ivlv_Opn	I0.1	成分 A 进料阀打开
InA_Fvlv_Opn	I0.2	成分 A 送料阀打开
InA_Start_PB	I0.3	成分 A 泵启动按钮
InA_Stop_PB	I0.4	成分 A 泵停止按钮
InA_Mtr_Coil	Q8.0	成分 A 送料泵启动线圈
InA_Start_Lt	Q8.1	成分 A 泵启动指示灯
InA_Stop_Lt	Q8.2	成分 A 泵停止指示灯
InB_Mtr_Fbk	I1.0	成分 B 送料泵启动辅助接点
InB_Ivlv_Opn	I1.1	成分 B 进料阀打开
InB_Fvlv_Opn	I1.2	成分 B 送料阀打开
InB_Start_PB	I1.3	成分 B 泵启动按钮
InB_Stop_PB	I1.4	成分 B 泵停止按钮
InB_Mtr_Coil	Q8.3	成分 B 送料泵启动线圈
InB_Start_Li	Q8.4	成分 B 泵启动指示灯
InB_Stop_Li	Q8.5	成分 B 泵停止指示灯
A_Mtr_Fbk	I4.0	搅拌机马达启动辅助接点
A_Mtr_Start_PB	I4.1	搅拌机马达运行按钮
A_Mtr_Stop_PB	I4.2	搅拌机马达停止按钮
A_Mtr_Start_Lt	Q8.6	搅拌机马达运行指示灯
A_Mtr_Stop_Lt	Q8.7	搅拌机马达停止指示灯
A_Mtr_Coil	Q9.0	搅拌机马达启动线圈
InA_Mtr_Foult	M10.2	搅拌机马达故障

表 5-57　液位传感器和指示灯的符号地址

符 号 名	地　址	说　明
Tank_Low	I5.0	搅拌液位低传感器
Tank_Empty	I5.1	搅拌液位空传感器
Tank_Full	I5.2	搅拌液位满传感器
Tank_Full_Lt	Q9.5	搅拌液位满指示灯
Tank_Low_Lt	Q9.6	搅拌液位低指示灯
Tank_Empty_Lt	Q9.7	搅拌液位空指示灯
InBN_Stop_PB	I1.4	成分 B 泵停止按钮

表 5-58 控制排料电磁阀的符号地址

符 号 名	地 址	说 明
Drn_Opn_PB	I4.4	开启排放阀按钮
Drn_Cls_PB	I4.5	关闭排放阀按钮
Drn_Sol	Q9.2	排放阀线圈
Drn_Open_Lt	Q9.3	开启排放阀指示灯
Drn_Cls_Lt	Q9.4	关闭排放阀指示灯

表 5-59 其他程序元素的符号地址

符 号 名	地 址	说 明
Drn_Stop_Off	I5.7	紧急停止按钮
Motor	FB1	控制泵和马达的 FB
Drain	FC1	控制排料阀的 FC
InA_Data	DB1	成分 A 的情景数据块
InB_Data	DB2	成分 B 的情景数据块
M_Data	DB3	搅拌马达的情景数据块

（2）电机功能块（FB1）的程序设计。这一 FB1 功能块要实现对代供料泵 A、供料泵 B、搅拌马达的控制。根据前面所述它们在控制过程中的逻辑关系，对 FB1 要有如下要求：

1）需要来自操作站的起始（Start）和终止（Stop）泵或马达的信号；2）需要有泵、马达运行时的反馈信号（Fbk）；3）需要有计时器号（Timer_num）和计时器预置值（Tbk_tim）；4）需要打开操作站 5 和相关指示灯信号（Start_1t）及关闭相关指示灯信号（Stop_Lt）；5）需要有驱动泵或马达线圈的信号（Coil）；6）需要有泵或马达的故障信号（Fault）；7）还要有块 FB1 的允许输入和输出信号（EN、ENO）。

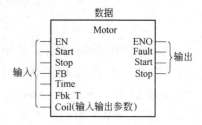

图 5-124 数据块 DB 参数内容

这样块 FB1 的输入/输出参数数据块 DB 的内容就确定下来了。图 5-124 是数据块 DB 参数内容。

编程时，必须定义 FB1 的输入、输出参数。这些定义包括变量名、数据类型和声明类型。表 5-60 是 FB1 的变量声明表。

表 5-60 FB1 的变量声明表

Addr.	Decl.	Name	Type	Initial Value
0.0	Input	Start	Bool	False
0.1	Input	Stop	Bool	False
0.2	Input	Fbk	Bool	False
2	Input	Timer_Num	Timer	W#16#0000
4	Input	Fbk_Tim	S5Timer	S5T#0ms
6.0	Output	Fault	Bool	False
6.1	Output	Start_Lt	Bool	False
6.2	Output	Stop_Lt	Bool	False
8.0	In/Out	Coil	Bool	False
10	Stat	Cur_Tim_Bin	Word	W#16#0000
12	Stat	Cur_Tim_Bcd	Word	W#16#0000

FB1 功能块的程序设计如图 5-125 所示。

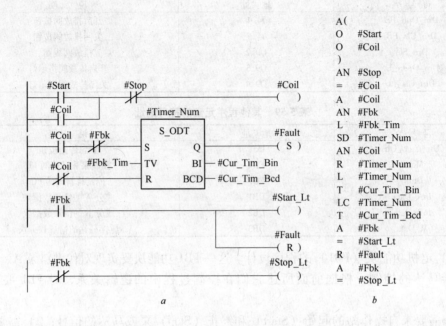

```
A (
O    #Start
O    #Coil
)
AN   #Stop
=    #Coil
A    #Coil
AN   #Fbk
L    #Fbk_Tim
SD   #Timer_Num
AN   #Coil
R    #Timer_Num
L    #Timer_Num
T    #Cur_Tim_Bin
LC   #Timer_Num
T    #Cur_Tim_Bcd
A    #Fbk
=    #Start_Lt
R    #Fault
A    #Fbk
=    #Stop_Lt
```

a   *b*

图 5-125　搅拌机控制系统结构程序的 FB1

a—梯形图；*b*—STL 程序语句

（3）排料功能块（FC1）的程序设计。这一功能块要实现对排料电磁阀的开启、关闭控制和信号检测。其输入参数要有开和关的按钮信号（Start 和 Stop）；要有阀已开启的输入信号（Coil）。输出参数要有检测相关指示灯信号（Open_Lt 和 Close_Lt）和驱动电磁阀线圈信号（Coil）。图 5-126 是块 FC1 的构造示意图。

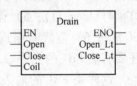

图 5-126　排料功能块 FC1 构造示意图

在编写程序时，与 FB1 相同，必须声明输入、输出参数的变量名、数据类型和声明类型。表 5-61 是排料 FC1 的变量声明表。

表 5-61　排料 FC1 的变量声明表

Addr.	Decl.	Name	Type	Initial Value
0.0	Input	Open	Bool	False
0.1	Input	Close	Bool	False
0.2	Output	Open_Lt	Bool	False
2	Output	Close_Lt	Bool	False
4	In/Out	Coil	Bool	False

FC1 功能块的程序设计如图 5-127 所示。

（4）组织块（OB1）的程序设计。组织块 OB1 的程序设计应包括系统的所有运行逻辑关系。图 5-128 是组织块 OB1 的程序框图。它表示 OB1 程序的结构和调用顺序。程序中要使用不同的 DB 来完成要求控制输入送料泵和搅拌马达的任务。

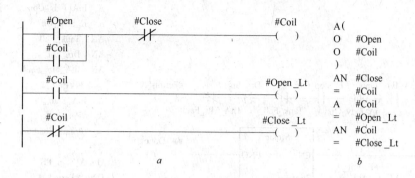

图 5-127　搅拌机控制系统结构程序的 FC1

a—梯形图；*b*—STL 程序语句

在编制程序时，必须建立如表 5-62 所示的变量声明表。

表 5-62　OB1 的变量声明表

Addr.	Decl.	Name	Type
0	Temp	OB1_EV_CLASS	BYTE
1	Temp	OB1_SCAN1	BYTE
2	Temp	OB1_PRIORITY	BYTE
3	Temp	OB1_OB_NUMBR	BYTE
4	Temp	OB1_RESERVED_1	BYTE
5	Temp	OB1_RESERVED_2	BYTE
6	Temp	OB1_PREV_CYCLE	INT
8	Temp	OB1_MIN_CYCLE	INT
10	Temp	OB1_MAX_CYCLE	INT
12	Temp	OB1_DATE_TIME	DATE_AND_TIME
20.0	Temp	Permit_A	Bool
20.1	Temp	Permit_B	Bool
20.2	Temp	Permit_Dr	Bool
20.3	Temp	Permit_M	Bool
20.4	Temp	M_Done	Bool
20.5	Temp	B_Done	Bool
20.6	Temp	A_Done	Bool
20.7	Temp	D_Done	Bool
21.0	Temp	Start_Condition[1]	Bool
21.1	Temp	Stop_Condition[1]	Bool

[1] 这两个变量仅为语句表程序定义梯形图指令自动提供存储这些结果。

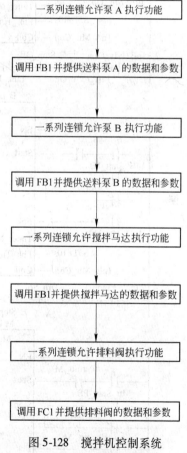

图 5-128　搅拌机控制系统
组织块 OB1 的程序框图

一系列连锁允许泵 A 执行功能

调用 FB1 并提供送料泵 A 的数据和参数

一系列连锁允许泵 B 执行功能

调用 FB1 并提供送料泵 B 的数据和参数

一系列连锁允许搅拌马达执行功能

调用 FB1 并提供搅拌马达的数据和参数

一系列连锁允许排料阀执行功能

调用 FC1 并提供排料阀的数据和参数

STEP 7 要求任何被其他块调用的块必须在调用前被设计出来，因此，FB1 和 FC1 要在 OB1 程序之前设计。图 5-129 是搅拌机控制系统组织块 OB1 的指令程序。

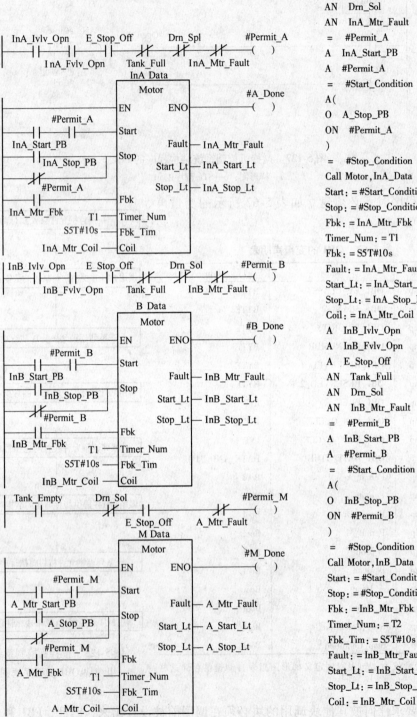

A   InA_Ivlv_Opn
A   InA_Fvlv_Opn
A   E_Stop_Off
AN   Tank_Full
AN   Drn_Sol
AN   InA_Mtr_Fault
=   #Permit_A
A   InA_Start_PB
A   #Permit_A
=   #Start_Condition
A(
O   A_Stop_PB
ON   #Permit_A
)
=   #Stop_Condition
Call Motor, InA_Data
Start：#Start_Condition
Stop：#Stop_Condition
Fbk：InA_Mtr_Fbk
Timer_Num：=T1
Fbk：=S5T#10s
Fault：=InA_Mtr_Fault
Start_Lt：=InA_Start_Lt
Stop_Lt：=InA_Stop_Lt
Coil：=InA_Mtr_Coil
A   InB_Ivlv_Opn
A   InB_Fvlv_Opn
A   E_Stop_Off
AN   Tank_Full
AN   Drn_Sol
AN   InB_Mtr_Fault
=   #Permit_B
A   InB_Start_PB
A   #Permit_B
=   #Start_Condition
A(
O   InB_Stop_PB
ON   #Permit_B
)
=   #Stop_Condition
Call Motor, InB_Data
Start：=#Start_Condition
Stop：=#Stop_Condition
Fbk：=InB_Mtr_Fbk
Timer_Num：=T2
Fbk_Tim：=S5T#10s
Fault：=InB_Mtr_Fault
Start_Lt：=InB_Start_Lt
Stop_Lt：=InB_Stop_Lt
Coil：=InB_Mtr_Coil

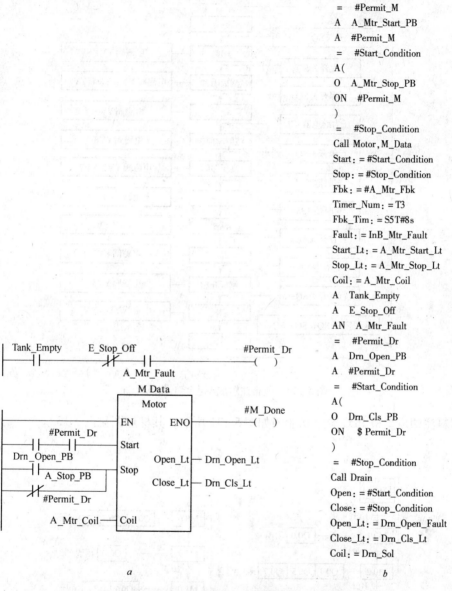

A   Tank_Empty
AN   Drn_Sol
A   E_Stop_Off
AN   A_Mtr_Fault
 =   #Permit_M
A   A_Mtr_Start_PB
A   #Permit_M
 =   #Start_Condition
A(
O   A_Mtr_Stop_PB
ON   #Permit_M
)
 =   #Stop_Condition
Call Motor, M_Data
Start: = #Start_Condition
Stop: = #Stop_Condition
Fbk: = #A_Mtr_Fbk
Timer_Num: = T3
Fbk_Tim: = S5T#8s
Fault: = InB_Mtr_Fault
Start_Lt: = A_Mtr_Start_Lt
Stop_Lt: = A_Mtr_Stop_Lt
Coil: = A_Mtr_Coil
A   Tank_Empty
A   E_Stop_Off
AN   A_Mtr_Fault
 =   #Permit_Dr
A   Drn_Open_PB
A   #Permit_Dr
 =   #Start_Condition
A(
O   Drn_Cls_PB
ON $ Permit_Dr
)
 =   #Stop_Condition
Call Drain
Open: = #Start_Condition
Close: = #Stop_Condition
Open_Lt: = Drn_Open_Fault
Close_Lt: = Drn_Cls_Lt
Coil: = Drn_Sol

a   b

图 5-129 搅拌机控制系统结构程序的组织块 OB1
a—梯形图；b—STL 指令程序语句

5.6 S7-200 的编程技巧

5.6.1 流程化过程设计技巧

在系统软件设计过程中，首先应根据系统控制要求和工艺流程设计出系统顺序功能图,然后根据顺序功能图设计出梯形图。现以塑料注塑成型控制系统为例说明。其生产工艺流程图如图 5-130 所示。

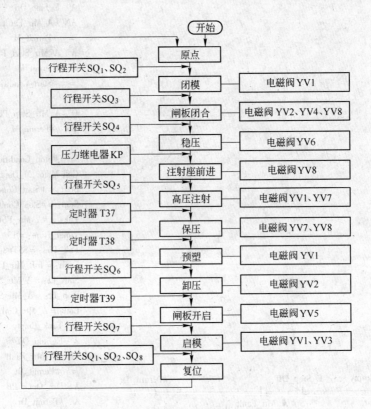

图 5-130   塑料注塑成型生产工艺流程图

塑料注塑成型机 PLC 顺序功能图如图 5-131 所示,其梯形图见图 5-132。

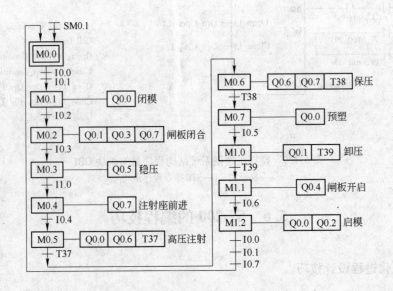

图 5-131   塑料注塑成型机 PLC 顺序功能图

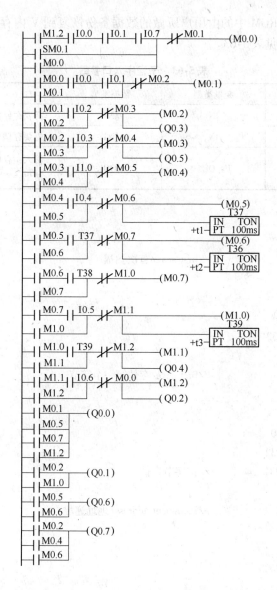

图 5-132　塑料注塑成型机 PLC 梯形图

5.6.2　程序符号一致性技巧

为了使程序易读、易写，保持修改前后的一致性，建议将变量都用符号表示，这样，当变量地址改变时，仅修改程序符号表即可，而具体的控制程序不用改变，有效地提高了编程效率。且尽可能地编制控制子程序供主程序调用，一方面可提高程序的易读性，另一方面还可节省 PLC 内部的存储器空间，例如，一般 S7-200 程序应该编制报警、复位、关机、读写、校验等子程序。

5.6.3　用户程序来保存数据技巧

用户程序可以利用特殊存储器字节 31（SMB31）和特殊存储器字（SMW32）来命令 CPU 将 V 内存的一个数据复制到 E2PROM 中。这样，当 RAM 中相应的部分内容丢失后，

CPU 可以自动地将 E2PROM 中的由用户所做的数据备份恢复到 V 内存中，达到保护数据的目的。子程序入口参数见表5-63。

表5-63　子程序入口参数

参　数	名　称	变量类型	数据类型	注　释
LW0	start	IN	INT	需要存储的 V 内存起始地址
LW2	End	IN	INT	需要存储的 V 内存结束地址
LW4.0	save	IN_OUT	BOOL	输入：存储命令 输出：正在存储标志

程序代码如下：

//子程序部分
NET WORK 1　　　　　　　　　　//first scan/首次扫描
LDN　# save
AN　SM 31.7
AW = SMW32, +0
MOVW +32000,SMW32

NET WORK 2　　　　　　　　　　//first save/存储第一个字节
LD　# save
AN　SM 31.7
AW = SMW32, +32000
MOVW　# start,SMW32
MOVB　16# 81,SM B31　　　　　//按字节存储

NET WORK 3　　　　　　　　　　//increment address/地址递增
LD　# save
AN　SM31.7
AW < > SMW32, +32000
AW < SMW32,# end
IN CW　SMW32
MOVB　16# 81,SM B31

NET WORK 4　　　　　　　　　　//finish reset datas/存储结束,复位
LD　# save
AN　SM31.7
AW < > SMW32, +32000
AW > = SMW32,# end
R　# save,1
MOVW +32000,SMW32

//主程序部分

//在主循环中每次都执行如下语句(本例中存储 V B620 到 V B643 部分内容):

NET WORK XX

LD　SM0.0

CALL　数据存储,+620,+643,V100.0

思考练习题

5-1　S7 系列 PLC 中 CPU 存储区有哪些,各部分功用是什么?

5-2　STEP7 指令系统中的编址方法有几种?

5-3　一个由 S7 系列 PLC 组成的应用系统,其绝对地址与机架、模块的位置有关系吗,它们是如何规定的?

5-4　程序设计中用的数据可分为几类,它们各有什么特点?

5-5　计时器线圈指令与计时器方块图指令的区别是什么?

5-6　置位、复位指令与置位复位触发器和复位置位触发器的指令区别是什么?

6 西门子触摸屏组态和应用

本章要点：本章介绍了西门子的组态软件 WinCC flexible 及其应用。重点介绍了西门子触摸屏组态的方法与技巧，西门子触摸屏的数据记录和趋势视图；西门子触摸屏组态的配方系统；西门子触摸屏组态的报表系统。最后以项目实例演示了西门子的组态软件 WinCC flexible 的使用过程。

6.1 西门子触摸屏组态的简介

6.1.1 触摸屏的应用

随着交互技术的发展，软件的交互性已经是软件的重要组成部分，并成为衡量软件功能强弱的一个重要指标。对于用户来讲，软件所有功能都通过与用户的交互——用户界面来实现，绝大多数情况下，软件就是用户界面。

而在工艺过程日趋复杂，对机器和设备功能要求不断增加的环境中，获得最大的透明性对操作员来说是至关重要的。而人机界面就恰恰提供了这种透明性。

作为一项正在蓬勃生长的技术，人机界面的应用是非常广泛的。从日常生活中我们接触到的按键式电话、遥控器、鼠标到工程实践中的操作界面，人机界面无不发挥着举足轻重的作用。

而随着现代社会信息及电子设备产品市场的壮大，以及人们对电子产品智能化、人性化要求的不断提高，触摸屏成为一种便捷的输入接口，得到了广泛的应用。目前，触摸屏的需求动力主要来自于消费电子产品，如手机、PDA、便捷游戏机、便携导航设备等。随着触摸屏技术的不断发展，它在其他电子产品中的应用也会得到不断延伸。现在市面上已有的触摸屏控制器普遍价格比较高、性能相对比较固定且一些场合下无法满足用户的实际需求。所以，设计制作一种实用且低成本的触摸屏控制器是大势所趋。

触摸屏技术在工程机械领域虽然已有一定的应用和发展，但是技术并不是很娴熟，在操作和外形美观上还有进一步的发展空间。一个生动、形象、友好的触摸屏人机界面能够使得初学者更快地掌握设备的使用，能够使操作者更清楚地了解机器各个时间段的运行情况，对于保护机器设备和提高生产效率具有重大意义。

6.1.2 触摸屏人机界面

人机界面（Human Machine Interface）又称人机接口，简称 HMI。它是人与机器之间相互传递信息的媒介，也就是人与机器进行交流的界面。合理的人机界面美观大方，通俗易懂，操作简单且具有引导功能，使用户感觉愉快，增强兴趣，从而提高使用效率。

人机界面涉及计算机科学与人机工程学、认知心理学和图形艺术学等多种学科的交叉研究领域，是人与计算机之间传递和交换信息的媒介，是计算机系统向用户提供的综合操作环境。近年来，随着软件业的迅速发展，新一代计算机技术研究的推动，以及网络技术的突飞猛进，人机界面的设计和开发已成为国际计算机界最为活跃的研究方向，如图 6-1 所示。

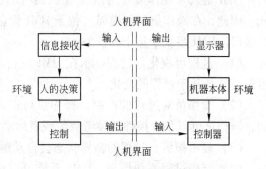

图 6-1　人机系统模型

今天人类的生活片刻也离不开机器。人与机器的和平共处比任何时候都更显重要，而要做到这一点，人与机器的交流必须通畅无阻。设计精巧的人机界面装置能够让人根本感觉不到是它赋予了人巨大的力量——此时人与机器的界限彻底消融，人与技术合为一体。

人机界面装置是操作人员与 PLC 之间进行双向沟通的桥梁，很多工业被控对象要求控制系统具有很强的人机界面功能，用来实现操作人员与计算机控制系统之间的对话和相互作用。人机界面装置用来显示 PLC 的 I/O 状态和各种系统信息，接收操作人员发出的各种命令以及对参数进行设置，并将它们传送到 PLC。人机界面装置一般安装在控制屏上，必须能够适应恶劣的现场环境，其可靠性应与 PLC 的可靠性相同。

过去，按钮、开关和指示灯等作为人机界面装置，它们提供的信息量少，而且操作困难，需要熟练的操作人员来操作。如果用七段数字显示器来显示数字，拨码开关来输入参数，不但占用 PLC 的 I/O 点数多，硬件成本高，有时还需自制印制电路板。

在环境条件较好的控制室内，可以用计算机作为人机界面装置。早期的工业控制计算机用 CRT 显示器和薄膜键盘作为工业现场的人机界面，它们体积大，安装困难，对现场环境的适应能力差。现在基本上都是用基于液晶显示器的操作面板和触摸屏。

而现在，触摸屏是人机界面的发展方向。可以由用户在触摸屏的画面上设置具有明确意义和提示信息的触摸式按键。触摸屏的面积小，使用直观方便。

用户可以用触摸屏上的组合文字、按钮、图形和数字信息等来处理或监控不断变化的信息。过去的人机界面设备操作困难，需要熟练的操作员才能操作。使用触摸屏和计算机控制后，机器设备目前的状况能够明确地显示出来，使操作变得简单，可以减少操作失误，即使是新手也可以很轻松地学会操作整个机器设备。

触摸屏还可以用画面上的按钮和指示灯等来代替相应的硬件元件，以减少 PLC 需要的 I/O 点数，使机器的配线标准化、简单化，降低了系统的成本。显示面板的小型化及高性能，使整套设备的附加价值得到提高。

鉴于触摸屏的诸多优点，现今社会上很多人都频繁地接触到触摸屏。这种装置最常应用于 PDA 和手机等手持设备及售票终端系统等，当然，其在工程机械中也具有广泛的应用。

6.1.3　西门子触摸屏组态的任务和特点

HMI 是人（操作员）与过程（机器/设备）之间的接口。PLC 是控制过程的实际单元。因此，在操作员和触摸屏（位于 HMI 设备端）之间以及触摸屏和 PLC 之间均存在一个接口。HMI 系统承担下列任务：

（1）过程可视化。过程显示在 HMI 设备上。HMI 设备上的画面可根据过程变化动态更新。这是基于过程的变化。

（2）操作员对过程的控制。操作员可以通过 GUI（图形用户界面）来控制过程。例如，操作员可以预置控件的参考数值或者启动电机。

（3）显示报警。过程的临界状态会自动触发报警，例如，当超出设定值时。

（4）归档过程值和报警。HMI 系统可以记录报警和过程值。该功能可以记录过程值序列，并检索以前的生产数据。

（5）过程值和报警记录。HMI 系统可以输出报警和过程值报表。例如，可以在某一轮班结束时打印输出生产数据。

（6）过程和设备的参数管理。HMI 系统可以将过程和设备的参数存储在配方中。例如，可以一次性将这些参数从 HMI 设备下载到 PLC，以便改变产品版本进行生产。

西门子的人机界面过去用 ProTool 组态，WinCC flexible 是在 ProTool 的基础上发展起来的，并且与 ProTool 保持了兼容性，还支持多种语言，可以全国通用。WinCC flexible 综合了 WinCC 的开放性和可扩展性，以及 ProTool 的通用性。计划在以后的版本中，V6 版的 WinCC 可以和 WinCC flexible 一起使用。WinCC flexible 综合了下列优点：

（1）WinCC flexible 提出了新的设备级自动化概念，可以显著提高组态效率。它可以为所有基于 Windows CE 的 SIMATIC HMI 设备组态，从最小的面板到最高档的多功能面板，还可以对西门子的 C7（人机界面与 S7-300 相结合的产品）系列产品组态。

（2）除了用于 HMI 设备的组态外，WinCC flexible 高级版的运行软件还可以用于 PC，将 PC 作为功能强大的 HMI 设备使用。

（3）WinCC flexible 可以满足各种需求，从单用户、多用户到基于网络的工厂自动化控制与监视。

（4）WinCC flexible 具有开放简易的扩展功能，带有 Visual Basic 脚本功能，集成了 Active X 控件，可以将人机界面集成到 TCP/IP 网络。

（5）WinCC flexible 简单、高效，易于上手，功能强大。在创建工程时，通过点击鼠标便可以生成 HMI 项目的基本结构。基于表格的编辑器简化了对象的生成和编辑。通过图形化配置，简化了复杂的配置任务。

（6）WinCC flexible 带有丰富的图库，提供了大量的图形对象供用户使用，其缩放比例和动态性能都是可变的。使用图库中的元件，可以快速方便地完成各种美观的图片。用户可以增减图库中的文件，也可以建立自己的图库。由用户生成的可重复使用的对象可以分类储存在库中。也可以将绘图软件绘制的图形装入图库。根据用户和工程的需要，还可以将简单的图形对象组合成面板，供本项目或别的项目使用。

6.2 西门子触摸屏组态的数据记录和趋势视图

6.2.1 西门子触摸屏组态的数据记录

6.2.1.1 数据记录的基本原理

A 原理

数据是指在过程中采集并保存在所连接的某一自动化系统内存中的信息。该数据反映了设备的状态，例如温度、填充量或状态（如马达关闭）。要使用过程变量（测量值），必须在 WinCC flexible 中定义变量。

在 WinCC flexible 中，外部变量用于采集过程值并访问所连接的自动化系统中的内存位置。内部变量不与任何过程相连，只能由各自对应的 HMI 设备使用。

来自外部变量和内部变量的值可以保存在数据记录中。可以分别由每个变量指定将对其保存的记录。

数据记录通过周期和事件控制。记录周期用于确保持续采集和存储变量值。此外，数据记录也能通过事件触发，例如当数值改变时，可以分别对每个变量进行这些设置。

在运行时，要记录的变量值被采集、处理并存储在 ODBC 数据库或文件中。

B 存储介质和位置

记录的数据将被存储在 ODBC 数据库（仅限 PC）或文件中，如图 6-2 所示。

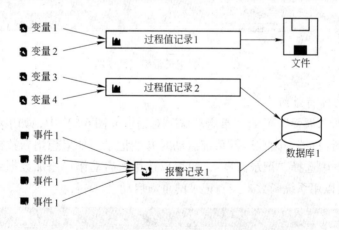

图 6-2 存储介质和位置

6.2.1.2 WinCC flexible 中的数据记录

A 创建数据记录

双击项目视图"历史数据"文件夹中的"数据记录"图标，打开数据记录编辑器（图 6-3）。双击编辑器的第一行，将自动生成一个数据记录，系统自动指定新的数据记录的默认值，用户可以对默认值进行修改和编辑，如将"名称"改为"1 号步进电机转速"。可以在数据记录编辑器或数据记录的属性窗口中定义数据记录的属性。

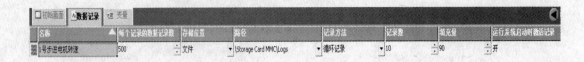

图 6-3　数据记录编辑器

B　常规属性组态

数据可以存储在 PC 的 ODBC 数据库中，或者存放在可以用 Excel 打开的 ∗. csv 格式的文件中，以上两种情况对应选择"数据库"或"文件"作为存储位置。本项目中，选择存储位置为"文件"。根据 HMI 设备的配置，可以选择 PC 的本地硬盘、HMI 的存储卡或者网络驱动器。做离线模拟实验时，数据记录文件在计算机 C：盘自动生成的默认文件夹"Storge Card \ Logs"中。数据记录文件也是自动生成的。

图 6-4 为数据记录常规属性视图，图中"每个记录的数据记录数"指可以存储在数据记录中的数据条目的最大数目，其最大值受到 HMI 设备的存储容量的控制。

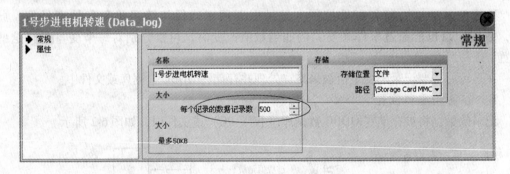

图 6-4　数据记录常规属性视图

C　重新启动的特性组态

在属性视图的"属性"类的"重启动作"对话框（图 6-5）中，如果激活复选框"运行系统启动时激活记录"，则在运行系统启动时开始记录。如果想用新数据覆盖原来记录的数据，在单选框中选择"记录清零"，也可以选用重启动作"添加数据到现有记录的后面"。在运行时可以用系统函数来控制记录的重新启动。

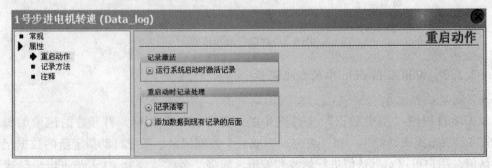

图 6-5　重新启动特性组态视图

D 记录方法

在属性视图的"属性"类的"记录方法"对话框（图6-6）中，可以选择下列记录方法：

（1）"循环记录"：记录中保存的数据采用先入先出的存储方式，当记录满时，最早的条目将被覆盖，假设每个记录的条目数为100，第101个条目将覆盖第1个条目。

（2）"自动创建分段循环记录"：将创建具有相同大小的制定条数的记录，并逐个进行填充。当所有的记录被完全填满时，最早的记录将被覆盖。记录的条数可以设置。

（3）"显示系统事件于"：当达到定义的填充比例（默认值为90%）时，将发送系统报警消息。

（4）"上升事件"：记录一旦填满，将触发"溢出"事件，执行系统函数，例如可以清除数据记录。

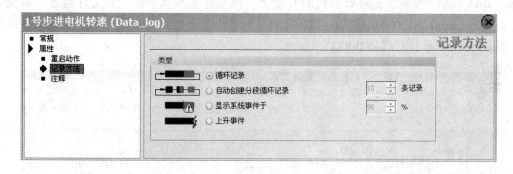

图6-6 记录方法组态视图

E 组态变量的记录属性

在"数据记录"中选择"1号步进电机转速"（图6-7）。

记录的采集方式有3种：

（1）"变化时"：HMI设备检测到变量值改变时记录变量值。

（2）"根据命令"：通过调用"LogTag"系统函数记录变量值。

（3）"循环连续"：以固定的时间间隔记录变量值。除了WinCC flexible中可用的标准周期以外，还可以添加自定义的周期。

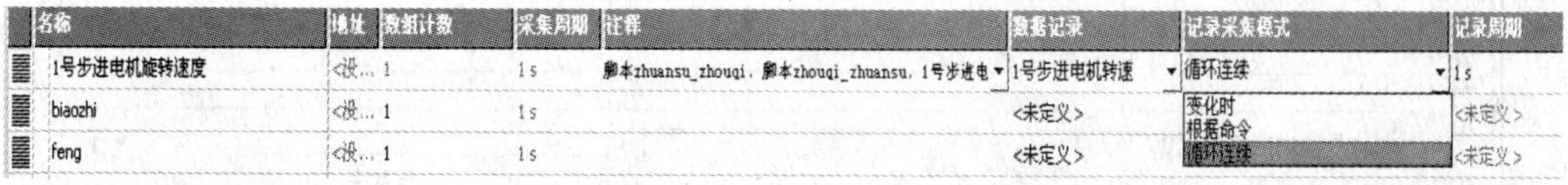

名称	地址	数据计数	采集周期	注释	数据记录	记录采集模式	记录周期
1号步进电机旋转速度	设…	1	1s	脚本zhuansu_zhouqi，脚本zhouqi_zhuansu，1号步进电	1号步进电机转速	循环连续 ▼	1s
biaozhi	设…	1	1s		<未定义>	变化时根据命令	<未定义>
feng	设…	1	1s		<未定义>	循环连续	<未定义>

图6-7 变量编辑器

在变量"1号步进电机旋转速度"的属性视图的"属性"类的"记录限制值"对话框中，将该变量的记录限制在0～600之内。如果没有设置限制值，将连续记录变量。使用这种方式可以记录一个变量值，以便以后分析，如图6-8所示。

F 数据记录文件

因为是用运行系统RT来模拟HMI设备的运行，所以设置的数据记录的路径"\Stor-

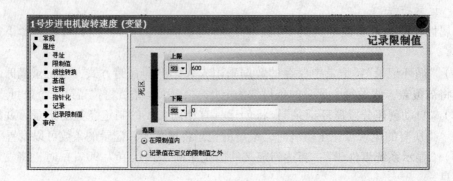

图6-8 变量"1号步进电机旋转速度"属性视图

age Card \ Logs"实际上是在计算机的 C 盘上，该文件夹和其中的记录文件是运行系统自动生成的。双击该文件夹中自动生成的文件"1 号步进电机旋转速度 0. csv"，该文件被软件 Microsoft Excel 打开（图6-9）。

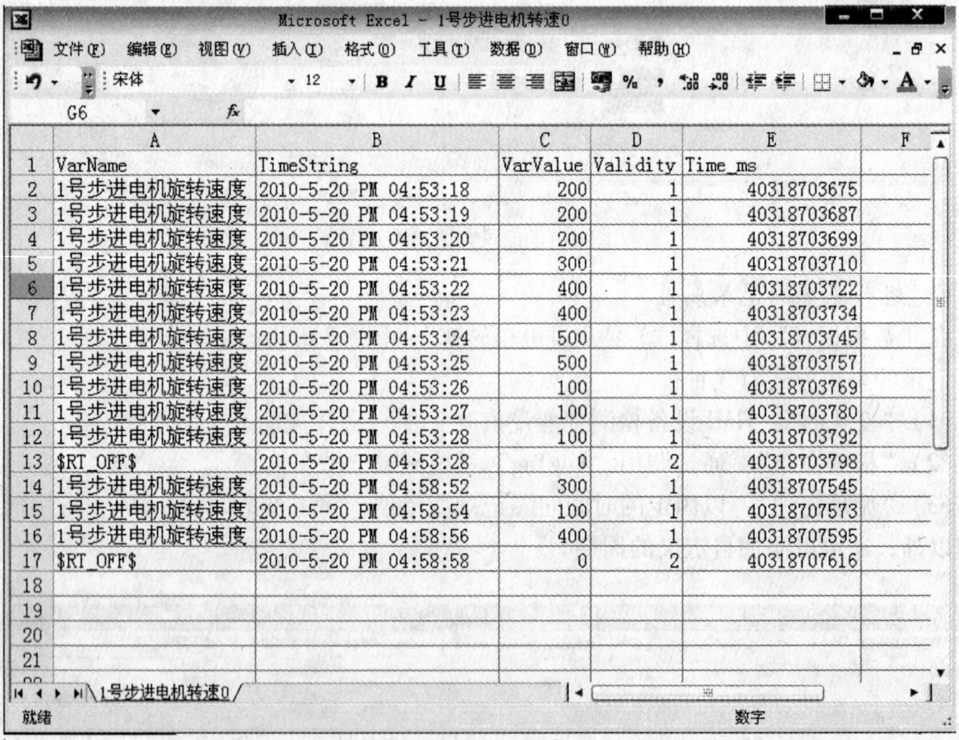

	A	B	C	D	E	F
1	VarName	TimeString	VarValue	Validity	Time_ms	
2	1号步进电机旋转速度	2010-5-20 PM 04:53:18	200	1	40318703675	
3	1号步进电机旋转速度	2010-5-20 PM 04:53:19	200	1	40318703687	
4	1号步进电机旋转速度	2010-5-20 PM 04:53:20	200	1	40318703699	
5	1号步进电机旋转速度	2010-5-20 PM 04:53:21	300	1	40318703710	
6	1号步进电机旋转速度	2010-5-20 PM 04:53:22	400	1	40318703722	
7	1号步进电机旋转速度	2010-5-20 PM 04:53:23	400	1	40318703734	
8	1号步进电机旋转速度	2010-5-20 PM 04:53:24	500	1	40318703745	
9	1号步进电机旋转速度	2010-5-20 PM 04:53:25	500	1	40318703757	
10	1号步进电机旋转速度	2010-5-20 PM 04:53:26	100	1	40318703769	
11	1号步进电机旋转速度	2010-5-20 PM 04:53:27	100	1	40318703780	
12	1号步进电机旋转速度	2010-5-20 PM 04:53:28	100	1	40318703792	
13	RT_OFF	2010-5-20 PM 04:53:28	0	2	40318703798	
14	1号步进电机旋转速度	2010-5-20 PM 04:58:52	300	1	40318707545	
15	1号步进电机旋转速度	2010-5-20 PM 04:58:54	100	1	40318707573	
16	1号步进电机旋转速度	2010-5-20 PM 04:58:56	400	1	40318707595	
17	RT_OFF	2010-5-20 PM 04:58:58	0	2	40318707616	
18						
19						
20						
21						

图6-9 数据记录文件

图6-9 中的"VarName"为变量名称，"TimeString"为字符串格式的时间标志，"VarValue"为变量的值，Validity（有效性）=1 表示数值有效，Validity =0 表示出错（例如过程连接中断）。"Time_ms"是以毫秒为单位的时间标志，在趋势视图中显示变量值时使用。表格中"VarName"列中的"$ RS_OFF $"表示退出运行系统。

6.2.2　西门子触摸屏组态的趋势视图

6.2.2.1　趋势视图的基本原理

A　作用

趋势视图显示了在可定义的时间段内的记录值。在运行时，操作员可以改变时间段以查看期望的信息（记录的数据）。

B　趋势类型

（1）记录：用于显示变量的记录值。

（2）实时脉冲触发：用于值的时间触发显示。要显示的值由可定义的时间模式分别确定。脉冲触发的趋势适合于辨识连续的过程，例如电机运行温度的改变。

（3）实时位触发：用于值的时间触发显示。要显示的值通过在"趋势传送"变量中一个已定义的位而触发。读取完成后，要对位进行复位。位触发的趋势对于显示快速变化的值（例如生产塑料部件时的注入压力）十分有用。

（4）历史位触发：用于带有缓冲数据采集的事件触发显示。

6.2.2.2　WinCC flexible 中的趋势视图

A　趋势视图的外观及其按钮

图 6-10 为 WinCC flexible 中趋势视图的外观。

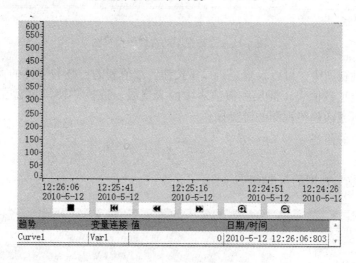

图 6-10　趋势视图的外观

下面来解释其中按钮的功能：

（1）启动/停止趋势视图按钮 ■：用于启动或者停止趋势视图中的趋势记录，停止趋势视图使其不再更新趋势视图。

（2）返回到趋势视图起始处按钮 ◄◄：在趋势视图中向后翻页到趋势记录的起始处，显示趋势视图的起始值。

（3）向后滚动趋势视图按钮 ◄◄：在趋势视图中向后（向左）滚动一个显示宽度。

（4）向前滚动趋势视图按钮 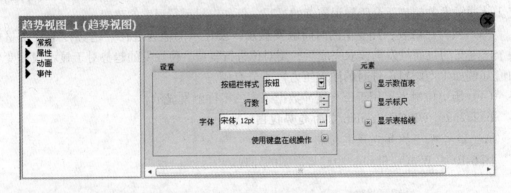：在趋势视图中向前（向右）滚动一个显示宽度。

（5）扩展趋势视图按钮 ：用于对水平方向的趋势显示进行扩展，即减少 X 轴上的趋势所显示的时间间隔。

（6）压缩趋势视图按钮 ：用于对水平方向上的趋势显示进行压缩，即增加 X 轴上的趋势显示的时间间隔。

B　常规与外观属性组态

图 6-11 为趋势视图的常规属性视图。

图 6-11　趋势视图的常规属性视图

在常规属性视图中，可以设置是否显示按钮、数值表的行数和字体的大小。用复选框可以选择是否显示数值表、标尺和数值表中的表格线。选择"使用键盘在线操作"复选框，在运行时可激活趋势视图的键盘操作。

C　坐标轴的组态

a　X 轴

图 6-12 为趋势视图的 X 轴组态视图。

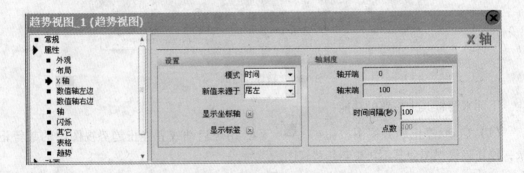

图 6-12　趋势视图的 X 轴组态视图

在属性视图"属性"类的"X 轴"对话框中，"模式"用来设置 X 轴刻度显示的样式，选择"点"时，刻度使用百分比形式的数值，也可以选"变量/常量"和"时间"，一般设置为"时间"。

可以选择趋势曲线的新值来源于右侧或左侧，图 6-12 中设置为左侧，则在运行时曲线从左往右移动，X 轴的左端显示当前的时间值，右端显示的是 100s（由"轴末端"设置）之前的时间值。

在"X 轴"、"左侧数值轴"、"右侧数值轴"对话框中，如果不选择"显示刻度"复选框，坐标轴和刻度值将会消失。如果选择刻度，但是不显示标签，X 轴下方或者数值轴旁边的时间或数值（标签值）消失。

本项目中，X 轴显示时间，故 X 轴上的设置如图 6-12 所示。

b　左侧数值轴

趋势视图的左侧数值轴组态视图如图 6-13 所示。

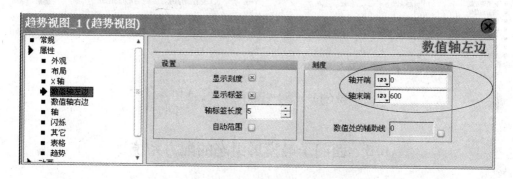

图 6-13　趋势视图的左侧数值轴组态视图

在属性视图的"属性"类的"左侧数值轴"对话框中，可以设置轴的开端（下端点）和末端（上端点）的值。轴标签长度是指轴标签所占的字符。

如果希望在运行时显示水平的辅助线以方便数值的读取，则选中"数值处的辅助线"复选框，可以通过输入的数值来移动辅助线的位置。

c　轴

趋势视图的轴组态视图如图 6-14 所示。

图 6-14　趋势视图的轴组态视图

可以在属性视图的"属性"类的"轴"对话框中分别选择 3 条坐标轴是否显示刻度值。"增量"指的是坐标轴上两条相邻的最小刻度之间的部分所对应的数值，增量为 0 将不显示刻度，"标记"是指用最小刻度将一个大刻度分成多少份。

D　趋势组态

在属性视图的"属性"类的"趋势"对话框中，点击一个空的行，将创建一个新趋势，设置它的类型和其他参数。图6-15中的"前景色"指曲线的颜色；"采样点数"指用于趋势显示的历史数据的点数。趋势只能显示0～100之间的整数，需要将变量转换成相对于最大值的百分数（整数）后再送给趋势视图显示。趋势视图中的垂直坐标轴刻度可以按变量的实际值设置。

图6-15　趋势视图的趋势组态视图

6.3　西门子触摸屏组态的配方系统

6.3.1　配方系统的基本原理

配方是同一类数据的集合，如机器参数设置或生产数据。

配方有固定的数据结构。在组态阶段，对配方的结构进行一次性定义。一个配方中包含有多个配方数据记录。这些数据记录仅在数值方面有所不同，而非结构方面。配方存储在HMI设备或外部存储介质上。例如，如果将生产数据存储在服务器上的数据库中，则可以在运行时通过CSV文件导入生产数据。

通常情况下，配方数据记录以单步的方式在HMI设备和PLC之间完整地传送。

（1）使用配方。在下列情况下可以使用配方：

1）手动生产。可以选择所需的配方数据并将其显示在HMI设备上。可以根据需要修改配方数据并将其保存在HMI设备上。将配方数据传送到PLC中。

2）自动生产。控制程序启动PLC和HMI设备之间的配方数据传送。还可以从HMI设备上启动传送。随后生产过程将自动进行。无需显示或修改这些数据。

3）Teach-in模式。可以优化系统中已手动优化过的生产数据，例如坐标位置或填充量。从而将确定值传送给HMI设备，并保存在一个配方数据记录中。以后可以将已保存的配方数据回传给PLC。

（2）显示配方。可以通过下列方式在HMI设备上显示和编辑配方：1）过程画面中的配方视图；2）配方画面。

（3）输入并修改配方数据。可以在单个配方记录中输入数据，并根据需要进行修改。有下列选项：

1）组态期间的数据项。如果生产数据已存在，则可以在配方的组态期间，在“配方”编辑器中输入数据。

2）运行期间的数据项。如果不得不频繁地修改生产数据，可以直接在运行时进行修改。

① 在 HMI 设备上直接输入数据。

② 在机器上直接设置参数，然后将数据从 PLC 传送到 HMI 设备，并存储在配方中。

6.3.2 WinCC flexible 中的配方系统

下面以灌装物料的配方为例，介绍组态配方的步骤。

6.3.2.1 生成配方

具体如下：

（1）在 STEP7 中创建一个名为“灌装物料”的项目，项目中有一个 S7-300 站，还有一个 SIMATIC HMI 站（图 6-16），在 NetPro 中将这两个站连接到 MPI 网络。

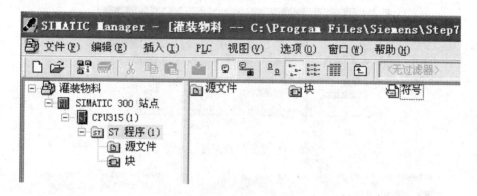

图 6-16 STEP7 中的项目

（2）双击“符号”图标，打开符号表，在符号表中生成与配方元素有关的 2 个变量“原料 1”和“原料 2”（图 6-17）。

S7 程序(1) (符号) -- 灌装物料\SIMATIC 300 站点\CPU315(1)

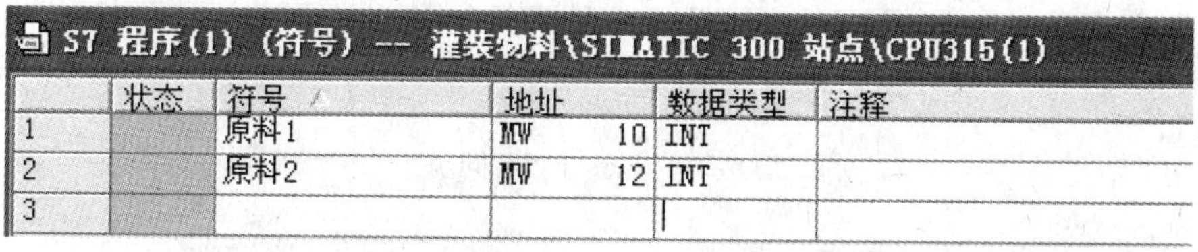

	状态	符号	地址	数据类型	注释
1		原料1	MW 10	INT	
2		原料2	MW 12	INT	
3					

图 6-17 STEP7 中的符号表

（3）点击“新建配方”，配方编辑器被打开，输入配方的名称和显示名称为“灌装物料”，该配方的编号被自动设置为 1，然后组态配方的元素，如图 6-18 所示。

6.3.2.2 组态配方属性

在“属性”的“选项”视图中，组态配方的数据传输方式可以选择“同步变量”和“变量离线”这两种方式，如图 6-19 所示。

在“属性”的“传送”视图中组态配方与 PLC 同步，可以选择适合的 PLC 型号，如图 6-20 所示。

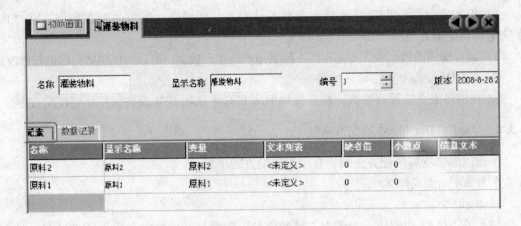

图 6-18　配方编辑器

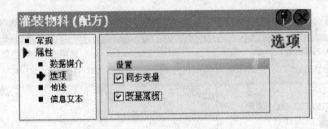

图 6-19　配方的数据传送方式

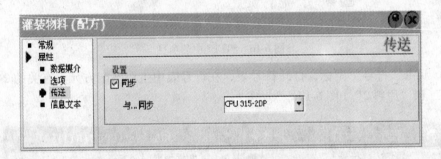

图 6-20　组态与 PLC 同步

6.3.2.3　组态配方的数据记录

配方的数据记录对应配方的元素，是一组在配方中定义的变量的值，可以在组态时或 HMI 设备运行时输入和编辑配方数据记录。

组态时在配方编辑器的"数据记录"选项卡中生成和编辑数据记录，如图 6-21 所示。输入数据记录的名称后，逐一输入各配方元素的数值。

6.3.2.4　组态配方视图

A　生成配方视图

组态配方视图时，将工具箱中的"增强对象"组中的"配方视图"图标拖到画面中，然后适当调节配方视图的位置和大小，如图 6-22 所示。

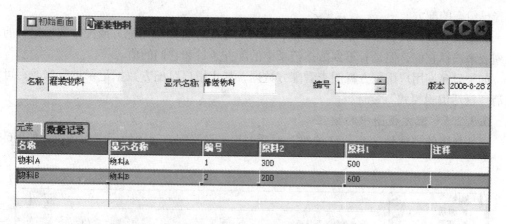

图 6-21　配方的数据记录

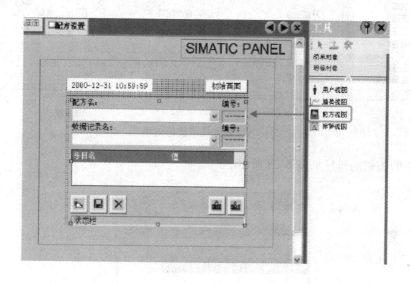

图 6-22　配方视图

B　组态配方视图属性

如图 6-23 所示，在配方视图的"常规"对话框中，如果指定了配方的名称，运行时只能对该配方进行操作。如果没有指定配方名称（选择"未定义"），在运行时由操作员

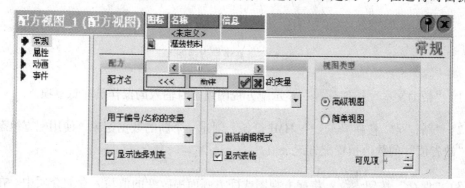

图 6-23　配方视图的常规属性

选择已组态的配方。

　　如果没有选择"显示表格"复选框，运行时在配方视图中用配方或配方数据记录的下拉列表来选择它们，但是看不到数据记录中的配方条目和它们的值。

　　如果只允许用户用配方视图查看配方数据，禁止用户对配方数据记录进行修改，可以取消"激活编辑模式"复选框。

6.3.2.5　配方视图中的按钮

　　属性视图的"属性"类的"按钮"对话框用来设置配方视图使用哪些按钮，如图6-24所示。

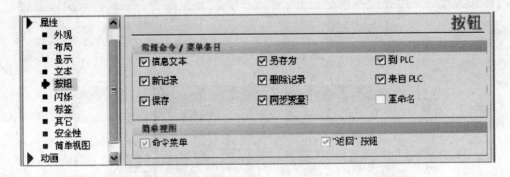

图 6-24　配方视图按钮的组态

　　配方中的按钮的排序如图 6-25 所示。

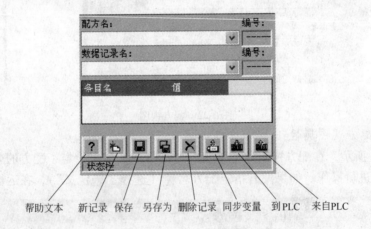

图 6-25　高级配方视图

　　（1）"帮助文本"按钮 ：显示配方视图组态时输入的操作员注意事项。

　　（2）"新记录"按钮 ：在 HMI 设备上创建一个新的数据记录，使用配方组态时指定为"缺省值"的数值预置配方记录值。

　　（3）"保存"按钮 ：将配方视图或配方画面中改变的值写入存储介质中。在配方编辑器中组态配方时，在属性视图的"属性"类的"数据介质"对话框中定义存储的位置。

（4）"另存为"按钮 ：以新的名称保存当前显示在配方视图中的配方记录。

（5）"删除"按钮 ：从 HMI 设备的数据介质中删除显示在配方视图中的配方记录。

（6）"同步数据记录"按钮 ：操作员使用该按钮建立配方视图和变量之间的一致性，使当前显示在配方视图中的配方记录值与关联的变量同步。同步期间，配方视图中修改过的值被写入相关联的变量中。然后从变量中读取这些值，用于更新配方视图。

（7）"写入 PLC"按钮 ：将当前显示在配方视图中的配方数据记录传送至连接的 PLC。

（8）"从 PLC 读出"按钮 ：将当前装载到 PLC 中的配方数据记录传送至 HMI 设备，并在配方视图中显示出来。

6.4 西门子触摸屏组态的报表系统

6.4.1 报表系统的基本原理

6.4.1.1 概述

在 WinCC flexible 中，报表用于归档过程数据和完整的生产周期。可以报告报警信息和配方数据，以创建班次报表，输出批量数据，或者对生产制造过程进行归档。

可在图形编辑器中编辑报表文件。在该编辑器中，组态报表布局并确定输出数据。可将用于数据输出的各种对象添加到报表文件中。一些工具箱对象或者提供有限的功能，或者根本不可用，这取决于正在组态的 HMI 设备。工具箱中不可用的对象突出显示为灰色且无法选择。

可创建独立的报表文件来报告不同类型的数据。可为每个报表文件分别设置输出的触发情况。可选择在指定的时间、相隔定义的时间间隔或由其他事件来触发数据的输出。

这些功能的模块化结构允许根据不同需求确切地组态报表。

6.4.1.2 应用实例

在某一轮班结束时，创建一张轮班报表，其中包含整个生产过程的数据和出错事件。

可以创建一张报表，输出批量生产的生产记录数据。

可以创建一张输出某一类别或类型的消息的报表。

6.4.1.3 报表的结构

WinCC flexible 的报表具有相同的基本结构，它们被分为不同的区域，各个区域用于输出不同的数据，可以包含常规对象和报表对象，如图 6-26 所示。

（1）报头（报表页眉）：报表的封面称为报头，报头用来输出项目标题和项目的常规信息。报头输出时不带页眉和页脚。

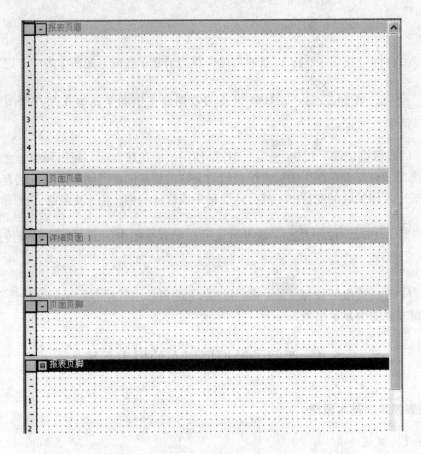

图 6-26　报表编辑器

（2）报尾（报表页脚）：报尾是报表的最后一页，它用于输出报表的摘要或者报表末尾处需要的其他信息。报尾输出时不带页眉和页脚。

（3）详细页面：运行系统的数据在"详细页面"区域中输出，详细页面中可以插入用于输出运行系统数据的对象。

（4）页面页眉：页眉在详细页面每一页的上部，用于输出日期、时间、标题或者其他常规信息。

（5）页面页脚：页脚在详细页面每一页的下部，用于输出页码、总页数或其他常规信息。

输出数据时，将根据数据量自动添加分页符，也可以在报表中插入详细页面，以便在视觉上分隔不同输出对象的组态。

6.4.2　WinCC flexible 中的报表系统

6.4.2.1　创建报表

报表编辑器用于编辑报表。

在项目视图中选择"报表"条目并打开弹出式菜单。在弹出式菜单中选择"新建报表"命令。可在工作区中创建新的报表，并将其打开。

6.4.2.2　组态报表的常规属性

用鼠标右键点击详细报表的工作区，执行弹出式菜单中的命令"文档属性"，将出现报表属性视图的"常规"对话框。可以选择是否启用报表页眉和报表页脚，是否启用详细页面的页眉和页脚，还可以设置页眉和页脚的高度，如图6-27所示。

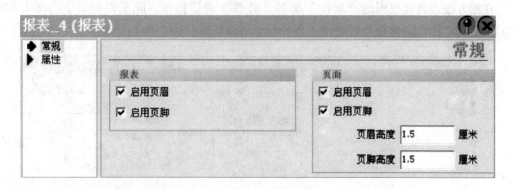

图 6-27 配方报表的常规属性组态

6.4.2.3 组态配方报表

A 组态报表

点击配方报表页眉左侧的 + 按钮，将其打开，插入文本域"班次配方报表"，在它的属性视图的"属性"类的"文本格式"中，将它的字体大小设置为20点像素。

将工具箱的"简单对象"组中的"日期时间域"对象拖放到页面页眉中。用相同的方法将工具箱的"报表"组的"页码"对象插入页面页脚中。

为了创建配方报表，将"打印配方"对象从工具箱的"报表"组拖放到报表的详细页面1中。点击页面中的"打印配方"对象，使它的属性显示在属性视图中（图6-28）。在属性视图中组态配方报表。

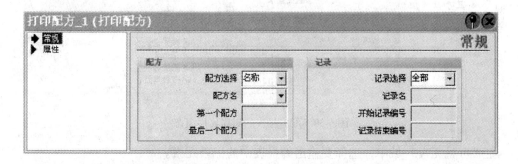

图 6-28 配方报表的外观属性组态

B 组态配方报表的常规属性

在属性视图的"常规"对话框中为报表选择要打印的配方和配方记录。

打印配方有3种选择：

（1）选择"名称"：只打印一个配方，需要设置配方的名称。

（2）选择"全部"：打印所有配方。

（3）选择"编号"：打印连续的若干个配方，此时需要设置开始打印的第一个配方和最后一个配方。

可以用同样的方法选择需要打印的数据记录，一般选择"全部"。

C　组态配方报表的外观属性

在配方报表属性视图的"属性"类的"外观"对话框中，除了设置报表的文本和背景的颜色外，还可以设置背景的格式和是否采用边框等（图6-29）。

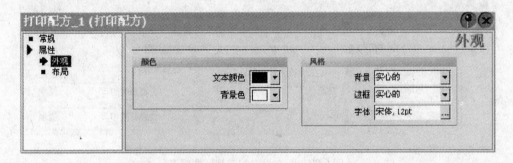

图6-29　配方报表的外观属性组态

D　组态配方报表的布局属性

用属性视图的"属性"类的"布局"对话框中的"格式类型"选择框，选择数据是按"列"输出，还是按"行"输出。如果以表格形式输出，在"列宽"域指定列宽的字符数，设置的宽度影响表格所在的列，如图6-30所示。

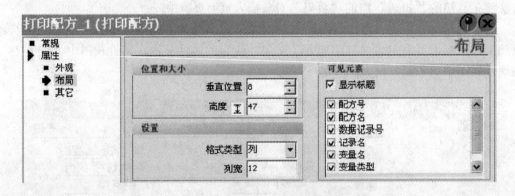

图6-30　配方报表的布局属性组态

在"可见元素"域中，选择要输出的报表中的记录元素。

在报表中组态的"打印配方"对象的高度与输出无关，由于在报表输出期间可能会产生大量的数据，因此"打印配方"对象被动态扩展，以便可以输出产生的所有数据。如果超出页面长度，将自动分页。

6.5　西门子触摸屏组态应用实例

6.5.1　油冷却器装配机控制系统简介

油冷却器装配机控制系统主要是利用伺服电机、步进电机和异步电机之间的组合、联动，实现手爪正确抓取物料的功能。各电机的运动受 PLC 控制。

6.5.2 触摸屏的画面设计

6.5.2.1 确定需要设置的画面

根据系统的要求，需要设置下列画面：

（1）开机时显示的初始画面。

（2）自动运行画面（主画面）。

（3）参数设置画面，用于输入和显示所需参数的值。

（4）运行画面，用于系统运行。

（5）调试画面，用于显示各电机运动状态及其运动参数等重要信息。

（6）用户管理画面，用于用户的登录、注销和用户管理。

（7）统计画面，用于统计所需要的数据等。

6.5.2.2 画面切换关系和初始画面

因为画面个数不多，故以初始画面为中心，采用"单线联系"的星形切换方式。开机后显示初始画面，在初始画面中设置切换到其他画面的画面切换按钮（图 6-31），从初始画面可以切换到所有其他画面，其他画面只能返回初始画面。

初始画面之外各画面不能相互切换，需要经过初始画面的"中转"来切换。

这种画面组织方式的层次少，除初始画面外，其他画面视图的画面切换按钮少，操作比较方便。如果需要，也可以建立初始画面以外的其他画面间的切换关系。

生成主画面后，只需要将系统画面中的"主画面"图标拖放到初始画面，就可以在初始画面中生成切换到"主画面"的画面切换按钮，按钮上的文本"主画面"是自动生成的。可以用鼠标调节按钮的位置和大小。在属性视图中可以设置按钮的背景色和文本的大小等。

6.5.2.3 其他画面

A 参数设置界面

参数设置界面（图 6-32）为一个输入型界面，输入装配机自动化运行所需的数据，需要输入的数字有"生产效率"、"料厚"、"料片数"。

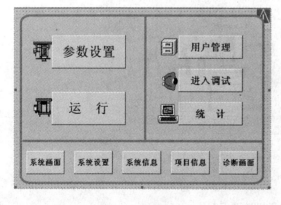

图 6-31 初始画面

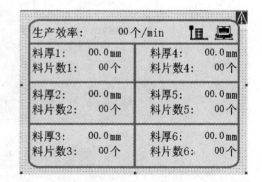

图 6-32 参数调试画面

输入数字到"生产效率"I/O 域内，系统将通过各种脚本的数据转换关系自动生成各种数据。在调试界面里的联动调试模式中已经介绍了各种数据间的转换关系。

"料厚"和"料片数"I/O 域的数字输入主要是为步进电机和小异步电机的旋转运动提供数据依据。料仓中每取出一个料片，步进电机就需要旋转上升一个料厚的高度，当料仓中的料片被取完时，小异步电机需要旋转 160°，与满仓的料斗进行交换，实现自动化装配。

I/O 域"生产效率"、"料厚"、"料片数"分别组态变量"生产效率"、"料厚"、"料片数"，变量的组态如图 6-33 所示。

名称	连接	数据类型	地址	数组计数	采集周期
料厚1	连接_1	Byte	MB 84	1	1 s
料厚2	连接_1	Byte	MB 85	1	1 s
料厚3	连接_1	Byte	MB 86	1	1 s
料厚4	连接_1	Byte	MB 87	1	1 s
料厚5	连接_1	Byte	MB 88	1	1 s
料厚6	连接_1	Byte	MB 89	1	1 s
料片数	连接_1	Byte	MB 181	1	1 s
料片数1	连接_1	Byte	MB 190	1	1 s
料片数2	连接_1	Byte	MB 191	1	1 s
料片数3	连接_1	Byte	MB 92	1	1 s
料片数4	连接_1	Byte	MB 93	1	1 s
料片数5	连接_1	Byte	MB 94	1	1 s
料片数6	连接_1	Byte	MB 95	1	1 s
生产效率	<没有地址>	<内部变量> Byte	1	1 s	参数设置画 <未定义> 循环连续

图 6-33　参数设置界面内变量组态视图

为清楚、明了地表现料片处理设备，创建了 6 个参数设置界面，反映每个料片处理设备中的"料厚"和"料片数"。由于每个参数设置画面均相同，故这里只详细介绍参数设置画面 1，如图 6-34 所示。

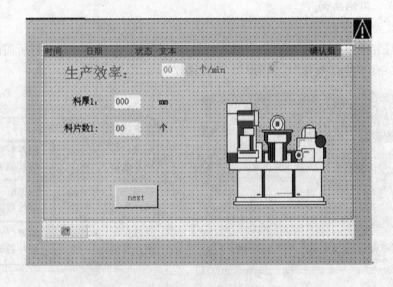

图 6-34　参数设置画面 1

图 6-34 中的按钮"next"可以使画面切换到参数设置画面 2。

要返回主界面或运行画面，需要单击永久性窗口中的按钮"主界面"，回到主界面窗口后再进入其他子界面。

B 运行界面

运行界面（图6-35）的设立是为了实现装配机的自动化控制，设置完参数设置界面内的所有参数，返回主界面再进入运行界面后，就可以启动装配机了。

单击"启动/继续"按钮，装配机开始启动运行，指示灯打亮。中午需要休息的时候，单击"暂停"按钮，伺服电机运动到初始位置自动停止，大异步电机运动到下一工位停止旋转，小异

图6-35　运行界面视图

步电机、步进电机马上停止运动，指示灯变暗。休息过后，单击"启动/继续"按钮，装配机继续工作，指示灯打亮。若操作员在中途提前预见了故障的出现，按下"急停"按钮，所有电机都在当前位置马上停止，指示灯变暗，待故障排除后，单击"启动/继续"按钮，装配机继续工作。下班的时候，装配机也需要停止工作，这时按下"正常停止"按钮，伺服电机和大异步电机都运动到初始位置后自动停止，指示灯变暗。

（1）"启动/继续"按钮的事件属性视图如图6-36所示。

图6-36　"启动/继续"按钮的事件属性视图

"启动/继续"按钮的事件属性视图中，首先组态3个系统函数"Reset"，将3个变量先置为0，然后再将变量"全自动启动"置为1，这样的组态方式是非常可靠的，不会发生执行语句的冲突。

变量"判断运行状态"与指示灯、"运行状态"I/O域和文本列表"运行状态"组态，它们之间的组态关系可以用图6-37反映。

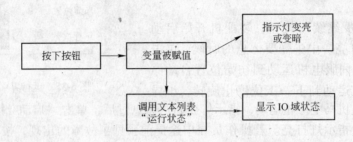

图6-37 运行界面组态关系图

第13个脚本"yunxing_qidong"是编写的，主要控制运行画面右下方机器运转的动画。其方法与"1号步进电机"中利用图形I/O域通过画面切换来实现动画的方法相同，故这里不再做详细介绍。

脚本"yunxing_qidong"的程序为：

```
jiqi = 0
Do While qidong
    jiqi = jiqi + 1
    If jiqi > 10000 Then jiqi = 0
Loop
```

（2）文本列表"运行状态"的组态见图6-38。当"Setvalue"变量"判断运行状态"分别为1、0、2、3时，I/O域"运行状态"分别显示为"出现故障"、"正常停止"、"暂停"、"正常运行"。

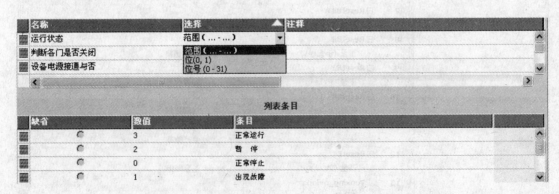

图6-38 文本列表"运行状态"的组态

I/O域"当前位置"选择模式"输出"，用于显示大异步电机的工位数。

C 用户管理界面

用户管理（图6-39）用于在运行时控制对数据和函数的访问。用户在设置参数或调试前需要在用户管理界面内先登录，只有获得管理的权限之后才可以进入参数设置或调试界面。

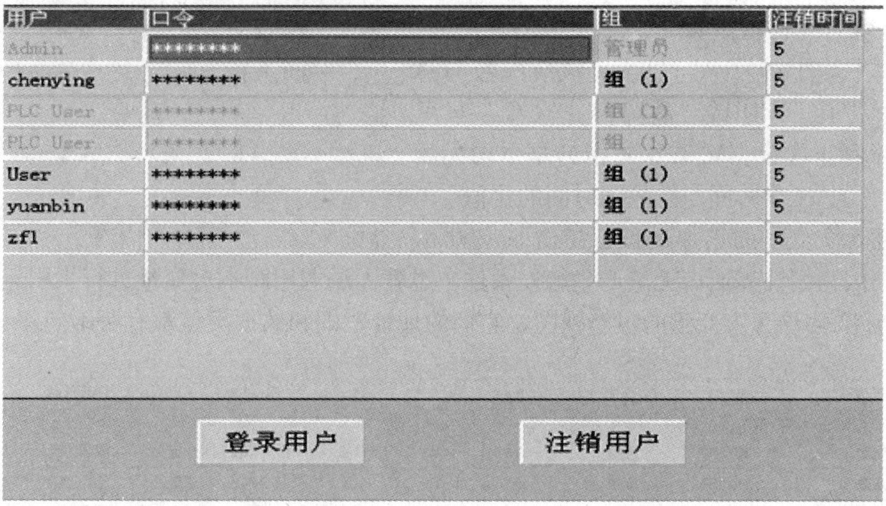

用户	口令	组	注销时间
Admin	********	管理员	5
chenying	********	组（1）	5
PLC User	********	组（1）	5
PLC User	********	组（1）	5
User	********	组（1）	5
yuanbin	********	组（1）	5
zfl	********	组（1）	5

登录用户　　　　**注销用户**

图6-39　用户管理视图

创建并组态访问保护，以保护操作元素（例如输入域和功能键）免受未经授权的操作。只有指定的个人或操作员组可以改变其参数和设置并调用函数。

对象组态所需的操作权限设置。例如，操作员只能访问指定的功能键。而调试工程师在运行时可以不受限制地进行访问。

在用户管理中，权限不直接分配给用户，而是分配给用户组（图6-40）。同一个用户组中的用户具有相同的权限。组态时创建用户和用户组，将各用户分配到用户组，并获得不同的权限。用户的组权限仅限于操作，用户组的组权限包括操作、管理和监视。

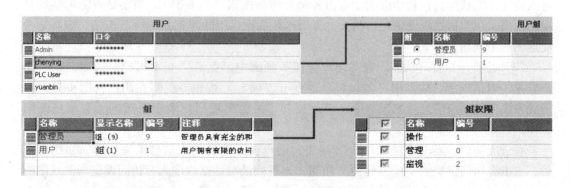

图6-40　用户管理权限组态视图

D 统计界面

如果说参数设置界面（图6-41）是一个输入型界面，那么统计界面就是一个输出型

界面。界面上所有显示的数据都是从 S7-300 传
送回来的。

    I/O 域"完成装配数"显示完成的成品数，
由传感器接收信号并将信号传送给 S7-300，经
S7-300 计算整理之后再传。

    I/O 域"产品报废数"显示报废的产品数。
I/O 域"平均生产效率"显示完成装配数与总
工作时间之比。I/O 域"故障停止次数"显示
机器故障停止次数。M. T. B. F 指的是平均无故
障时间，是总工作时间与总故障时间的比值。

    上述 5 个变量的累加过程都是由 S7-300 来

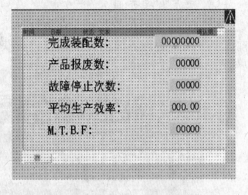

图 6-41   统计界面

完成的，因为统计界面内无法产生触发条件，也就无法调用脚本对变量进行累积运算。

    图 6-42 为这 5 个变量的组态视图，它们的地址范围和数据类型都有所不同。

	平均生产效率	MB 83	连接_1	Byte	1	1 s	统计画面.	<未定义>	循环连续	<未定义
	完成装配数	MD 150	连接_1	DWord	1	1 s	统计画面.	<未定义>	循环连续	<未定义
	产品报废数	MD 154	连接_1	DWord	1	1 s	统计画面.	<未定义>	循环连续	<未定义
	故障停止次数	MW 100	连接_1	Word	1	1 s	统计画面.	<未定义>	循环连续	<未定义
	M.T.B.F	MW 102	连接_1	Word	1	1 s	统计画面.	<未定义>	循环连续	<未定义

图 6-42   变量组态视图

6.5.3　系统的模拟调试

    对于比较复杂的系统，可以先进行离线模拟，检查 HMI 设备的某些功能，例如画面
的切换、用户管理系统的功能、报警功能和趋势图功能等。

    （1）检查画面切换功能。点击"编译器"工具栏中的 ![按钮] 按钮，启动模拟运行系统，
进入离线模拟状态。在初始画面中点击各画面切换按钮（图 6-31），观察是否能切换到对
应的画面。在非初始画面中点击画面上方的永久性窗口中的"初始画面"按钮，观察是否
能返回初始画面。

    （2）检查用户管理功能。在"用户管理"画面中，点击"登录用户"按钮，在"用
户登录"对话框中，输入用户名和口令，点击"确定"按钮，观察在用户视图中是否出
现登录成功的用户信息。如果 admin 登录成功，将会出现用户表中组态的所有用户（图
6-40）。

    登录成功后，点击"注销用户"按钮，用户视图中的用户信息消失。返回初始画面
后，点击有访问保护的"配方画面"按钮，出现登录对话框。输入有访问调试画面权限的
用户名和口令，登录成功后再点击"调试"按钮，就可以进入调试画面。

    （3）检查报警功能。在运行模拟器中生成变量"1 号步进电机转速"，将它设置为
700r/min，将会出现"1 号步进电机转速过快"的报警消息，如图 6-43 所示。

    （4）检查趋势图。趋势图用来记录步进电机转速的测量值，考虑到它的上限被设置为

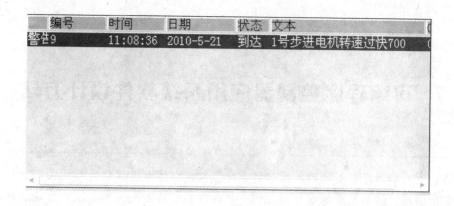

图 6-43　报警视图

600r/min，为了避免在模拟时超过上限，出现报警窗口，而影响对趋势曲线的观察，故在运行模拟器中将 1 号步进电机转速的最大值和最小值分别设置为 600r/min 和 0，图 6-44是模拟运行时的趋势图。

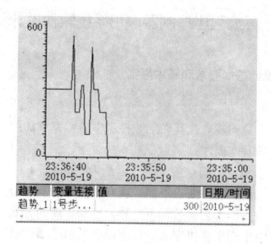

图 6-44　趋势图

思考练习题

6-1　将名为"温度记录"的数据记录连接到变量"温度"上，记录方法为"循环连续"，记录周期为"1s"。运行系统启动时激活"温度记录"，重新启动特性为"记录清零"，并显示该变量的趋势视图。

6-2　制作橙汁配方：橙汁的主要成分是水（L）、糖（kg）、橙汁原汁（L）和香料（g），其四种材料的混合比是：10∶1∶5∶25，设置温度为 20℃。

6-3　变量"温度"具有上限值和下限值，分别为 20℃ 和 100℃，将"温度"超过上限值和下限值的值记录下来，并且制作报表。

7 可编程序控制器应用系统软件设计方法

本章要点：由可编程序控制器构成的控制系统，包括硬件系统和软件系统两部分。其系统控制功能的强弱，控制效果的好坏是由硬件和软件系统共同决定的。软件系统设计的主要工作就是应用（用户）控制程序的设计。本章主要讨论 PLC 应用软件设计的基本原则和要求、设计内容、设计步骤；逻辑程序设计的方法与技巧；模拟量处理和控制量输出的方法与技巧。

7.1 可编程序控制器应用系统软件设计流程

7.1.1 应用系统软件设计基本要求和基本原则

7.1.1.1 基本要求

由可编程序控制器本身的特点及其在工业控制中主要完成的控制功能（数字控制）决定了其程序设计有如下的基本要求：

（1）与生产工艺结合紧密。每个控制系统都是为完成一定的生产过程控制或产品的功能控制而设计的，各种生产工艺的要求不同，就有不同的控制功能，即使是相同的生产过程或控制功能，由于各设备的工艺参数都不一样，控制实现的方式也就不尽相同。各种控制逻辑、控制运算都是由生产工艺决定的，程序设计人员必须严格遵守生产工艺的具体要求设计应用软件，不能随心所欲。

（2）与硬件控制系统结合紧密。因为硬件系统可采用不同厂家的不同系列设备，所以软件系统也就随之而变，不可能采用同一种语言形式进行程序设计。即使语言形式相同，其具体的指令也不尽相同。有时虽然选择的是同一系列的可编程序控制器的硬件，但由于硬件档次不同或系统配置的差异，也要有不同的应用程序与之相对应。软件设计人员不可能抛开硬件特点只孤立地考虑软件，程序设计时必须根据硬件系统的组成形式、接口情况，编制相应的应用程序。

（3）设计人员需要具备计算机和自动化控制方面的双重知识。可编程序控制器是以微处理器为基础，以微计算机为核心的控制设备，无论是硬件系统还是软件系统都离不开计算机技术，控制系统的许多内容也是从计算机衍生而来的，而控制功能的实现、某些具体问题的处理和实现都离不开自动控制技术，因此一个合格的程序设计人员，必须具备计算机和自动化控制的双重知识。

7.1.1.2　基本原则

应用系统的软件设计是以系统要实现的工艺要求、硬件组成和操作方式等条件为依据来进行的。设计人员所面对的应用系统各种各样，不管设计对象的工艺要求如何复杂或如何简单，都要遵从一些基本的设计原则。下面介绍应用系统软件设计的一些基本原则。

（1）对 CPU 外围设备的管理，软件由系统自身完成，不必由应用人员再进行处理，程序设计时，一般只需关心用户程序；

（2）对信号的输入/输出要统一确定各个信号在一个周期内的唯一状态，避免由同一信号有不同状态而引起逻辑混乱；

（3）由于 CPU 在每个周期内都固定进行某些窗口服务，占用一定机器时间，故周期时间不能无限制缩短；

（4）计时器的时间设定值不能小于周期扫描时间，而且在定时器时间设定值不是平均周期扫描时间的整数倍时，可能带来定时误差；

（5）用户程序中如果多次对同一参数进行赋值操作，则最后一次操作结果有效，前几次操作结果不影响实际输出状态。

以上程序设计的基本原则，需要在程序设计实践中慢慢地体会，这些原则中包含着很深的机理，同时体现了可编程序控制器本身的特点和与其他控制设备的区别。

7.1.2　应用系统软件设计的内容

对于 PLC 应用控制系统设计，其软件（程序）设计是核心，那么应用程序设计的内容有哪些呢？应用程序设计是指根据系统硬件结构和工艺要求，使用相应编程语言，对实际应用程序的编制和相应文件的形成过程。可编程序控制器程序设计的基本内容一般包括：参数表的定义、程序框图的绘制、程序的编制和程序说明书的编写四项内容。当设计工作结束时，程序设计人员应向使用者提供以上设计内容的文本文件。下面针对以上提出的设计内容做较为详细的介绍。

（1）参数表的定义。参数表的定义就是按一定格式对系统各接口参数进行规定和整理，为编制程序做准备。参数表的定义包括对输入信号表、输出信号表、中间标志表和存储单元表的定义。参数表的定义格式和内容根据个人的爱好和系统的情况而不尽相同，但所包含的内容基本相同。总的原则就是要便于使用，尽可能详细。

一般情况下，输入输出信号表要明显地标出模块的位置、信号端子号或线号、输入输出地址号、信号别名、信号名称和信号的有效状态等；中间标志表的定义要包括信号地址、信号别名、信号处理和信号的有效状态等；存储单元表中要含有信号地址和信号名称。信号一般是按信号地址由小到大的顺序排列，实际中没有使用的信号也不要漏掉，这样便于在编程和调试时查找。

（2）程序框图的绘制。程序框图是指依据工艺流程而绘制的控制过程方框图。程序框图包括两种：程序结构框图和控制功能框图。程序结构框图是一台可编程序控制器的全部应用程序中各功能单元在内存中的先后顺序的缩影。使用中可以根据此结构框图去了解所有控制功能在整个程序中的位置。功能框图是描述某一种控制功能在程序中的具体实现方法及控制信号流程。设计者根据功能框图编制实际控制程序，使用者根据功能框图可以详细阅读程序清单。程序设计时一般要先绘制程序结构框图，而后再详细绘制各控制功能框图，实现各控制功能。程序结构框图和功能框图两者缺一不可。

（3）程序的编制。程序的编制是程序设计最主要且最重要的阶段，是控制功能的具体实现过程。编制程序就是通过编程器或 PC 机加编程软件用编程语言对控制功能框图的程序实现。首先根据操作系统所支持的编程语言，选择最合适的语言形式。了解其指令系统，按程序框图所规定的顺序和功能，一丝不苟地编制，然后再测试所编制的程序是否符合工艺要求。编程是一项繁重而复杂的脑力劳动，需要清醒的头脑和足够的耐心。实现一种控制功能有时要反复试验多次才能成功。

（4）程序说明书的编写。程序说明书是对整个程序内容的注释性的综合说明，主要是让使用者了解程序的基本结构和某些问题的处理方法，以及程序阅读方法和使用中应注意的事项，此外还应包括程序中所使用的注释符号、文字缩写的含义说明和程序的测试情况。

7.1.3　程序设计的一般步骤

可编程序控制器的程序设计是硬件知识和软件知识的综合体现，需要有计算机、控制技术和现场经验等诸多方面的知识。程序设计的主要依据是控制系统的软件设计规格书、电气设备操作说明书和实际生产工艺要求。程序设计的八个步骤如图 7-1 所示。

这八个步骤中前三步只是为程序设计做准备，但不可缺少，所有工作的效果最终体现在程序编写中，程序编写是程序设计工作的核心，其他都是为其服务的。下面将具体阐述每个步骤所要做的工作及方法。

（1）了解系统概况。这步的主要工作就是通过系统设计方案了解控制系统的全部功能、控制规模、控制方式、输入输出信号种类和数量、是否有特殊功能接口、与其他设备的关系、通讯内容与方式等等，并做详细记录。没有对整个控制系统的全面了解，就不能联系各种控制设备之间的功能，综观全局。闭门造车和想当然都不是一个合格程序设计者的做法。

（2）熟悉被控对象。熟悉控制对象就是按工艺说明书和软件规格书将控制对象和控制功能分类，可按响应要求、信号用途或者控制区域划分，确定检测设备和控制设备的物理位置。深入细致地了解每一个检测信号和控制信号的形式、功能、规模、其间的关系和预见可能出现的问题，使程序设计有的放矢。

在熟悉被控对象的同时，还要认真借鉴前人在程序设计中的经验和教训。总结各种问题的解决方法——哪些是成功的，哪些是失败的，为什么。总之，在程序设计之前，掌握的东西越多，对问题思考得越深入，程序设计时就会越得心应手。

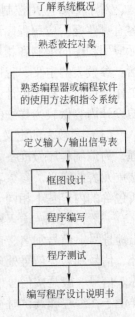

图 7-1　程序设计步骤框图

（3）熟悉编程器和编程语言。编程器和编程语言是程序设计的主要硬件和软件工具。可编程序控制器的应用程序是通过系统软件编译，然后下载到 PLC 中去，这一步骤的主要任务就是根据有关手册详细了解所使用的编程器及其操作系统，选择一种或几种合适的编程语言形式并熟悉其指令系统和参数分类，尤其要注意研究你已经预感在编程时可能要用到的指令和功能。最好能上机操作，并编制一些试验程序，在模拟台上进行试运行，以便更详尽地了解指令的功能和用途。

（4）定义输入/输出信号表。这步只能对输入和输出信号表进行定义，中间标志和存储单元表还不能定义，要等到编写程序时才能完成。定义输入/输出信号表的主要依据就是硬件接线原理图，格式一般如表 7-1 所示，根据具体情况，内容要尽可能详细。信号名称要尽可能简明。中间标志和存储单元表也可以一并列出，待编程时再填写内容。

表 7-1　输入/输出信号表典型格式

框架序号	模块序号	信号端子号	信号地址	信号别名	信号名称	信号的有效状态	备　注

框架号、模块序号、信号端子号三者是为查找和校核信号时使用，在表中列出便于查找。信号地址、信号别名、信号名称和信号的有效状态，是程序设计中常用的，地址要按输入信号、输出信号、由小到大的顺序排列，没有实际定义或备用点也要列入。有效状态中要明确标明上升沿有效还是下降沿有效，高电平有效还是低电平有效，是脉冲信号还是电平信号，或其他有效方式。

（5）框图设计。框图设计的主要工作是根据软件设计规格书的总体要求和控制系统的具体情况，确定应用程序的基本结构，按程序设计标准绘制出程序结构框图；然后再根据工艺要求，绘制出各功能单元的详细功能框图。图 7-2 为一典型控制系统的程序结构框图，程序设计时可参照使用。如果有人已经做过这步工作，最好拿来借鉴一下，有的系统的应用软件已经模块化，那就对相应程序模块进行定义，规定其功能，确定各块之间连接关系，然后再绘制出各模块内部的详细框图。框图是编程的主要依据，应尽可能详细。如果框图是别人设计的，一定要设法弄清楚其设计思想和方法。这步完成之后，就应该对全部控制程序功能实现有一个整体概念。

（6）程序编写。程序编写就是根据设计出的框图和腹稿逐字逐条地编写控制程序，这是整个程序设计工作的核心部分。如果有操作系统支持，尽量使用编程语言的高级形式，如梯形图语言。在编写过程中，根据实际需要对中间标志信号表和存储单元表进行逐个定义，要留出足够的公共暂存区，以节省内存使用。为了提高效率，相同或相似的程序段尽可能地用复制功能，也可以借用别人现成的程序段，但必须弄懂这些程序段，否则将给后续工作带来困难。程序编写有两种方法：第一种是直接用参数地址进行编写，这样对于信号较多的系统而言不易记忆，但比较直观；第二种方法是先用容易记忆的别名编程，编完后再用信号地址对程序进行编码。用两种方法编写的程序经操作系统编译和连接后得到的目标程序是完全一样的。另外，编写程序过程中要及时对编出的程序进行注释，以免忘记其间相互关系，要随编随注。注释内容要包括程序的功能、逻辑关系说明、设计思想、信号的来源和去向，以便阅读和调试。

（7）程序测试。程序测试是整个程序设计工作中一项很重要的内容，它可以初步检查

图 7-2 典型控制系统程序结构图

程序的实际效果。程序测试和程序编写是分不开的，程序的许多功能是在测试中修改和完善的，测试时先从各功能单元入手，设定输入信号，观察输出信号的变化情况，必要时可以借用某些仪器仪表。各功能单元测试完成后，再连通全部程序，测试各部分的接口情况，直到满意为止。程序测试可以在实验室进行，也可以在现场进行。如果是在现场进行程序测试，那就要将可编程序控制器系统与现场信号隔离，可以使用暂停输入/输出服务指令，也可以切断输入/输出模块的外部电源，以免引起不必要的、甚至可能造成事故的机械设备动作。

（8）编写程序说明书。程序说明书是对程序的综合性说明，是整个程序设计工作的总结。编写程序说明书的目的是便于程序的使用者和现场调试人员使用，它是程序文件的组成部分。如果是编程人员本人去现场调试，程序说明书也是不可缺少的。程序说明书一般应包括程序设计的依据、程序的基本结构、各功能单元分析、其中使用的公式和原理、各参数的来源和运算过程、程序测试情况等等。

7.2 可编程序控制器中的信号采样和滤波处理

在应用控制系统中，采样信号有离散信号、模拟信号等，由于系统在工作过程中，难免不受外界环境和其他干扰的影响，这些干扰使得 PLC 所采集到的信号出现不真实性，从而造成系统工作紊乱和错误。为了消除干扰，准确获得真实信号，需要对采样输入的有关信号进行滤波处理。

7.2.1 离散信号的采样滤波

对实际工程控制中的离散信号，为了消除干扰，准确地获得真实信号，需要对采样输入的信号进行滤波处理。在可编程序控制器中，离散信号的采样主要由系统完成，但系统几乎没有滤波功能，只要有信号出现，系统就将其输入到内存中，供控制程序使用。因此离散信号的滤波是由软件来完成的，实际上对离散信号的滤波过程就是对输入信号的再确认过程，如果信号状态被再确认为真，控制程序就采纳。否则如再确认为假，就将其舍弃，表 7-2 为其真值表。这样就既要保证能消除干扰，又不能影响系统的响应。

表 7-2 离散信号滤波真值表

第一次采样时信号状态	第二次采样时信号状态	滤 波 结 果
0	0	0
0	1	保持原来滤波结果
1	0	
1	1	1

离散信号的滤波主要采用延迟时间再确认的方法来实现。这种方法的主要过程是：当某一控制信号出现时，将它记忆，经过相应的时间延迟，对这个信号再检查，如果仍然存在就认为它是真实信号；如果再检查时信号已消失，就认为是假信号，将其舍弃。如果被滤波信号为常"1"状态，那么就检查其"0"状态；如果信号是常"0"状态，就检查其"1"状态，这两种方法的作用是一样的，只是对系统的扫描时间的影响不同而已。延迟时间可以用定时器实现，也可以利用可编程控制器的周期扫描时间，但都必须小于被滤波信号正常存在的最短时间，否则将丢失信号。

单个离散信号的滤波可以采用逻辑操作指令进行。例如，在图 7-3 中，某一来自接近开关的信号 X001 的有效动作状态为"1"。利用周期扫描时间 T 对它滤波处理，消除尖峰干扰因素，就可做如下编程。程序中如果某一周期 X001 由"0"变为"1"，由于中间继电器 M100 为"0"，所以 M200 仍为"0"，接着 X001 把 M100 置位；下一周期如果 X001 的"1"状态仍然存在，M200 就被置"1"，如果 X001 消失，尽管 M100 为"1"，M200 也不会被置"1"，这样就对信号 X001 的正向干扰起到了滤波作用。对 X001 的负向干扰也同样可以滤除。其滤波时序如图 7-4 所示，其中，T 为

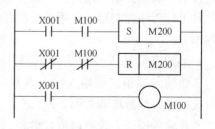

图 7-3 离散信号滤波程序举例

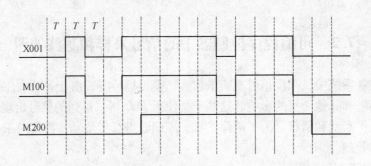

图 7-4　离散信号滤波时序图

扫描周期，M200 为滤波结果信号，M100 为中间暂存信号。

这种方法可以消除小于可编程序控制器一个扫描周期的脉冲干扰信号，同样可以采用两个周期或更多周期的延迟时间，消除更宽的脉冲干扰，只要系统响应要求允许即可。这种方法的关键是怎样巧妙地利用可编程序控制器本身的周期扫描机制。如果要求延时时间较长，并需要调整，可以采用定时器的方式实现。

7.2.2　模拟量的输入方法

在工业生产过程中，存在着大量的连续变化信号（模拟量信号），例如温度、压力、流量、位移等等。通常先用各种传感器将这些连续变化的物理量变换成电压或电流信号，然后再将这些信号接到适当的模拟量输入模块的接线端上，经过块内的模数转换器，最后将数据传入 PLC 内。用户对模拟量的输入只是从相应的输入地址中读取已经转换成的数字量，再经过量制整定就是实际的工程量值。一般的模拟量输入模块都是多路的，用户可以单独使用某一路，也可以全部使用，有的系列的可编程序控制器的指令可以直接读取某一路信号，也有的系列需要先置通道号，要根据具体系统而定。转换精度一般可分为 8 位或 12 位等几种，由具体模块而定。根据控制的需要，可选择合适的模块，程序设计也一般根据系列而异。下面着重介绍在几种可编程序控制器中常用的模拟量输入的基本方法。

某模拟量输入模块占 32 位输入地址，有 8 路输入通道，可输入单向或双向电压/电流信号，地址排列如图 7-5 所示。

在输入模块上设有通道计数器，中央处理器每做一次输入/输出服务操作，系统就

		1	2	3	4	5	6	7	8	通道号
通道选择位	1	0	1	0	1	0	1	0	1	通道编码
	2	0	0	1	1	0	0	1	1	
	3	0	0	0	0	1	1	1	1	
	4～8	全为"0"								
状态位	9	数据有效(1)								
	10	×								
	11	断路(只在电流输入时用)(1)								
	12	符号								
	13	模板无故障(1)								
	14	数据不超限(1)								
	15	数据超限(1)								
	16	模板在线信号(方波)								
数据位	17～28	低位 12位数据 高位								
	29～30	全为"0"								

图 7-5　模拟量输入地址

使各模拟量输入模块的通道计数器的值自动加1，这给程序设计带来了很大方便，只需按通道号将相应的数据装入定义好的存储单元中即可。每次对输入模块输入时，要连续做8次直接输入操作，才能将模块的8个通道上的信号输入。现以0~10V电压为例进行程序设计分析，程序框图如图7-6所示。

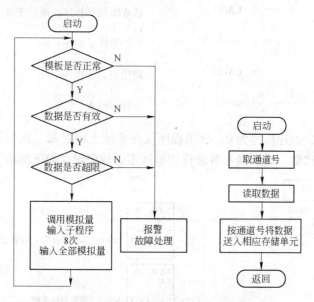

图7-6 多模拟量输入程序框图

依据以上程序框图和不同系列的PLC的语言特点可进行其程序设计。

[**例1**] 一系统硬件采用S7-200系列主机模块和EM235扩展模块（4AI，IAQ），如图7-7所示。试对其模拟量输入的处理和模拟量输出设置进行软件设计。

从其硬件组成可以看出扩展模块EM235有4路模拟量输入和1路模拟量输出。若从AIW0中取值，AQW0中输出，模拟量输入、输出信号均为电压信号（±10V）。程序设计框图如图7-8所示。

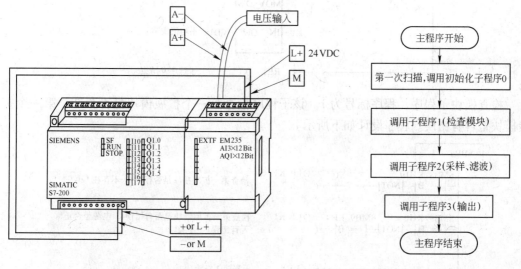

图7-7 例1的硬件组成　　　　　图7-8 例1的程序设计框图

设计的主程序如下所示。

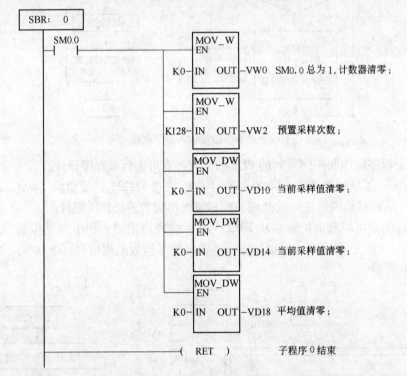

初始化子程序，程序标号为0。该子程序仅在系统上电后第一次扫描程序时使用，主要功用是设置采样次数、计数器和各采样变量清零。程序设计如下所示。

检查模块子程序，程序标号为1。该子程序检查第一个扩展模块是否存在，第一个扩展模块是否有错误。程序设计如下所示。

采样、滤波子程序，程序标号为2。程序设计如下所示。

```
SBR：2

    SM0.0                          MOV_W
    ──┤├──────────────────────────┤EN    ├
                                   │      │
                            AIW0──┤IN OUT├─VW12    在 VW12 中放置模拟量输入值；


    VW12 K0                        MOV_W
    ──┤>=W├──────┬────────────────┤EN    ├
                 │                 │      │
                 │          K0────┤IN OUT├─VW10    检查输入信号，把输入值转换成双字；
                 │
                 │                 MOV_W
                 └──┤NOT├─────────┤EN    ├
                                   │      │
                         KHFFFF───┤IN OUT├─VW10    把 VD10＝模拟量输入值（当前采样值）；


    SM0.0                          ADD_DI
    ──┤├──────────┬────────────────┤EN    ├
                  │                 │      │
                  │         VD10──┤IN1 OUT├─VD14   把当前采样值加到采样和中；
                  │         VD14──┤IN2    │
                  │
                  │                 INC_W
                  └────────────────┤EN    ├
                                    │      │
                            VW0───┤IN OUT├─VW0     采样计数器值加 1；


    VW0 VW2                        MOV_DW
    ──┤>=W├──────┬────────────────┤EN    ├
                 │                 │      │
                 │         VD14──┤IN OUT├─VD18     若达到采样次数，则把采样和 VD14 复制到 VD18 中；
                 │
                 │                 ENCO
                 ├────────────────┤EN    ├
                 │                 │      │
                 │         VW2───┤IN OUT├─AC1      计算移位数；
                 │
                 │                 SHR_DW
                 ├────────────────┤EN    ├
                 │                 │      │
                 │         VD18──┤IN OUT├─VD18     用移位实现除法，求采样平均值；
                 │          AC1──┤N      │
                 │
                 │                 MOV_DW
                 ├────────────────┤EN    ├
                 │                 │      │
                 │          K0───┤IN OUT├─VD14     采样和清零；
                 │
                 │                 MOV_W
                 └────────────────┤EN    ├
                                   │      │
                           K0────┤IN OUT├─VW0      采样计数器清零；


    ──────────────────┤( RET )├              子程序 2 结束
```

输出子程序，标号为3。程序设计如下所示。

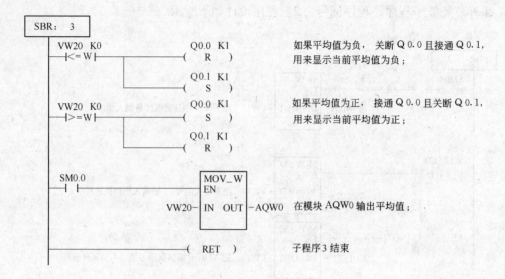

如果平均值为负，关断 Q 0.0 且接通 Q 0.1，
用来显示当前平均值为负；

如果平均值为正，接通 Q 0.0 且关断 Q 0.1，
用来显示当前平均值为正；

在模块 AQW0 输出平均值；

子程序 3 结束

7.2.3　模拟量输入信号的数值整定

工程控制中的过程量通过传感器转变为控制系统可接收的电压或电流信号，再通过模拟量输入模块的 A/D 转换，以数字量形式传送给可编程序控制器。该数字量与过程量具有某种函数对应关系，但在数值上并不相等，也不能直接使用，必须经过一定的转换。在程序设计中，我们将模拟量输入时的这种按照确定的函数关系的转化过程称为模拟量的输入数值整定。

7.2.3.1　整定时需要考虑的几个问题

在模拟量输入信号的数值整定过程中，有如下五个问题值得考虑：

（1）模拟量输入模块数据通道的数据是否从数据字的第 0 位开始？在有的系列可编程序控制器中，数据不是从数据字的第 0 位开始排列，其中包含了一些数据状态位，不作为数据使用，在整定时要进行移位操作，使数据的最低位排列在数据字的第 0 位上，以保证数据的准确性。

（2）过程量的最大测量范围是多少？由于控制的需要及条件所限，有些系统中某些过程量的测量并不是从零开始到最大值，而是取中间一段有效区域，如压力 500～1000Pa、温度 115～200℃ 等，那么这些量的测量范围就分别为 1000 − 500 = 500（Pa），200 − 115 = 85（℃）。

（3）数字量可容纳的最大值是多少？这个最大值一般是由模拟量输入模块的转换精度位数决定的。一般是从 0 开始到某一最大值，8 位输入模块的最大值为 225，12 位输入模块的最大值为 4095 等等。另一方面也可能由系统外部的某些条件使输入量的最大值限定在某一数值上，不能达到模块的最大输入值。

（4）系统偏移量多大？这里说的系统偏移量是指数字量"0"所对应的过程量的值，一般有两种形式：一种是测量范围所引起的偏移；另一种是模拟量输入模块的转换死区所引起的偏移量，二者之和就是系统偏移量。

（5）线性化问题。输入的数字量与实际过程量之间是否为线性对应关系，检测仪表是否已经进行线性化处理。如果输入的量与待检测的实际过程量是曲线关系，那么在整定时就要考虑线性化问题。

这五个问题是模拟量整定的关键，在程序设计之前必须准确地掌握。有时并非五项内容都存在，而只需其中某一项，具体要视系统而定。

7.2.3.2 整定过程

图 7-9 给出了模拟量输入数值整定的过程框图，在程序设计时只要按图中的过程进行即可，经过相应运算就可以得出所需要的实际过程量的数值。

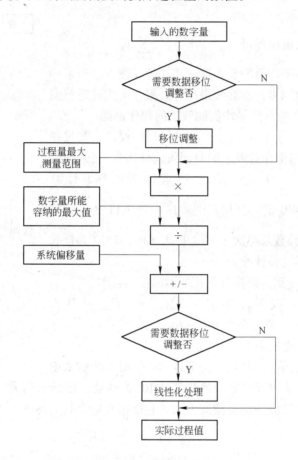

图 7-9 模拟量输入数值整定的过程框图

7.2.4 模拟量信号滤波的方法

PLC 构成的应用系统中，模拟量信号是经过前面讲述的采样之后，转化为数字量进行处理的；为了消除某些干扰信号而需要滤波处理，滤波过程也是在数字形式下进行的。工程上，数字滤波方法有许多种，下面仅介绍几种在可编程序控制器应用系统中常用的而且是行之有效的滤波方法，这些方法包括算数平均值滤波法、惯性滤波法、中间值滤波法，但有时可同时使用几种方法对某一采样值进行滤波，则可收到更好的效果。

7.2.4.1 算数平均值滤波法

算数平均值滤波方法是平均值滤波方法的一种。这种方法的基本原理是要寻找一个滤波值，使该值与各采样值之间的误差的平方和最小。即：

$$E = \min\left[\sum_{K=1}^{N} e_K^2\right] = \min\left[\sum_{K=1}^{N} (Y - X_K)^2\right]$$

式中　E——误差平方和；

　　　　e_K——第 K 次采样值与滤波值之间的误差；

　　　　Y——要寻找的滤波值；

　　　　X_K——第 K 次采样值；

　　　　N——采样次数。

由一元函数求极值原理得：　　　$Y = \dfrac{1}{N}\sum_{K=1}^{N} X_K$

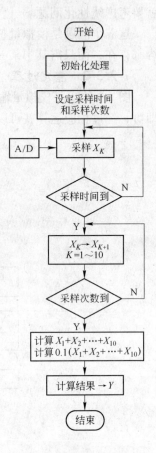

上式即为求算数平均值的数学算式。这种滤波方法与采样次数有关，采样次数越多，滤波效果越好。根据上式可进行滤波程序设计，图 7-10 为算数平均值滤波法的程序框图。

若选用三菱公司 F_1 系列 PLC 产品进行程序设计，其过程为：采样值 X_i 送数据寄存器 D_i；同时记录采样次数。当采样时间到，$D_i \rightarrow D_{i+1}(i = 1,2,\cdots,N)$，当采样次数到，计算 $\dfrac{1}{N}\sum_{K=1}^{N} X_K$，即为算数平均值。其梯形图程序如图 7-11 所示。其中 C460 计数器用于计数采样次数，这里设为 10，T450 为自脉冲发生器，产生采样时钟脉冲。

当 T450 采样时间到，则执行下式所示的步骤：

$D_{700} \rightarrow D_{701}$，$D_{701} \rightarrow D_{702}$，$D_{702} \rightarrow D_{703}$，$\cdots$，$D_{710} \rightarrow D_{711}$，$D_{711} \rightarrow D_{712}$ 采样时间到，清寄存器 $D_{700} \sim D_{702}$。

图 7-10　算术平均值滤波
程序框图

7.2.4.2　惯性滤波法

在模拟量输入通道中，常用一阶低通 RC 模拟滤波器来削弱干扰，但要设计出大时间常数及高精度的 RC 滤波器，困难相当大。而惯性滤波是一种以数字形式实现低通滤波的动态滤波方法，它能很好地克服上述缺点。低通滤波的传递函数为：

$$G(s) = \frac{Y(s)}{X(s)} = \frac{1}{(T_f s + 1)}$$

式中，T_f 为时间常数。将上式离散化可得：

$$Y_K = (1 - \alpha)Y_{K-1} + \alpha \cdot X_K$$

式中　Y_K——第 K 次滤波的输出值；

　　　　X_K——第 K 次采样值；

　　　　α——滤波系数，其值通常远小于 1。

由上式可以看出，本次滤波的输出值主要取决于上次滤波的输出值，本次采样值对滤波输出的贡献是比较小的，但多少有些修正作用。这种算法模拟了具有较大惯性的低通滤波功能，但它不能滤除高于二分之一采样频率的干扰信号，使用此法时请注意。

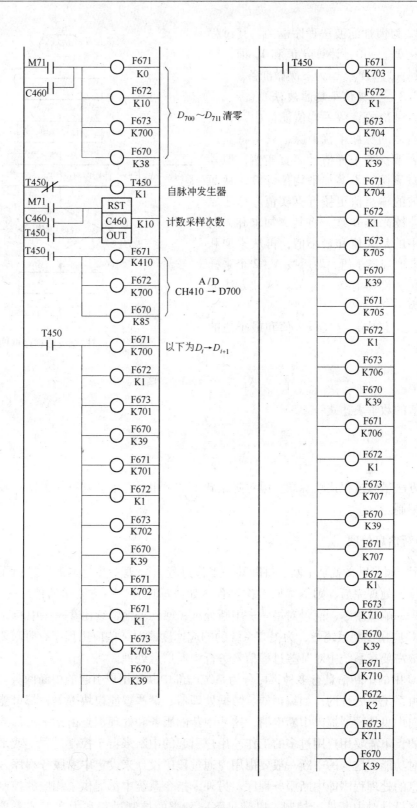

图 7-11 算术平均值滤波源程序

图 7-12 为惯性滤波法程序框图。其过程为：初始化 $Y_{K-1} \to 0$，计算 α 值和 Y_K 值，当采样时间到，$Y_K \to Y_{K-1}$，为下次做准备。

7.2.4.3 去极值平均滤波法

在上面讨论的算数平均值滤波中，显然它不能将明显的脉冲干扰消除，只是将其影响削弱。因干扰使采样值远离真实值，但其比较容易被剔除，不参加平均值计算，从而使平均滤波的输出值更接近真实值。算法原理如下：连续采样 N 次，将其累加求和，同时找出其中的最大值和最小值，再从累加和中减去最大值与最小值，然后按 $N-2$ 个采样值求平均值，即得有效采样值。这种方法的数学描述为：

在 N 次采样中，寻找最大值和最小值的数学表达式：

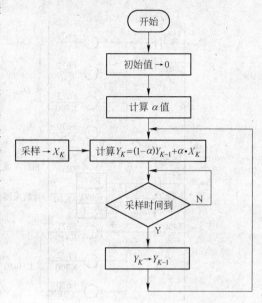

图 7-12　惯性滤波法程序框图

$$X_1 \leqslant X_2 \leqslant \cdots \leqslant X_{N-1} \leqslant X_N$$

滤波值的数学表达式：

$$Y = \sum_{i=2}^{N-1} \frac{X_i}{N-2}$$

这种方法虽然过程比较麻烦，但对防止脉冲干扰相当有效。其程序框图比较简单，读者可自己编制。

7.2.5　中断信息处理

"中断"顾名思义就是中断、打断某一工作过程去处理一些与本工作过程无关或间接有关的事件，处理完后，则继续原工作过程。如篮球比赛，一方要求暂停——申请中断；裁判同意——响应中断；商量对策——中断处理；回到场地继续比赛——中断返回。

在 PLC 应用控制系统中，为提高系统的响应速度或对某些应用程序有时限要求的控制处理，常常需要在系统中对某些过程信号进行中断信息处理。

在 PLC 中的中断信息有多种，可分为系统内部中断和用户引起的中断两类。系统内部的中断是由系统来处理的，如编程器、数据处理器、某些智能模块等等，都可能在某些特殊条件下向中央处理器提出中断申请，这些中断的服务和处理都是由系统内部的处理程序自动完成的，不需要用户用过多的工作。用户引起的中断来自于控制过程，或来自于程序内部的定时功能，这样的中断一般要由用户通过程序设计来设定中断服务程序入口和编制对中断信息的处理程序即中断服务程序。另外，指令系统中都提供了相应的控制指令，可以通过程序设计对中断进行控制，以满足不同种类的控制过程和生产工艺要求。不同的 PLC 其中断指令的表现形式不同，但原理相同，一般有禁止中断指令和允许中断指令。

以下我们讨论的中断都是指由用户引起的中断。根据中断信息的来源不同，由用户引起的中断可分为过程信号中断和定时中断两种形式，下面将介绍这两种中断性质的服务过程。

7.2.5.1　过程信号中断

由控制现场的过程信号引发的中断称为过程信号中断。这种中断用以保证某些要求快速响应的信息处理，当信息出现时，要求立即处理，否则将错过时机，不足以控制精度或可能造成重大故障等等。过程中断信息的输入一般都通过专用的中断控制模块，或规定在通常模块的某一部分地址上，其优先级也是由系统规定的，不同地址的中断输入信号引起的中断服务级别不同，优先级较低的中断服务可被优先级较高的中断信号所中断，转而服务于优先级较高的中断信号，优先级较高的中断服务完成之后，再继续执行被中断的优先级较低的中断服务。过程中断的服务程序入口一般也是由系统规定好的，当中断信号出现时，如果允许中断，中央处理器就停止当前的循环扫描过程，转而去执行相应的中断服务程序，然后再返回中断处，继续循环扫描，执行下一条指令。由此可见，用户对某一过程中断信号进行处理时，只需编制中断服务程序和将相应的中断服务程序写入规定的入口地址，而不必做过多的工作。

表7-3为一个可编程序控制器系统的中断信号排列表。在这个系统中，可有8个过程中断源，分为8级，有效状态由用户自己通过跳线设定。中断服务程序被分配在前8个子程序中，每个中断信号对应一个子程序。在中断允许的情况下，当某个中断信号出现时，系统就自动地转去执行相应的子程序，服务完成后，再返回到正常的循环扫描过程，并且低级的中断服务过程可被高级的中断信号所中断。用户可根据中断源的具体情况（上升沿有效还是下降沿有效）和控制的需要，设置不同级别的中断输入，并将相应的服务程序写入相应的子程序中，系统就可对中断信号进行及时处理。

表7-3　中断信号排列表

中断输入地址	中断优先级	中断信号的有效状态	中断服务程序入口
I0001	最高级		子程序1
I0002	第2级		子程序2
I0003	第3级		子程序3
I0004	第4级	由用户自己根据需要设定上升沿有效还是下降沿有效	子程序4
I0005	第5级		子程序5
I0006	第6级		子程序6
I0007	第7级		子程序7
I0008	最低级		子程序8

7.2.5.2　定时中断

定时中断一般是指由系统计时器时间到信号引发的中断。在绝大多数可编程序控制器中，都有可选定时中断功能，即中央处理器中的时钟定时信号使中央处理器中断循环程序的扫描过程，去执行一个指定的程序段，也就是时间控制处理，一旦这个程序段被执行完，处理器就从中断点处继续向下循环扫描程序。用户可根据不同的控制需要选择合适的时间基准的定时中断功能（时间基准一般以1ms为单位），对某项时间要求严格的控制功能进行扫描。在一个系统中可以有几个定时中断信号，但是一个定时中断的服务程序不能被另一个定时中断信号所中断，而且设定的中断时间必须比本中断的服务程序的执行时间长。如果在处理器对某定时中断进行服务时，这个定时中断信号又出现了，将导致一个系统故障信号。

某可编程序控制器系统中有四个可选定时中断，允许四种不同的时间基准实现时间控制处理。定时中断的时间基准为 100ms，或根据用户软件按 10ms 增量改变，时间基准存储在系统单元 RS97 ~ RS100 中，当对某一单元置大于 0 的数时，那么相应的定时中断功能就被启动，如果对某一单元置数 0，那么相应的定时中断功能就被关闭，如表 7-4 所示。

表 7-4   定时中断设置表

时间基准存储单元	中断服务程序入口	使 用 方 法
RS97	OB13	100ms 标准时间
RS98	OB12	由用户以 10ms 为单位设定
RS99	OB11	
RS100	OB10	

7.2.5.3   两种中断形式的关系

过程中断和定时中断是两种不同形式的中断源信号引发的中断，对中央处理器的影响是相同的，它们可以同时存在于一个系统中，其间关系主要体现在优先级上。那么它们中谁的优先级更高一些呢？在一般情况下，定时中断的优先级更高一些，或者说过程中断的服务程序有可能被定时中断的信号所中断，但这是有条件的，这要视具体系统而定，不能一概而论。

当一个过程中断在一个定时中断服务程序正在执行期间到达时，便在下一个中断点中，断该处理过程，于是就为该过程中断服务，然后定时中断再继续；而当一个定时中断在一个过程中断服务程序执行期间到达时，则过程中断服务程序被暂停，转而服务定时中断，然后再继续服务被暂停的过程中断；当一个过程中断和一个定时中断同时到达时，过程中断的服务程序将在下一个中断点被首先执行，只有在原来的过程中断以及此期间到达的所有其他过程中断都被服务之后，才对时间中断服务。

7.3   逻辑控制程序设计的方法与技巧

输入信号和输出信号均为开关量信号的控制称为逻辑控制或开关量控制。逻辑控制是 PLC 通用的基本功能，任何一种 PLC 都能很方便地实现逻辑控制。逻辑程序是指由二进制运算和计时、计数功能等基本逻辑指令实现的控制程序。在可编程序控制器中，逻辑控制程序主要用于实现控制对象的信号状态关系的判定、生产过程控制逻辑的实现和故障信号的检测与处理等。本节主要介绍实际控制过程中经常遇到的逻辑程序设计问题。

7.3.1   输入设备状态在程序中的表示法

在控制系统中逻辑控制是以二进制逻辑运算进行的，操作对象一般是开关量输入、输出及中间标志。工程上的逻辑控制一般不是很复杂，但要真正编制一个合适的逻辑控制程序却不是一件轻而易举的事，因为针对的是直接控制的机械设备，而各设备之间又保持着紧密的联系，必须细致地、完整地了解其间的连锁关系。在设计程序时，尤其要注意输入设备的状态在程序中的表示方法，不弄清这一点必将导致逻辑混乱。

PLC 的输入信号来自现场的操作设备、开关、传感器等输入设备。当设计一个用户程序时，用哪种编程语言编程并不重要，重要的是要对输入设备的属性有充分考虑，即必须弄清它是常开触点还是常闭触点，在程序中又如何表示。

如果接到一个输入端的是常开触点，那么当触点动作（闭合）时，输入的信号就是"1"状态；如果使用的是常闭触点，那么当触点动作（打开）时，输入信号就为"0"状态。可编程序控制器不能区分是常开输入点还是常闭输入点，它只能识别信号状态是"1"还是"0"。程序设计时，对不同类型的输入设备要采用不同的处理方式，其基本原则为：

如果输入设备为一个常开触点并且已经动作，或者为一个尚未动作的常闭触点，即输入信号状态为"1"，则这个输入必须直接进行逻辑操作；如果输入设备为一个尚未动作的常开触点，或者为一个已经动作的常闭触点，即输入信号状态为"0"，则这个输入点必须经过"非"操作之后，才能进行逻辑操作。图 7-13 是某个系统输入设备操作按钮的接线，各设备的动作状态如表 7-5 所示。从表中可以看出，在通常状态下输入信号 X010 和 X012 为"0"状态，X011 为"1"状态，动作后，状态都要改变。有效状态就是动作后的状态，X010、X012 的有效状态为"1"，X011 为"0"。因此，在程序设计时对 X010 和 X012 采用常开触点表示，X011 采用常闭触点表示。该输入设备状态程序设计如图 7-14 所示。

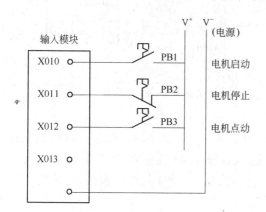

图 7-13 输入设备接线图

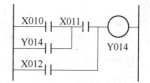

图 7-14 输入设备状态程序举例

表 7-5 输入设备动作状态

输入设备	地 址	无 动 作		动 作		有效状态
		状 态	信 号	状 态	信 号	
电机启动 PB1	X010	开	0	闭	1	1
电机停止 PB2	X011	闭	1	开	0	0
电机点动 PB3	X012	开	0	闭	1	1

当 PB1 按下时，X010 为"1"状态，Y014 有输出信号，电机启动运行；这时当 X010 为"0"状态时，由于 Y014 的自锁，Y014 保持"1"状态输出。当 PB2 按下时，X011 断开为"0"状态，Y014 解除自锁，输出"0"信号，电机停止运转。当按下 PB3 点动按钮

时，Y014 也有输出"1"状态，使电机点动运行，松手即停止运行。

7.3.2　按钮信号程序设计

在控制系统中，控制按钮是必不可少的操作设备。根据控制按钮在系统中所实现的功能，可将其分为四类：点动运行按钮、启动与停止控制按钮、速度升降控制按钮、信号模拟控制按钮。这四类按钮中，有的可自动复位，有的则不能自动复位即自锁按钮。这里，按钮信号包括一些选择开关信号。不同种类的按钮信号在程序设计中的处理方法也不同，下面将详细介绍前三类按钮信号的程序设计。

7.3.2.1　启动与停止控制按钮的程序设计

在一个 PLC 的应用控制系统中，通常利用启动与停止控制按钮来控制被控对象的启动与停止。启动与停止按钮一般是成对出现的，两个按钮分别执行设备的启动运行和停止运行两种功能，要求按一次启动控制按钮，只执行启动功能，按停止控制按钮时才执行停止功能。在程序处理方法上有两种：一种是自锁方式，这是从继电器控制系统中沿袭而来的，这种启动停止按钮自锁逻辑编程如图7-15 所示。第二种方法是直接利用可编程序控制器指令系统中的置位、复位指令，要实现方法一中的逻辑可编制如图7-16 所示程序来实现。

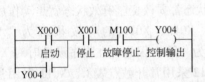

图 7-15　启动停止按钮自锁
逻辑程序图

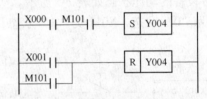

图 7-16　启动停止按钮指令锁存
逻辑程序图

第二种方法实现的功能是：当启动信号 X000 出现"1"状态时，如果其他启动允许条件 M101 满足，且没有停止信号 X001，就将输出信号 Y004 锁定在"1"状态，设备运行；当停止按钮或故障信号出现"1"状态时，将输出信号 Y004 复位（解锁），输出"0"信号状态，设备停止运行。

7.3.2.2　点动运行控制按钮的程序设计

这类按钮一般根据工艺需设置一组，如正向点动、反向点动等等。按下按钮，设备就以系统设定的速度运行；松开时按钮自动复位，设备就停止运行，主要用于设备测试。程序设计也比较简单，一般采用直接输出方法，不用锁定，具体程序如图7-17 所示。

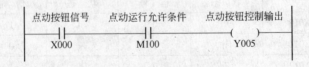

图 7-17　点动按钮控制输出程序

7.3.2.3　速度升降控制按钮的程序设计

这种按钮与前两种不同，它不是直接控制设备的启动与停止，而是改变设备的运行状态。按升速按钮,被控设备就以一定的加速度升速;按降速按钮,被控设备就按一定的加速度减速,乃至反转,如图7-18所示。

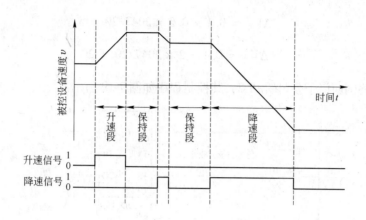

图 7-18　设备控制升速曲线

由于受可编程序控制器周期扫描机制的限制,不能输出平滑的速度给定值,一般是以阶梯形式输出给定值,从宏观上看设备的速度是平稳上升或下降的。程序设计的基本思路是:先设置一个时间基准 Δt,每经过 Δt 时间,就在现有的输出给定值的基础上增加或减少一个微小量 Δs,输出给控制设备的传动装置。

升降速的增量值:

$$\Delta s = \Delta t \alpha (D/S_{max})$$

式中　Δs——升降速,单位时间基准 Δt 内的速度增量;

　　　Δt——单位时间基准;

　　　α——工艺要求的升、降速的加速度值;

　　　D——设备允许的最大速度;

　S_{max}——设备允许的最大速度所对应的数字量。

例如某被控设备的最高速度为20m/s,对应的数字量输出值为2047,升降时要求有两级:慢加速时加速度不超过 $\pm 0.5 m/s^2$,快加速时加速度不超过 $\pm 2 m/s^2$。有两个控制升降速按钮和一个加速快慢控制按钮,参数定义如表7-6所示。

表 7-6　被控设备速度控制参数定义表

参 数 地 址	参 数 名 称 定 义	有 效 状 态
I0.7	轧机升速按钮	1
I0.8	轧机降速按钮	1
I0.9	轧机加速度控制	"1"为快加速,"0"为慢加速
M10.0	基准时间到标志	1
MW0	轧机速度给定输出	
MW2	慢升速增量值	
MW4	快升速增量值	

先设定时间基准为100ms，则有：

升降速增量为：

$$\Delta V_慢 = 0.1 \times 0.5 \times 2047/20 = 5$$

$$\Delta V_快 = 0.1 \times 2 \times 2047/20 = 20$$

若选用德国西门子公司的PLC，其控制程序如图7-19所示。

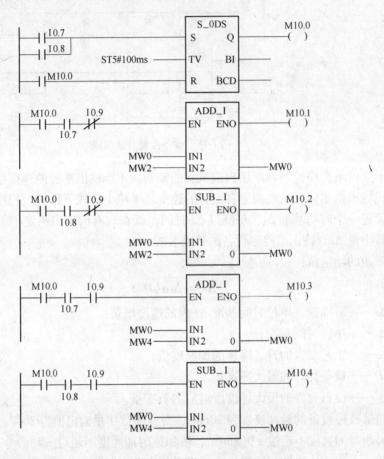

图7-19　加减速按钮控制逻辑程序

7.3.3　时间控制逻辑的程序设计

一个控制系统中往往含时间控制环节，由PLC组成的应用控制系统中的时间控制环节通常是由PLC的内部来实现的。计时器是PLC中最常用的而且是最有效、最重要的时间控制单元。将计时器控制功能与其他逻辑指令相结合，可以实现许多工程中难以解决的时间控制问题。有的PLC指令系统中已经给出了几种不同的时间控制功能指令，可以直接使用。而大部分指令系统只提供了一种最基本的计时单元，将它与其他逻辑控制指令组合才能实现各种时间控制方式。

常用时间控制逻辑包括：脉冲跟随逻辑、定宽脉冲逻辑、延时置位逻辑、记忆延时置位逻辑、延时复位逻辑。下面将介绍以上几种时间控制逻辑状态的程序设计过程，每一个逻辑都可成为某个控制系统中的一个程序单位，这些程序单位的程序在实际控制中都可以直接运用，而不用做任何逻辑上的修改。

7.3.3.1 脉冲跟随逻辑

这种时间控制逻辑中的输入信号随输入信号的变化而变化，但又受到控制时间的限制。脉冲跟随逻辑的信号状态关系如图 7-20 所示。当输入信号 X001 由 0 变为 1 状态并保持时，输出 Y030 信号跟随输入信号 X001 变化并保持宽度为计时时间的脉冲信号。若 X001 的信号未保持足够时间，则输出 Y030 信号就只能跟随输入信号 X001 变为 0 状态。若复位信号出现时，输出 Y030 信号为 0 状态。这种逻辑关系程序设计的关键问题是信号跟随的处理：即当输入信号由 0 变为 1 时，输出信号也由 0 变为 1 状态；当输入信号由 1 变为 0 时，输出信号也由 1 变为 0 状态，接下来的问题就是计时问题了。经过以上分析，可得出输出信号的几种变化情况：

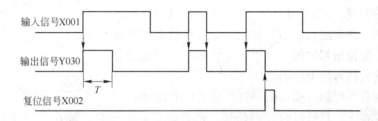

图 7-20　脉冲跟随逻辑的状态关系图

（1）能使输出信号置位的情况只有一种。即输入信号的上升沿；

（2）能使输出信号复位的情况有三种。一是计时时间到信号，二是输入信号的下降沿（负跳沿），三是复位信号的上升沿（正跳沿）；

（3）输出信号处于 1 状态时，若复位信号出现上升沿，则输出信号就被置位，直至下一个输入信号出现上升沿。

程序设计如图 7-21 所示。

7.3.3.2 定宽脉冲逻辑程序设计

定宽脉冲逻辑的信号状态关系如图 7-22 所示。在定宽脉冲逻辑中，输出与输入的关系非常明确，即只要输入信号一出现上升沿，且复位信号不存在，输出信号就保持宽度为计时时间的脉冲信号，若此时复位信号出现上升沿，则输出信号被复位，直到下一次复位信号的上升沿出现。

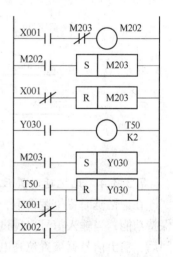

图 7-21　脉冲跟随逻辑程序

由此，我们可以确定：输出信号的置位条件只有一种，即输入信号的上升沿。输出信号的复位条件有两种：一是计时时间到信号，二是复位信号的上升沿。当输出信号为 1 状态时，若复位信号出现上升沿，即使保持时间很短，则输出也被复位到下一个输入信号的上升沿。

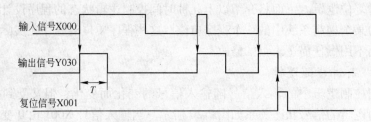

图 7-22　定宽脉冲逻辑状态关系图

根据上面的分析过程，可编制程序如图 7-23 所示。

7.3.3.3　延时置位逻辑

延时置位逻辑是当输入信号为"1"时且经过给定的延时时间后，输出信号出现"1"状态。延时置位逻辑的状态关系如图 7-24 所示。当输入信号上升为高电平后，并且有足够的宽度，那么经过计时时间 T 后，输出信号就上升为高电平，并跟随复位信号复位。如果在输出信号置位的状态下，复位信号出现上升沿，那么输出信号就被复位到下一次输入信号的上升沿。

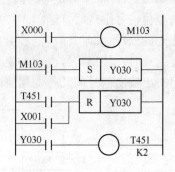

图 7-23　定宽脉冲逻辑程序举例

由以上的分析可知，输出信号置位的条件有两个：一是输入信号存在，二是计时时间到信号，两者都是必要条件。输出信号复位的条件有两个：一是输入信号复位，二是系统中复位信号出现上升沿，两者均是充分条件。据此，可编制程序如图 7-25 所示。

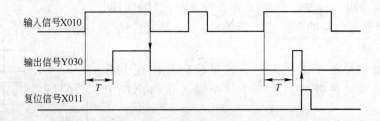

图 7-24　延时置位逻辑状态图

7.3.3.4　记忆延时置位逻辑程序设计

在记忆延时置位逻辑中，输出信号对输入信号有一种记忆保持功能，当输入信号出现过一次上升沿，经过一定的定时时间后，输出信号就被置位高电平，并一直保持到系统复位出现上升沿。当输出信号的高电平被复位过，即使输入信号依然存在，输出信号也不会被置位了，直到下一个输入信号出现上升沿。记忆延时置位的逻辑状态如图 7-26 所示。

据此可知，在这种时间控制逻辑中，输出信号的置位条件只有一种，即由输入信号启动的计时时间到信号。输出信号的复位也只有一个条件，即系统复位信号的上升沿。另外，计时

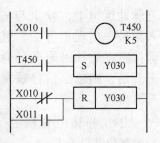

图 7-25　延时置位逻辑
程序举例

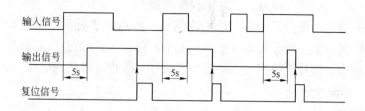

图 7-26　记忆延时置位逻辑状态图

器的启动信号必须能记忆输入信号的上升沿。

经过以上分析，我们可以设计出如图 7-27 所示的梯形图程序。

7.3.3.5　延时复位逻辑

在延时复位逻辑中，当输入信号出现高电平时，输出信号就随之被置位，在输出信号未被复位之前，经过对最后一个输入信号的下降沿延时一定时间 T 后，输出信号才被复位。延时复位逻辑的状态关系如图 7-28 所示。

根据延时复位逻辑的状态关系可知输出信号的置位条件、复位条件。输出信号的置位条件只有一个：输入信号的上升沿信号；输出信号的复位条件有两种情况：一是计时时间到信号，二是系统复位信号的上升沿信号；另外，计时器的启动信号为输入信号的下降沿。为保证在输出信号尚未复

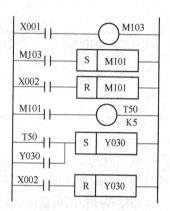

图 7-27　记忆延时置位逻辑程序举例

位之前的最后一个输入信号的下降沿的计时有效，必须使输入信号的每个上升沿信号都解除前一个输入下降沿启动的计时过程。

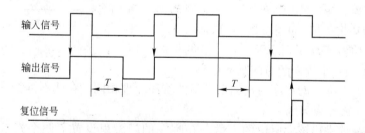

图 7-28　延时复位逻辑状态关系图

依据以上的分析，可编制出满足延时复位逻辑状态关系的程序，具体程序略。

7.3.4　边沿信号的检测与应用程序设计

在许多控制系统中，常常要遇到当一个设备动作时，另一个设备也随之动作，当源信号保持高电平时，被控信号动作一次后就不再动作了的情况。这就是由一个信号的上升沿或下降沿来启动某些控制功能，即不管信号的电平如何，只有检测到该信号由状态 0 变为 1 或由 1 变为 0 的过程，才起作用，这就涉及边沿信号的检测问题。对边沿控制信号的检

测有两种方法：一是用指令检测；二是用程序检测。

有些系统的指令中提供了边沿信号检测指令，如西门子公司的 S5、S7 系统中就有专用的边沿信号检测指令。但在大多数指令系统中，都没有提供边沿信号检测指令，程序设计时如果需要对边沿信号进行控制，就要自己设计一段程序来实现这种功能。

7.3.4.1　程序检测法

边沿信号检测程序设计原理并不复杂，其基本思路是：每个周期都把被检测的信号的状态记忆，并与前一个周期的状态相比较，如果有变化，就产生边沿信号，并保持一个周期，否则就不产生边沿控制信号，如表 7-7 所示。

表 7-7　边沿信号检测真值表

信号在第一个周期的状态	信号在第二个周期的状态	边 沿 信 号	控 制 信 号
0	0	无边沿信号	0
0	1	上升沿	
1	0	下降沿	
1	1	无边沿信号	0

依上面的基本思路，可设计如图 7-29 所示的边沿信号检测的程序框图。

根据程序框图可设计出上升沿信号检测的梯形图程序，如图 7-30 所示。第一周期，X000 没有状态变化，M101 和 M100 的状态都为 0；第二周期，当 X000 的状态由 0 变为 1，执行程序第一行时，第二行尚未被扫描，M101 仍为 0 状态，M100 被置 1，执行第二行时，M101 也被置 1；第三周期，当 X000 仍为 1 状态，M101 也为 1 状态，M100 被清零，M101 保持 1 状态；直到某一周期，X000 变为 0 状态时，M101 变为 0 状态。

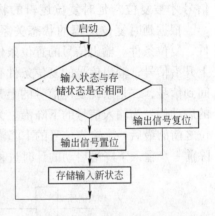

图 7-29　边沿信号检测程序框图

这样就成功地实现了对 X000 上升沿的检测，使 M100 保持宽度为一个周期的时间脉冲信号。

检测信号的下降沿的程序与检测上升沿的程序原理相同，在此不再叙述。

7.3.4.2　应用实例

某大厦欲统计进出该大厦内的人数，在唯一的门廊里设置了两个光电检测器，如图 7-31 所示，当有人进出时就会遮住光信号，此时信号为 1，当光不被遮住时信号为 0。据此可设计一段程序，统计出大厦内现有人员数量，达到限定人数时发出报警信号。

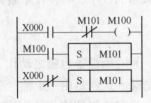

图 7-30　上升沿信号检测程序

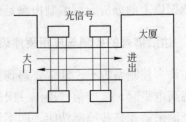

图 7-31　平面示意图

在这个问题中，关键是判断人走动的方向，即人是走进还是走出。经过分析我们知道，两个检测信号 A 和 B 变化的顺序能确定出人走动的方向。

设以检测器 A 为基准，当检测器 A 的光信号被人遮住时，检测器 B 发出上升沿时，我们就可以认为有人进入大厦；如果此时 B 发出下降沿信号则可以认为有人走出大厦，如图 7-32 所示。

值得注意的是：当检测器 A 和 B 都检测到信号时，计数器只能增加或减少一个数字，当检测器 A 或 B 中只有其中一个检测到信号时，我们不能认为有人出入，或者在一个检测器状态不改变时，另一个检测器的状态连续变化几次，我们也不能认为有人真正地出入了大厦，如图 7-33 所示，相当于没有人进入大厦。

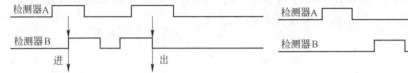

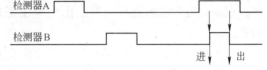

图 7-32　人进入和走出大厦时检测器 A 和 B 的时序图（1）　　　图 7-33　检测器 A 和 B 的时序图（2）

经过以上分析，若选用西门子公司 S7 系列 PLC，可定义参数如表 7-8 所示，并可编制出如图 7-34 所示的程序。

表 7-8　边沿信号应用实例参数定义表

参数地址	参 数 名 称	有效状态
I0.5	光电检测器 A	1
I0.6	光电检测器 B	1
I0.8	手动人数极限值设定	1
IW1.9	人数极限值存储单元	BCD 码
Q0.2	人数报警信号	1
MW2.3	现有人数显示	BCD 码
M8.0	上升沿信号	
M9.1	下降沿信号	
M10.0	标　志	1
M10.1	标　志	1

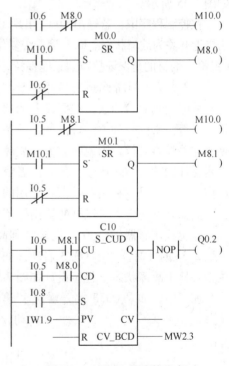

图 7-34　大厦人数计数程序

7.3.5　故障的跟踪与检测程序设计

控制系统中，需要检测和控制的设备都很多，且种类繁杂，各不相同，各种设备或元件在生产过程中都可能产生故障或误动作，给生产造成损失，因此故障的自动检测与跟踪功能对及时发现和处理故障是十分必要的。故障的来源可能是检测设备，也可能是控制设备，也可能是来自控制系统内部的逻辑错误，不论哪一种情况都可能给生产过程造成损害。故障的自动检测与跟踪就是要及时、准确地发现故障，并告知故障的产生与根源，以便及时处理。在可编程序控制器构成的系统中，故障的自动检测与跟踪一般有下列方法：直接检测法、判断检测法、跟踪检测法。下面将对这三种基本方法及其程序设计方法进行详细介绍。

7.3.5.1　直接检测法程序设计

故障的直接检测法就是根据有关设备或检测元件本身的信号之间的自相矛盾的逻辑关系来检测判断出其是否已处于故障状态。如开关元件的常开触点与常闭触点、运行指令的发出与反馈信号、设备的允许动作的时序信号等，这些都是一对相互联系或相互矛盾的信息，根据双方的逻辑就可以判断出相应设备是否处于故障状态。

某系统中的一个接近开关，有两种输出触点：常开触点与常闭触点，分别接到可编程序控制器输入模块的 I0.0 和 I0.1 地址上，在正常情况下，两者不可能同时输出高电平或同时为低电平，否则为故障信号，程序设计如图 7-35 所示。

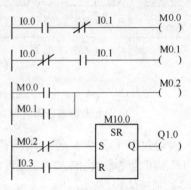

图 7-35　故障直接检测程序

在控制程序中，若输出 Q1.0 出现 1 信号状态，则说明接近开关为故障状态。I0.3 为系统复位信号，采用锁存（置位）的目的是保证故障信息能保持，以便查找。

7.3.5.2　判断检测法程序设计

故障的判断检测法是根据设备的状态与控制过程之间的逻辑关系来判断该设备的运行状况是否正常的一种方法。例如某设备在控制过程的某一时刻应该到达相应的位置，而实际上它并没有到位，则说明它处于故障状态。这种方法要先设计一个虚拟传感器，将实际检测元件的状态与之比较，如果两者统一，判断为无故障；如果两者矛盾，就认为系统中存在故障。这是一种很有效而且常用的方法。

例如某系统中 3 号汽缸的输出控制线圈为 Q3.3，当命令发出后 2s 的时间内应伸出到位，即位置传感器信号 I0.1 就接收到高电平信号。为判断汽缸的故障状态，我们可设计一个 2.5s 的计时器，由 Q3.3 启动，如果当计时器发出时间到信号，汽缸仍没有到位，就认为其处于故障状态。程序设计如图 7-36 所示。

程序中，如果 Q3.3 常开触点（输出线圈 Q3.3 为高电平）接通，延迟计时器 T5 启动，若设置 2.5s 运行时间到，且 Q3.3 触点状态仍为 1，位置传感器信号 I0.1 通，说明 3 号汽缸存在故障，其中 I0.2 为系统复位信号。根据辅助继电器 M10.0 的状态，再结合其他检测手段就能判断出故障是存在于汽缸本身，还是存在于到位检测元件。

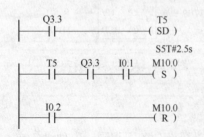

图 7-36　故障判断检测程序

7.3.5.3　跟踪检测法程序设计

故障的自动跟踪检测法是把整个系统的控制过程分成若干个控制步骤，而根据每个步骤的连锁条件满足与否来发现系统中是否有故障存在的一种方法。在控制过程中，如果某一步有故障出现，控制过程就停止在该步，系统就转入故障检测程序，自动对此步骤的所有连锁条件进行校对，然后指出故障所在，提示维护人员检修。故障排除后，系统继续运行。这种方法较前两种方法具有更多的优点，是一种比较完善的检测法，实际运用中也受到操作人员和维修人员的欢迎。但程序设计较为复杂，需要经过一番仔细琢磨，有时也会受到系统内存和其他条件的限制。

这三种方法中，直接检测法较多用于一些单体设备的故障检测，方法简单，易于实现；判断检测法一般适用于较为复杂的条件控制系统中的一些重要设备的故障检测，需要对整个系统的控制过程有较全面的了解，在物料跟踪方面应用较多；自动跟踪检测法适用于某些运行步骤清晰、控制过程可以暂停的顺序控制过程系统，但程序设计比较复杂。在系统设计中，可视系统的具体情况，分出轻重缓急，采用不同的方法，不要拘于某一种形式，有时三种方法结合使用会收到更好的效果。

7.3.6　故障信息处理的程序设计

在控制系统中，对故障信息的处理是必不可少的，程序设计也是比较复杂的，尤其是较大的系统，故障更多，更难处理。在控制上，故障的处理是分级进行的，不同级别的故障按不同的方法进行处理，产生不同级别的动作。一般情况下，故障可分为以下五级：

一级故障：要求立即停止某一机组或一个生产过程的所有设备；

二级故障：要求立即停止某一单台设备，但不要求停止一个机组或整个生产过程；

三级故障：若在一定的延时时间内故障仍不消除，就要求停止相应的机组或生产过程，故障升为一级或二级；

四级故障：故障发生后允许机械设备运行一段或长或短的时间，但要告知操作人员，如果故障始终没有排除，故障就上升为二级或三级；

五级故障：不影响系统正常运行的某些异常的信息或状态，只需要提示给操作人员，不需进行机械设备的操作。

在一些系统中，可能不全具备这五种级别的故障，而只有其中几级，但也要按故障级别的要求分别进行处理，产生相应的控制信号。在程序设计时，首先要把故障分级整理出来，定义五个故障标志，分别汇集五级故障信息，然后把相应数量的计时器分配三级、四级故障信息，对故障进行分级处理，逐次升级。一段五级故障的升级程序如图7-37所示。

其中 I10.1、I10.2、I10.3、I10.4、I10.5 分别为五级故障信号，Q4.1、Q4.2、Q4.3、Q4.4、Q4.5为对应的五级故障标志，M8.1、M8.2、M8.3、M8.4 分别为二、三、四、五级故障的升级条件。T3、T4 分别是三级、四级故障的允许延时时间的计时器号。

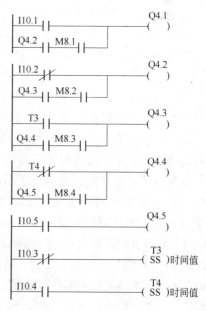

图 7-37　故障升级程序

在一些控制系统中，可能同时存在着多种故障检测信号，有时可能由于某一故障的产生，导致其他设备也处于故障状态，我们称这种首先发生而又引起其他故障发生的根源为首发故障。在生产过程中，如果能及时而准确地从众多故障信息中检测出引起这些故障的首发故障，将对故障的排除带来极大的方便，这就要求控制程序中具有首发故障的自动检测功能。其程序设计的基本原则是：定义相应数量的首发故障标志，如果某一故障首先发生，就将相应的首发标志置1，同时禁止其他首发标志改变状态。当有故障发生时，及时检查这些首发故障标志，就可以找出首发故障。下面举例加以说明。

某系统共有三个故障检测信号，分别定义为I10.1、I10.2、I10.3，状态为1时是故障状态，这三个故障信号都有首先发生的可能性。根据上述原则进行检测首发故障的程序设计。

首先定义首发故障标志，如表7-9所示。

表7-9 故障标志定义表

参 数 地 址	参 数 名 称	有 效 状 态
I10.1	故障一	1
I10.2	故障二	1
I10.3	故障三	1
M10.1	故障一的首发标志	"1" 锁定
M10.2	故障二的首发标志	"1" 锁定
M10.3	故障三的首发标志	"1" 锁定
I10.4	复位标志	1
I10.5	系统复位信号	1

对首发故障的编程方法有两种，这两种方法的基本原理相同，只是在逻辑组合上稍有差别，达到的实际效果也有所差别。现给出两种方法并加以分析。

方法一：程序如图7-38所示。

在某一周期内，如果故障信号I10.1首先为"1"状态，那么M10.1被置位，I10.1判定为首发故障，此时乃至下面几个周期M10.2、M10.3都被复位，即使有故障信号I10.2、I10.3存在，也不会被置位。依此类推，M10.2、M10.3也如此。当有故障发生时，检查M10.1、M10.2、M10.3哪个为"1"状态，那么其对应的故障即为首发故障，在排除故障时即可首先对其处理。

这种编程方法显然存在两点不足：

（1）不能记录瞬时发生的首发故障，使其存在时间大于可编程序控制器的周期时间，因为每个首发故障标志M10.1、M10.2、M10.3都有其相应的故障信号I10.1、I10.2、I10.3的"非"状态复位，若故障在处理之前自然消除，首发故障标志也就不存在了，检查时就可能产生误解。

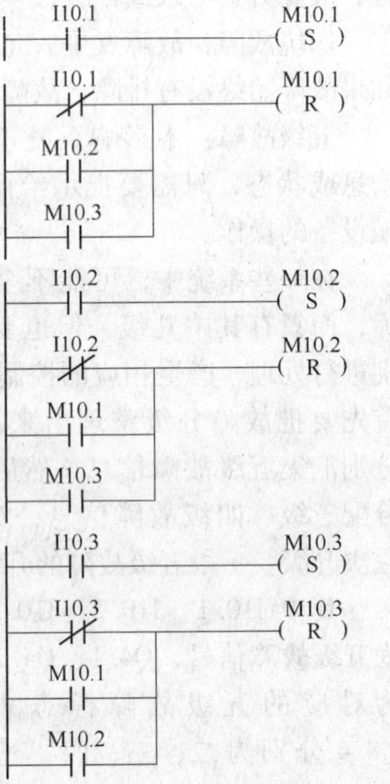

（2）由于可编程序控制器的周期扫描机制的限制，

图7-38 判断首发故障方法一程序

程序中记录的可能是由首发故障引发的其他故障，而不是首发故障本身，因为判断过程与程序的先后顺序有关。

方法二：这种方法可以记录故障发生时刻的第一个周期内的所有故障信号，而不至于丢失首发故障，因为判断过程与程序执行的先后顺序无关。程序如图7-39所示。

在某一周期内，如果 I10.1、I10.2、I10.3 中某一个或几个信号为"1"状态，则将相应的首发标志 M10.1、M10.2、M10.3 置"1"，因为执行到 M10.1、M10.2、M10.3 时，M0.4 尚未被执行，仍为"0"状态，程序最后才将 M0.4 置"1"。下一个周期由于 M0.4 已经被置为"1"状态，再发生故障，也不会把相应的首发标志置"1"，并且在第一周期内出现的故障即使在第二周期内消失，已被置"1"的首发标志也不会被复位。只有当系统复位信号 I0.5 为"1"时，所有首发标

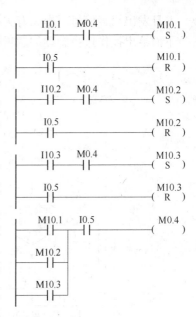

图 7-39　判断首发故障方法二程序

志才被清零。这样就记录了在故障发生的第一个扫描周期内的所有故障信息。在排除故障时，对被记录的几个故障进行分析判断，即可找出首发故障。由于可编程序控制器周期扫描机制的限制，不可能分清在一个扫描周期内信号出现的先后次序，只能如此而已。

7.3.7　操作选择管理逻辑

控制系统中，一般都设有主操作台和多个机旁操作盘，正常生产自动运行和联动试车时在主操作台操作，而单机运行手动调整和事故处理时一般在机旁操作盘操作。为解决两者操作权之争，在主操作台和机旁操作盘上都设有操作权力选择开关和相应的状态指示灯，这两种操作在其控制逻辑上要保持一定的连锁关系，并且要给操作人员明确指示。一般情况下，两者不能同时有效，否则将造成控制逻辑混乱。对这些操作选择信号进行管理的唯一原则就是在满足生产工艺要求的情况下确保操作方便。通常，主操作台以自动运行操作为主，机旁操作盘或地面操作站以手动操作为主，但也不是绝对的。

在程序设计中，要专门设计一段程序来管理操作选择逻辑，以解决操作权力纷争问题。管理逻辑上，一般有两条主线，即主操作台管理逻辑和机旁操作盘管理逻辑。

对于自动运行方式，选择在主操作台进行，各处的操作选择开关都应置于主操作台位置，使主操作台的操作有效，其他处的操作均无效。如果某处的选择为在主操作台位置，就应发出相应的指示灯提示或警告信号，以便调整。

对于手动运行方式，一般在机旁操作盘操作，主操作台的操作选择开关应置于机旁操作位置，相应的机旁操作盘也应选在机旁操作位置，点亮机旁操作指示灯，使相应的机旁操作盘的操作有效，主操作台无效，但要指示机器运行状态。

停止方式时，在各处操作都无效。

如果主操作台的操作选择和相应机旁操作盘的选择矛盾，那么各处的操作应该均无

效，并且发出报警信号，提示有关人员做相应的更改。

下面给出操作选择管理的逻辑典型框图，如图 7-40 所示，以供参考。

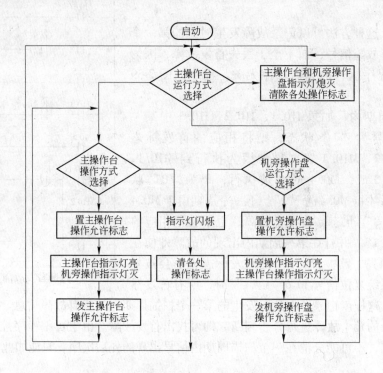

图 7-40　操作选择管理逻辑典型框图

7.3.8　直流电机的控制逻辑

相对于交流电机，直流电机在控制方面较为复杂一些，主要是速度调整方面，要考虑速度控制方式，启动、停止及升降速时的加速度控制，正反转指令控制等等。一般以直流电动机为驱动装置的控制系统中，速度、电流闭环控制过程由传动系统完成。可编程序控制器一般只负责速度给定控制、一些相应的启动停止指令控制和某些张力控制系统中的电流的控制等。速度给定控制主要是对电机启动和停止以及升降速时的加速度控制，即给定曲线的斜率控制；启停指令控制主要是根据系统的连锁条件，给传动系统发出启动、停止控制命令并接收传动系统反馈的运行信号、故障报警信号，进行处理等；张力控制系统中，一般采取对电流环中电流调节器给定补偿或限幅值进行控制，通过控制电动机的输出转矩，达到张力控制的目的。

在直流电动机的控制系统中，一般应考虑以下几个问题：

（1）传动系统的运行允许条件是否满足，包括各种合闸信号是否具备，各辅助系统是否已经运行，各级故障信号是否完全消除等等；

（2）运行方式和操作方式的选择是否合适，区域复位信号是否具备等；

（3）离合器和制动器的状态是否允许运行，对机器设备的启动是否存在障碍等；

（4）传动系统的速度、电流调节器是否解锁，闭环控制是否正常等；

（5）速度、电流的控制方式的选择是否合适；

（6）当各种条件都满足时，按所要求的方式进行速度给定值控制；

（7）在运行过程中，对故障停车指令的处理等等。

下面给出一种最常用的直流电动机一般控制逻辑框图。如图 7-41 所示，在实际应用中，如果还需其他控制功能，可在此基础上略加修改，或按图中设计思想，自行设计一套更完整、更合适的控制逻辑。

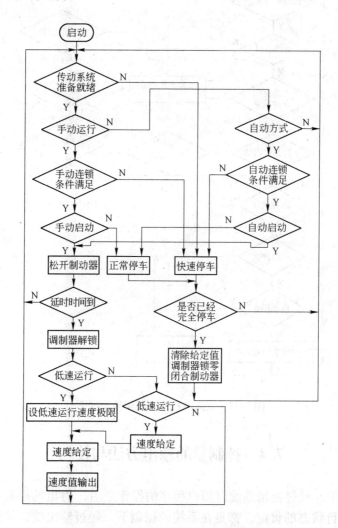

图 7-41　直流电机控制逻辑典型框图

7.3.9　交流电机的控制逻辑

交流电动机是很重要的电力驱动设备，控制系统对它的控制既简单又复杂。简单是说它不像直流电机具有那么复杂的速度、电流控制方式；而复杂是说它在控制中要考虑的控制因素较多。对于启动、停止控制的交流电动机的程序设计，操作方面主要考虑运行方式的选择和操作选择。连锁条件主要考虑主传动系统准备就绪的条件和辅助系统的运行状态。如果是一台变频调速的交流电动机，那么考虑的问题就要相对多一些。

下面给出一台交流电机的控制逻辑典型框图，如图7-42所示，以供参考。

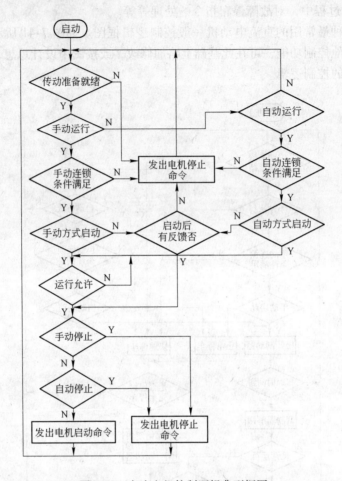

图 7-42 交流电机控制逻辑典型框图

7.4 控制量的输出方法与技巧

在控制过程中，经过控制系统对用户程序的操作之后，得出的控制命令信号，以及对被控对象的运行状态的设定，都是在系统的控制下，经过输出接口单元即输出模块送给被控对象或者被控对象的驱动系统。这些信号在系统内部都体现为离散的输出位信号和输出数据字信号，而在系统外部则体现为开关量指令信号、数字量信号和模拟量信号。由于系统的结构和功能的差别，以及控制对象的不同要求，各种输出信号一般要经过适当处理，才能按各自的方式送给输出接口单元。由于可编程序控制器周期扫描机制的限制，对某些快速响应信号和有特殊控制要求的信号，按通常的方法输出则达不到预期目的，必须进行必要的处理之后，才能输出；同时对时间无特殊要求的信号，有时为了节省周期扫描时间，可以进行分时处理；而对那些要求特殊编码的数字量信号的控制对象，控制系统输出控制信号时，必须经过码制转换处理，如此等等。对输出信号的这些处理过程都具有一定的处理方法和技巧，掌握了这些处理方法将会提高程序设计的效率。

本节将结合程序设计实例，阐述和分析各种控制量输出过程中的处理方法和技巧，并通过一个实用输出程序的分析，介绍程序的阅读方法。

7.4.1 控制量输出的一般方法

一般控制量是指对控制对象没有特殊要求的开关量、数字量或模拟量信号。这类控制量一般是通过可编程序控制器周期扫描机制中通常的输入/输出服务操作，经过输出接口送出给传动机构的，在程序设计中不必做过多的工作，只需将控制信号装入与输出地址相对应的输出暂存区中，然后由系统自动完成输出处理。

不同的 PLC 其指令的表达形式不同，但它们的功能（输入量描述指令）却大同小异。下面的讨论将以西门子公司 S7 系列为对象简要介绍开关量、数字量的一般输出处理方法。

7.4.1.1 开关量的输出

一般开关量主要是指直接利用输出线圈指令，将要输出的信号送到输出信号暂存区中，其他工作由系统完成，图 7-43 为离散量输出的常用梯形图程序的几种情况。

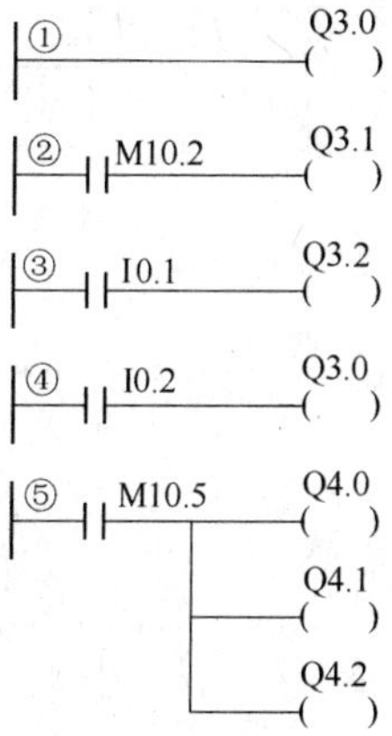

在上面这些程序中，支路①输出一个常"1"信号，只要控制系统正常运行时，就能输出"1"状态；支路②是一个能直接将 M10.2 的状态送到输出点 Q3.1 的指令形式，Q3.1 的状态跟随 M10.2 变化；支路③是一个置位指令输出形式，当电动机启动信号 I0.1 为"1"时，如果电机停止信号不存在，那么输出信号 Q3.2 就被置位，直至电机停止信号 I0.2 出现高电平；支路⑤是 M10.5 的状态同时输出给 Q4.0、Q4.1、Q4.2 上去，这三个输出点的状态都同时跟随 M10.5 的状态变化。除这些指令以外，计时器、计数器、触发器等指令形式也可以使用，在此不再一一详述。

图 7-43 离散量输出的常用梯形图

7.4.1.2 数字量的输出

一般数字量的输出同一般开关量的输出基本类似，只用系统中提供的操作指令，把欲输出的数值送到相应的输出信号暂存区的数据字或字节当中，然后由系统操作。在数字量输出时，一般有以下指令可以使用：数据传送指令、移位指令和数据运算指令。

另外，在一些控制系统中，某些控制对象需要的不是二进制形式表示的数，而是其他形式表示的数据，在输出时就要经过一定的处理，如某系统中显示单元接在 QW17 ~ QW32 组成的输出字上，它需要的是 BCD 码，那么就需要使用转换指令，将二进制转换成 BCD 码。

7.4.1.3 模拟量输出

模拟量的输出信号在系统内部也表现为数字量，但它的输出与前两种形式不同，因为要经过 D/A 转换，而在每块多路输出模块中只有一个 D/A 转换单元，输出时要进行通道选择。有的系统为每一个输出通道设了一个输出暂存字，而另外一些系统则不然，每一个 D/A 转换单元只有一个输出暂存字，其中包括了数据和通道号。

前一种系统在模拟量输出时，只要将需输出的量经过数值整定以后，组成位值，像数字量输出一样，直接送到输出暂存区中即可。而后一种系统在模拟量输出时，就要先选择通道，再将数据或者将通道号与数据同时送到输出暂存区中，一次只能输出一路模拟量，要想在一个周期内输出全部通道的数据，就要采用特殊处理，这种系统的输出暂存字一般由三部分组成：数据、通道号和状态位，输出之前，必须将这三部分组织完毕，系统在输出服务时，才能对其操作。请看下面实例：

某系统的每块模拟量输出模块都有四个输出通道，占 16 位输出地址 Q256 ~ Q259，如图 7-44 所示。在实际应用中，只用了一路输出在第二通道，输出量的位值装在MD4 中。

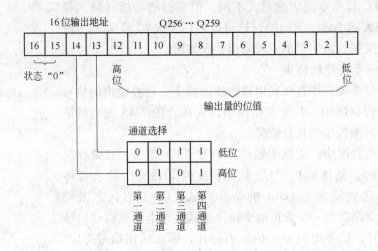

图 7-44　模拟量输出地址排列

从图 7-44 中可以知道，选择第二通道时，即 Q257 地址输出，第 13、14 两位分别就为"0"和"1"，如果在 16 位中其他位都为 0，那么它所代表的位值应是 4096。先把这个值赋给输出量，再把这个带有通道号的输出量送入输出信号暂存区即可，程序如图 7-45 所示。其中，M10.0 为输出条件。在此我们采用了加的方法来设定通道号，也可用"与"、"或"逻辑操作的方法，这些都比较简单。如果在一块输出模块上使用两个以上的通道，对于一般控制量可以采取分时输出，每一个扫描周期输出一路的方法，经过几个周期之后，所有的控制量将全部输出完毕。如果要在一个扫描周期内将所有通道的数据都输出，就要采取特殊的处理手段，单依靠周期扫描机制是不能完成的。

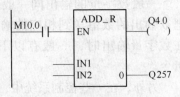

图 7-45　模拟量输出程序

7.4.2　模拟量输出信号的量值整定

在控制系统中，控制运算使用的参数一般以实际量的大小进行计算，计算结果也是一个有单位、有符号的实际控制量值，而输出给控制对象的常常是在一定范围的连续信号，如 -10 ~ +10V、4 ~ 20mA 等等。从程序计算出的数字量控制结果到输出的连续控制量之间的转换是由输出接口单元模拟量输出模块转换完成的。在转换过程中，D/A 转换器需要的是控制量在标定范围内的位值，而不是实际控制量本身。再加之由某种原因引起的系统偏移量，要输出的控制量就不能直接送给 D/A 转换器，必须先经过一定的量值转化，而这种转化又是按确定的函数关系进行的。

在程序设计中，我们将以模拟量形式输出的控制量值在送给 D/A 转换器之前，按照确定的函数关系，将实际控制量转化成相应的位值的过程称为模拟量输出信号的量值整定。在此将结合程序设计实例，详细说明模拟量输出信号的量值整定过程。

7.4.2.1 整定过程中需要注意的几个问题

具体如下：

（1）模拟量信号的最大范围是多少？也就是说输出模块各通道的模拟量值变化幅度有多大，如 0 ~ 10V、4 ~ 20mA 的范围就是 10V 和 16mA。经过驱动机构之后，控制对象的实际运行状态如何，是 0 ~ 1000r/min 还是 500 ~ 800℃等等。

（2）输出模块 D/A 转换器所能容纳的最大位值是多少？这一般由 D/A 转换器的数据位数和输出分布情况决定，如一个具有 12 位的 D/A 转换块，如果设定成单方向输出，那么位值范围就为 0 ~ 4095，如果设定成双向输出，则它的位值范围应该是 - 2048 ~ + 2047。

（3）系统偏移有多大？即输出位值 0 所对应的控制对象的实际状态。包括两部分：一是由系统本身引起的，二是由实际输出控制范围引起的，二者之和才是系统总的偏移量。如某系统在输出位值 0 时，对应模拟量 4mA，控制对象的实际运行状态为 100Pa，那么在输出时在位值上就应考虑 100Pa 所对应的数字量问题。

（4）模拟量输出通道的暂存单元中的数据是否从第 0 位开始？在有些系统中，数据不是从暂存单元的第 0 位开始，而是从某一中间位开始，余下的为状态位，这在输出时就要进行移位处理。

这四点是模拟量输出量值整定的基础，整个整定过程都要根据以上提供的信息进行。由于系统的差别和被控对象的不同，有的系统在模拟量输出时可能还需要做其他工作，这要视具体情况而定。

7.4.2.2 整定过程

模拟量的输出整定过程是一个线性处理过程，根据输出实际控制量的范围与最大数字量位值的关系，确定各输出量的位值。当将系统的输出量位值的"0"定义在过程控制量的最小值，输出量位值的最大值定义在过程控制量的最大值时，模拟量的输出整定可按图 7-46 过程进行。

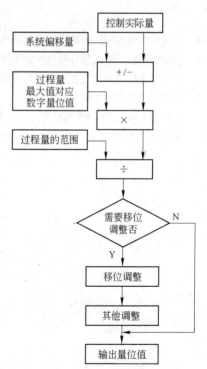

图 7-46 模拟量输出值整定过程框图

7.4.2.3 整定举例

某系统采用 8 位的 0 ~ 10V 模拟量输出模块来设定 1000 ~ 1500℃的温度值，输出量对应关系如表 7-10 所示。

表 7-10　模拟量输出对应关系

输出量/℃	对应数值量	对应模拟量/V
1000	0	0
1100	51	2
1200	102	4
1300	153	6
1400	204	8
1500	255	10

因为数字量的位值 0 对应的过程量是 1000℃，所以系统偏差 $E = 1000$℃，每个输出的过程量设定值都要经过下式运算：

$$输出值 = \frac{P_\mathrm{s} - E}{\Delta P} \times D_\mathrm{max}$$

式中　ΔP——过程量范围，这里 $\Delta P = 500$；

　　　D_max——过程量最大值所对应的数字量，这里 $D_\mathrm{max} = 225$。

按前述的整定过程，可对此进行程序设计（略）。

思考练习题

7-1　简述应用软件设计的基本原则和基本要求。

7-2　试编写模拟量输入信号数值整定的梯形图程序。

7-3　试编写去极值平均滤波法的梯形图程序。

7-4　试编写延时复位逻辑梯形图程序。

7-5　试按图 7-42 程序框图编写交流电机逻辑控制梯形图程序。

7-6　试按图 7-46 程序框图编写模拟量输出梯形图程序。

8 可编程序控制器应用系统设计实例

本章要点： 目前，种类繁多的大、中、小型 PLC，大到作为分布式控制系统的上位机，小到作为少量继电器控制装置的替代物，几乎可以满足各种工业控制装置的需要。另外新的 PLC 产品还在不断涌现，这就使得 PLC 的应用范围在不断扩大。本章将结合工程实例，介绍 PLC 应用控制系统的设计。

8.1 交通信号灯控制系统设计

城市交通道路十字路口是靠交通指挥信号灯来维持交通秩序的。在每个方向都有红、黄、绿三种指挥灯，信号灯受一个启动开关控制，当按下启动按钮，信号灯系统开始工作，直至按下停止按钮开关，系统停止工作。图 8-1 为某城市一交通指挥信号灯示意图。下面就此系统讨论控制系统设计过程。

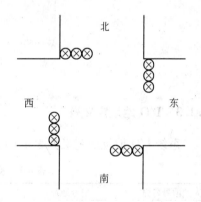

图 8-1 交通指挥信号灯示意图

8.1.1 控制要求分析

在系统工作时，对执行元件——指挥灯，有如下要求：

（1）南北方向绿灯和东西方向绿灯不能同时亮，如果同时亮则应用自动立即关闭信号灯系统，并立即发出报警信号。

（2）南北红灯亮维持 25s，与此同时东西绿灯也亮，并维持 20s 时间，到 20s 时，东西绿灯闪亮，闪亮 3s 后熄灭，在东西绿灯熄灭时，东西黄灯亮并维持 2s。到 2s 时，东西黄灯熄灭，东西红灯亮，同时南北红灯熄灭，南北绿灯亮。

（3）东西红灯亮维持 30s，与此同时南北绿灯亮维持 25s，然后闪亮 3s 熄灭，接着南北黄灯亮维持 2s 后熄灭，同时南北红灯亮，东西绿灯亮。

（4）两个方向的信号灯按上面的要求周而复始地进行工作。

8.1.2 PLC 选型及 I/O 接线图

根据以上对控制系统的控制要求的分析，系统可采用自动工作方式，其输入信号有：系统开启、停止按钮信号；输出信号有东西方向、南北方向各两组指示灯驱动信号和故障指示灯驱动信号。由于每一方向的两组指示灯中，同种颜色的指示灯同时工作，为节省输出点数，可采用并联输出方法。由此可知，系统所需的输入点数为2，输出点数为7，且都是开关量。

根据以上分析，此系统属小型单机控制系统，其中PLC的选型范围较宽，今选用PLC为 FX$_{2N}$-16M，系统的 I/O 接线图如图8-2所示。

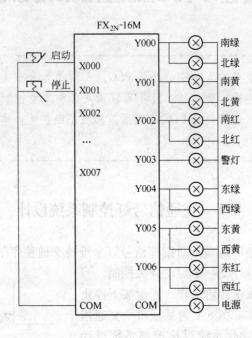

图 8-2　I/O 接线图

8.1.3　I/O 地址定义表

系统 I/O 地址的定义如表8-1所示。

表 8-1　交通灯控制系统 I/O 地址定义表

信号名称	信号地址	说　　明	备　　注
开启按钮	X000	开启按钮动作检测信号，高电平有效	
停止按钮	X001	停止按钮动作检测信号，低电平有效	
南北绿灯	Y000	南北绿灯亮控制信号，高电平接通	
南北黄灯	Y001	南北黄灯亮控制信号，高电平接通	
南北红灯	Y002	南北红灯亮控制信号，高电平接通	
警　　灯	Y003	故障指示灯信号，高电平接通	
东西绿灯	Y004	东西绿灯控制信号，高电平接通	
东西黄灯	Y005	东西黄灯控制信号，高电平接通	
东西红灯	Y006	东西红灯控制信号，高电平接通	

8.1.4　应用控制程序设计

根据以上对系统控制要求的分析，可绘制图8-3所示的系统状态示意图。由此可进行应用控制程序设计。设计的梯形图程序如图8-4所示。

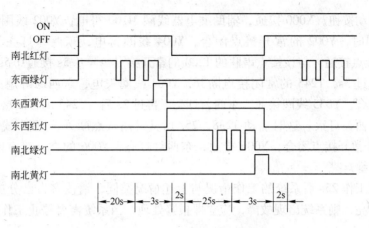

图 8-3 交通信号灯状态示意图

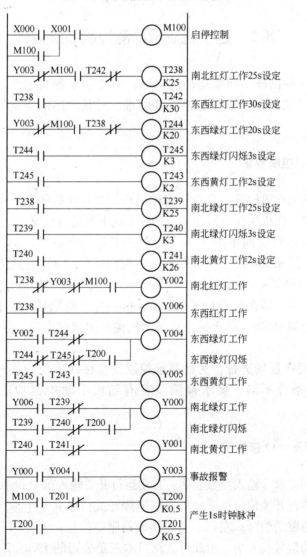

图 8-4 交通灯控制系统梯形图程序

当按下启动按钮，X000 接通，辅助继电器线圈 M100 得电，Y002 线圈得电，南北红灯亮；与此同时，Y002 的常开接点闭合，Y004 线圈得电，东西绿灯亮，维持到 20s，T244 的常开接点接通，与该接点串联的 T200 的常开接点每隔 0.5s 接通 0.5s，从而使东西绿灯闪烁。又过 3s，T245 的常闭接点断开，Y004 线圈失电，东西绿灯熄灭。此时 T245 的常开接点闭合，Y035 线圈接通，东西黄灯亮。再过 2s 后，T243 的常闭接点断开，Y005 线圈失电，东西黄灯灭。这时启动 T238，25s 后其常闭接点断开，Y002 线圈失电，南北红灯灭，T238 常开接点闭合，Y006 接通，东西红灯亮，Y006 的常开接点闭合，Y003 线圈得电，南北绿灯亮。

南北绿灯工作 25s 后系统的工作情况与上述情况类同，请读者自己分析。如果南北、东西绿灯同时亮，则系统出现故障，应立即报警处理。当系统需要停止工作时，只要按下停止按钮即可。

8.2 起重机质量检测控制系统设计

起重机械是一种循环、间歇运动的机械，主要用于物料的装卸。桥式起重机是起重机的一种，由于该设备笨重，运输安装困难，对其产品的质量检测一般需要在现场进行。

8.2.1 检测系统的控制要求

桥式起重机的工作机构有三个执行工作机构，即升降机构、进退机构、左右行机构。其检测主要是针对工作机构在空载和加载两种工况下的运行情况。

空载检测要求运行时间不少于 1h。检测进退机构运行时，前进 30s，停 45s，后退 30s，停 45s，每一周期 150s。当进退机构一个周期结束 1s 后，进行左右检测，左行 14s，停 23s，右行 14s，停 23s，左右行一个周期 75s。检测升降机构运行时，升降机构在进退机构启动 15s 后启动，即在左右行机构工作 14s 后停止时启动，上升 10s，停 15s，下降 10s，停 15s，一个周期 50s。起重机任意两个机构不能同时启动，但可同时运行，三个机构不能同时运行。

由于检测需要在现场进行，为此要求控制设备接线方便，体积小，便于携带。又由于使用现场的条件不同，要求检测设备有随机手动控制功能，以保证运行时的安全。

8.2.2 PLC 选型及 I/O 接线图

根据上述控制要求，输入点数包括：自动运行开关输入信号；手动前进、后退开关信号；手动左行、右行开关信号；手动上升、下降开关信号共 7 个输入量。输出点数包括：前进、后退接触器驱动信号；左行、右行接触器驱动信号；上升、下降接触器驱动信号；电铃和指示灯驱动信号共 8 个。由此可选用日本三菱公司的 FX_{2N}-32 产品，其 I/O 接线图如图 8-5 所示。

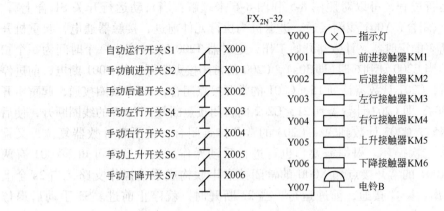

图 8-5　起重机检测系统 PLC I/O 接线图

8.2.3　I/O 地址定义表（略）

8.2.4　应用控制程序设计

依据控制要求和 I/O 地址可进行该系统的控制程序设计。进退机构的梯形图程序设计如图 8-6 所示。运行时有手动操作和自动操作两种。

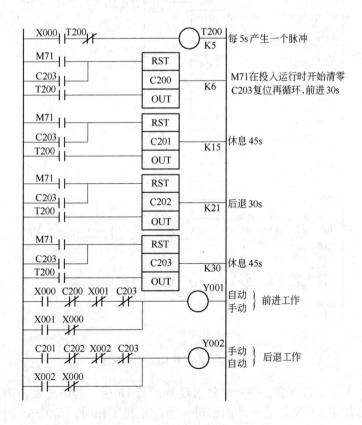

图 8-6　进退机构工作梯形图

　　关于自动运行过程，可以对照图 8-5 和图 8-6 来理解：当自动运行开关 S1 合上后，X000 的常开接点闭合，Y001 线圈接通，进退机构执行元件前进，接触器通电，起重机开始前进；同时所有的定时器、计数器开始工作，定时器 T200 每 5s 产生一个时间为一个扫描周期的脉冲，当 C200 计到 6 时(即 30s)，C200 的常闭接点断开，使 Y001 断电，前进停止。又过 45s 后，C201 计数器计到 15，C201 的常开接点闭合，Y002 线圈接通，起重机开始后退，工作 30s，即 C202 计数器到 21，C202 的常闭接点断开，Y002 的线圈断开，使后退停止。休息 45s，C203 计数到 30，C203 的常开接点闭合，使所有计数器复位，又重新计数，进入第二次循环。根据需要，也可进行手动操作。从梯形图可知，Y001 有两条控制支路，X001 的常开接点和 X000 的常闭接点串联构成手动操作支路，当 2s 合上时，Y001 有输出，KM1 接通，前进运行，当 2s 断开时，就停止前进。S3 手动后退依此类推。

　　左、右行机构工作梯形图见图 8-7，升、降机构工作梯形图见图 8-8，它们的工作原理与进、退机构相同，这里就不再赘述。

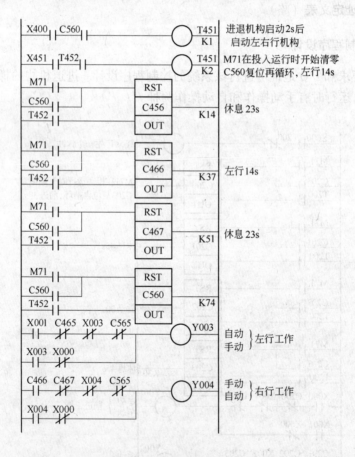

图 8-7　左、右行机构工作梯形图

　　当加载到 1.1 倍额定负载，按控制要求反复运行 1h 后，若需要发出声光信号，并停止运行，只要增加图 8-9 所示的梯形图即可。当起重机工作时，与 C565 的计数输出端连接的 T200 的常开接点每 5s 通断一次，C565 计到 720(即 720 × 5s = 3600s = 1h)，串接在前

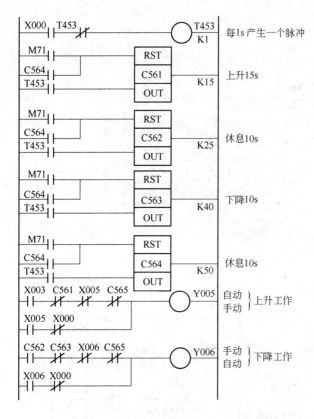

图 8-8　升、降机构工作梯形图

进、后退、左行、右行、上升、下降工作自动运行控制支路的 C565 常闭接点断开，使 Y001、Y002、Y003、Y004、Y005、Y006 均断开而停止工作。同时 C565 常开接点接通，Y000、Y007 线圈得电，发出声光信号，由于 T454 的作用，10s 后，声音信号消失，但灯光信号仍保持。

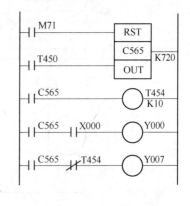

图 8-9　运行 1h 停止并有声光指示梯形图

8.3　PLC 在电机基本控制电路中的应用及程序设计

随着可编程序控制器的广泛应用，PLC 将会越来越多地用于电动机的运行控制。为了便于采用 PLC 对原有的继电接触控制系统进行改造和设计新的控制系统，本节将着重介绍 PLC 在电动机基本控制电路中的应用及编程。

8.3.1　防止相间短路的电动机正反转控制

在电动机正反转换接时，有可能因为电动机容量较大或操作不当等，接触器主触头产生较严重的起弧现象。如果电弧还未完全熄灭时，反转的接触器就闭合，则会造成电源相间短路。为防止发生相间短路，可增加一个接触器 KM，这种继电接触控制电气原理图如图 8-10*a* 所示。

采用 PLC 控制的输入输出配置接线示意图如图 8-10*b* 所示，梯形图如图 8-10*c* 所示。像继电接触控制线路一样，利用 PLC 的输入继电器 X001 和 X002 的常闭接点，实现双重互锁。

按下正向启动按钮 SB1 时，输入继电器 X401 的常开触点闭合，接通输出继电器 Y001 线圈并自锁，接触器 KM1 得电吸合，同时 Y001 的常开触点闭合，输出继电器 Y000 线圈接通，使接触器得电吸合，电动机正向启动到稳定运行。按下反转启动按钮 SB2，输入继

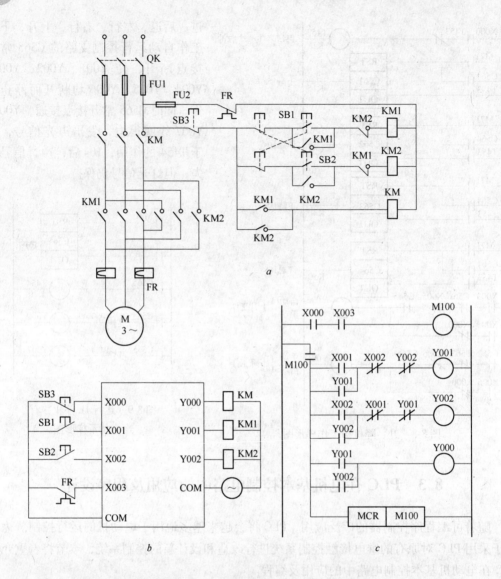

图 8-10   防止相间短路的电动机正反转控制

a—继电接触控制；*b*—PLC 控制输入输出接线；*c*—梯形图

电器 X002 常闭触点断开 Y001 线圈，KM1 失电释放，同时 Y001 的常开触点也断开 Y000 的线圈，KM 也失电释放，有 KM 和 KM1 两段灭弧电路，因此可有效地熄灭电弧，防止反转换接时发生相间短路。而 X002 的另一对常开触点闭合，接通 Y002 的线圈，接触器 KM2 得电吸合，电动机反向运行。

停机时，按下停机按钮 SB3，X000 常开触点断开 M100；过载时热继电器触点 FR 动作，X003 断开 M100。这两种情况都使 Y001 或 Y002 及 Y000 断开，进而使 KM1 或 KM2 及 KM 失电，电动机停下来。

8.3.2   自动循环控制

有些生产机械，要求工作台在一定距离内能自动往返循环运动。这种继电接触器控制线路如图 8-11a 所示，梯形图如图 8-11b 所示，采用 PLC 控制的输入输出接线示意图如图 8-11c 所示，图中 1SQ ~ 4SQ 为限位开关。

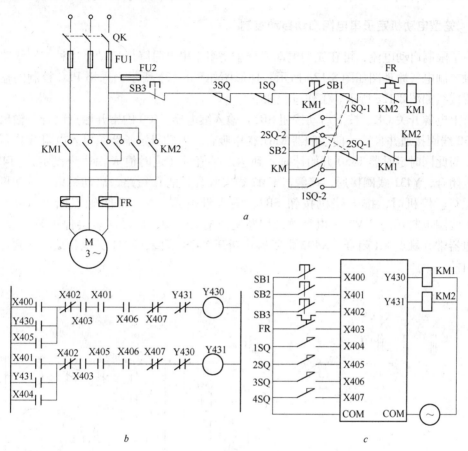

图 8-11　自动循环控制

a—继电接触控制；b—梯形图；c—PLC 控制输入输出接线

采用 PLC 控制工作过程如下：

按下正向启动按钮 SB1，输入继电器 X400 常开触点闭合，接通输出继电器 Y430 并自保，接触器 KM1 得电吸合，电动机正向运行，通过机械转动装置拖动工作台向左运动；当工作台上的挡铁碰撞限位开关 1SQ（固定在床身上）时，X404 的常闭触点断开 Y430 的线圈，KM1 线圈断电释放，电动机断电；与此同时 X404 的常开触点接通 Y431 的线圈并自保，KM2 得电吸合，电动机反转，拖动工作台向左运动，运动到一定位置时 1SQ 复原。当工作台继续向右运动到一定位置时，挡铁碰撞 2SQ，使 X405 常闭触点断开 Y431 的线圈，KM2 失电释放，电动机断电，同时 X405 常开触点闭合接通 Y430 线圈并自保，KM1 得电吸合，电动机又正转。这样往返循环直到停机为止。停机时按下停机按钮 SB3，X402 常闭触点断开 Y430 或 Y431 的线圈，KM1 或 KM2 失电释放，电动机停转，工作台停止运动。

3SQ、4SQ 安装在工作台正常的循环行程之外，在工作台运动的方向上。当 1SQ、2SQ 失效时，挡铁碰撞到 3SQ 或 4SQ，X406 或 X407 的常闭触点断开 Y430 或 Y431 的线圈，KM1 或 KM2 失电释放，对电动机停转起到终端保护作用。

过载时，热继电器 FR 动作，X403 常闭触点断开 Y430 或 Y431 的线圈，使 KM1 或 KM2 失电释放，对电动机停转，工作台停止运动，达到过载保护的目的。

8.3.3 笼型电动机定子串电阻启动自动控制

为了限制启动电流，可在笼型电动机定子绕组中串电阻降压启动，这种控制线路的继电接触控制电气原理图如图 8-12a 所示，梯形图如图 8-12b 所示，采用 PLC 控制的输入输出配置接线如图 8-12c 所示。工作过程如下：

合上电源开关 QK，按下启动按钮 SB1，输入继电器 X400 的常开触点闭合，输出继电器 Y430 线圈接通并自锁，使接触器 KM1 得电吸合，电动机定子绕组串入电阻 R 进行降压启动，与此同时定时器 T450 开始计时，到达定时值时（定时值 K 由用户设定），T450 常开触点闭合，Y431 线圈接通，接触器 KM2 得电吸合，把 R 短路，启动结束，电动机转入稳定运行。停机时，按下停机按钮 SB2，输入继电器 X401 常闭触点断开 Y430 线圈（Y431 线圈也断开），KM1 失电释放，切断交流输入电源，电动机就会停下来。过载时，热继电器常开触点 FR 闭合，X402 常闭触点断开 Y430 线圈，KM1 失电释放，达到过载保护的目的。

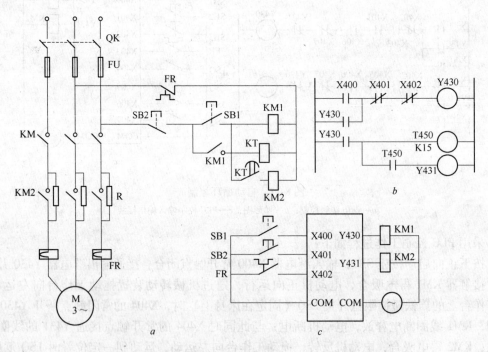

图 8-12 笼型电动机串电阻降压启动自动控制

a—继电接触控制；b—梯形图；c—PLC 控制输入输出接线

8.3.4 笼型电动机Y-△降压启动自动控制

这种继电接触控制线路如图 8-13a 所示，采用 PLC 控制时其输入输出接线示意图如图 8-13b 所示，梯形图如图 8-13c 所示。图中，接触器 KM2 作为星形连接法时用，KM3 作为三角形连接法时用。采用 PLC 控制工作过程如下：

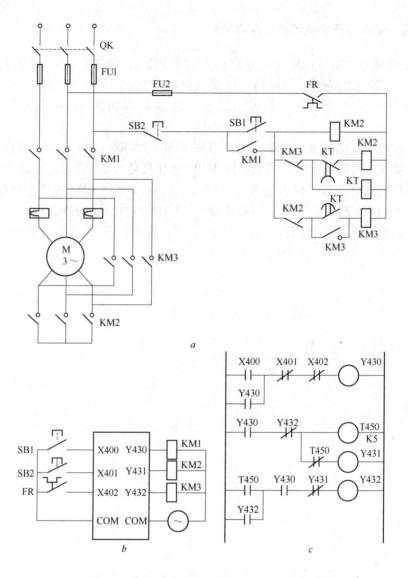

图 8-13 笼型电动机 Y-△降压启动自动控制

a—继电接触控制；*b*—PLC 控制输入输出接线；*c*—梯形图

按下启动按钮 SB1 时，X400 接通，使 Y430 动作并自保，且驱动 KM1 吸合，与此同时，Y430 常开触点闭合，使 T450 开始计时，并使 Y431 动作，驱动 KM2 吸合，电动机连接成星形启动。待一段时间计时器计时到了后，T450 常闭触点断开，使 T431 停止工作，KM2 随之失电跳开，而 T450 的常开触点闭合，Y432 动作并自保，从而驱动 KM3 吸合，这样电动机连接成三角形投入稳定运行。Y431 和 Y432 在各自线圈回路中相互串接 Y432 和 Y431 的常闭触点，使接触器 KM2 和 KM3 不能同时吸合，达到电气互锁的目的。热继电器 FR 的常开触点连接于输入继电器 X402，X402 常闭触点串接于 Y430 线圈回路，当过载时，FR 触点闭合，X402 触点断开，Y430 停止工作，KM1 失电断开交流电源，从而达到过载保护的目的。

8.3.5　定子串自耦变压器减压启动自动控制

对较大容量的 220/380V 笼型电动机不宜采用 Y - △ 降压限流启动方法，这时可采用自耦变压器与时间继电器控制电机降压启动，如图 8-14a 所示。采用 PLC 控制的输入输出配置接线如图 8-14b 所示，相应的梯形图如图 8-14c 所示。工作过程如下：

从输入输出接线图和梯形图中可见，当按下 SB1，X400 接通，Y430 动作使 KM1 吸合，串入自耦变压器降压启动，与此同时 M100 的作用使 Y430 自保，并使 T450 开始计时。经过一段启动时间后，T450 常开触点闭合，Y431 动作使 KM2 吸合，与此同时由于 M101 的作用，Y431 自锁，T450 常闭触点动作，Y430 和 M100 线圈回路断开，从而 KM1 失电跳开，自耦变压器停止工作，电动机启动完成，投入全电压运行。定时器定时设定 K 值根据需要由用户确定。停机时按下 SB2，X401 常闭触点断开 Y431 线圈，使 KM2 失电释放，电动机停转。

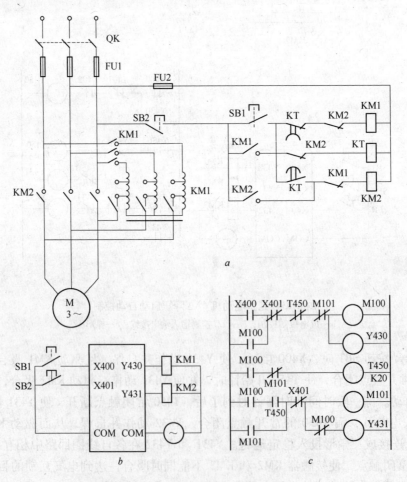

图 8-14　定子串自耦变压器降压启动自动控制

a—继电接触控制；b—PLC 控制输入输出接线；c—梯形图

8.3.6　延边三角形降压启动自动控制

延边三角形降压启动继电接触控制电气原理图如图 8-15a 所示，采用 PLC 控制的输入输出接线如图 8-15b 所示，梯形图如图 8-15c 所示。工作过程如下所述。

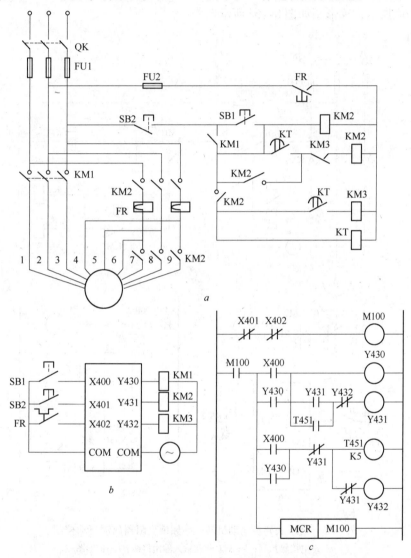

图 8-15　延边三角形降压启动自动控制

a—继电接触控制；b—PLC 控制输入输出接线；c—梯形图

按下启动按钮 SB1，X400 的两对常开触点闭合，Y430 线圈接通并自保，使接触器 KM1 得电吸合。与此同时计时器 T451 线圈接通开始计时，Y432 线圈也接通并使接触器 KM3 得电吸合。通过 KM1 的主触头将绕组端点 1、2、3 分别接到三相电源上，绕组端点 4 与 8、5 与 9、6 与 7 通过 KM3 主触头接通，这时电动机绕组被接成延边三角形降压启动。到达定时器 T451 设定值 K（K 值由用户设定）时，T451 的常闭触点断开 Y432 的线圈，KM3 失电释放，而 T451 的常开触点闭合，接通 Y431 的线圈，接触器 KM2 得电吸合，绕组端点 1 与 6、2 与

4、3 与 5 通过 KM1 和 KM2 的主触头连接成三角形并接到三相电源上，启动结束。

8.3.7　绕线式异步电动机转子串频敏变阻器启动自动控制

采用继电接触控制的电气原理图如图 8-16a 所示，应用 PLC 控制的输入输出接线示意图如图 8-16b 所示，梯形图如图 8-16c 所示。

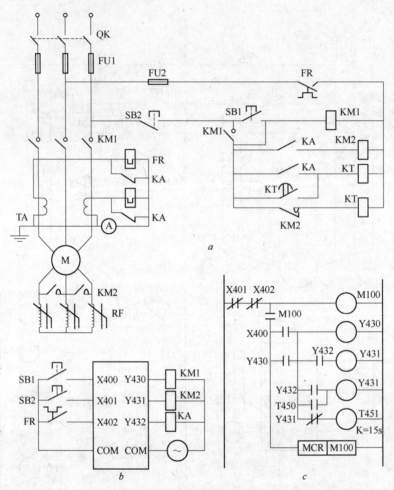

图 8-16　绕线式异步电动机转子串频敏变阻器启动自动控制

a—继电接触控制；b—PLC 控制输入输出接线；c—梯形图

采用 PLC 控制的工作过程如下：

合上电源后，按下启动按钮 SB1，X400 触点闭合，Y430 动作并自保，驱动接触器 KM1 吸合，电动机在转子回路串入频敏变阻器 RF 开始启动，同时 M100 接通，计时器 T451 开始计时，启动一段时间后 T451 常开触点闭合，Y432 动作并自保，驱动中间继电器 KA 吸合，Y432 常开触点闭合，使 Y431 动作并驱动接触器 KM2 闭合，将频敏变阻器"切除"，启动过程结束，图中 TA 为电流互感器。从上面分析可见，在启动过程中，中间继电器常闭触点把热继电器热元件短路，以防止热继电器 FR 误动作造成启动失败，启动结束时中间继电器触点断开，接入热继电器用作过载保护，计时器 K 值由用户设定。过载时

FR 动作，X402 常闭触点断开 Y431 和 M100，按下停机按钮 SB2 时，X401 触点同样断开 Y430 和 M100，KM1 失电释放，电动机停止运行。

8.3.8 绕线式异步电动机转子串电阻启动自动控制

为了限制启动电流，在绕线转子电动机转子回路中串电阻启动，这种继电接触控制线路如图 8-17a 所示，用 PLC 控制的输入输出接线如图 8-17b 所示，梯形图如图 8-17c 所示。工作过程如下：

按下启动按钮 SB1，输入继电器 X400 的常开触点接通输出继电器 Y430 的线圈并自保，接触器 KM 得电吸合，电动机定子接通电源，转子串接全部电阻启动。与此同时辅助继电器 M100 线圈接通其触点保护，定时器 T450 线圈接通开始计时（减法计时），延时时间到达设定值时，T450 常开触点闭合，Y431 线圈接通，KM1 得电吸合，短路第一级启动电阻 R1，并使 T451 线圈接通开始计时。经过设定的延时时间后，T451 的常开触点闭合，

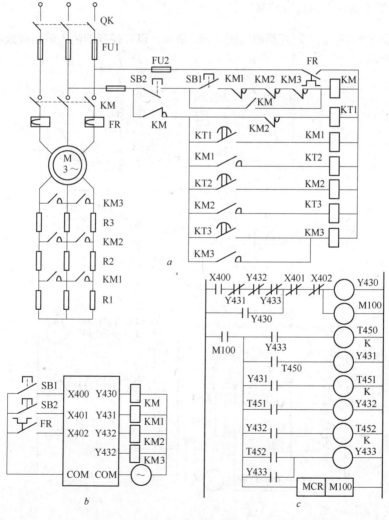

图 8-17 绕线式异步电动机转子串电阻启动自动控制

a—继电接触控制；*b*—PLC 控制输入输出接线；*c*—梯形图

使 Y432 接通，并使 KM2 线圈得电动作，短路第二级启动电阻 R2，同时 Y432 的常开触点闭合，使 T452 线圈接通开始计时。经过整定延时时间后，T452 常开触点闭合，Y433 线圈接通并自保，使 KM3 线圈得电动作，短路第三级启动电阻 R3，同时 Y433 的一对常闭触点断开 T450 线圈，其触点断开后，使 Y431（KM1）、T451、Y432（KM2）、T452 的线圈依次断开，KM1、KM2 失电释放，启动完毕。只有 KM 和 KM3 保持通电状态，电动机才能转入稳定运行。定时器 T450、T451、T452 的设定值 K 由用户自定。

按下停机按钮 SB2，X401 常闭触点断开 Y430 和 M100 线圈，随之断开 Y433 线圈，进而使 KM 和 KM3 失电释放，电机停转。当电动机过载时，热继电器 FR 常开触点闭合，X402 的常闭触点断开，如同按下停机按钮一样，电动机断电停车，从而得到保护。从梯形图第一行和图 8-17a 可见，只有 Y431（KM1）、Y432（KM2）、Y433（KM3）的常闭触点闭合时，启动控制回路才能接通，电动机才能串入电阻启动，否则电动机不能启动，以防止启动电流过大。

8.3.9 单管整流能耗制动自动控制

这种电路的继电接触控制线路图如图 8-18a 所示，PLC 控制的输入输出接线图如图 8-18b

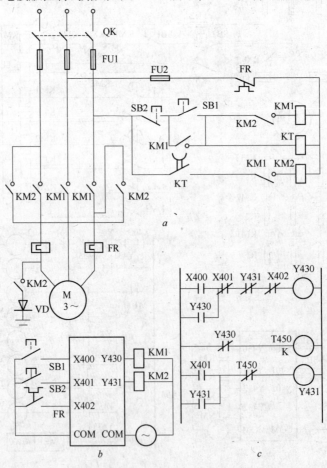

图 8-18 单管整流能耗制动自动控制

a—继电接触控制；*b*—PLC 控制输入输出接线；*c*—梯形图

所示，梯形图如图 8-18c 所示。工作过程如下所述。

启动时按下启动按钮 SB1，X400 接通，Y430 动作并自锁，使接触器 KM1 得电吸合，电动机启动到稳定运行。

制动时按下停机按钮 SB2，X401 常闭触点断开 Y430 线圈回路，使 KM1 断开，同时 Y430 的常闭触点使 T450 开始计时。X401 的常开接点闭合使 Y431 动作并自锁，从而使 KM2 得电吸合，电流从其中两相绕组流入，从另一相绕组流出，并经二极管整流后到"地"，电动机处于能耗制动状态，转速很快下降。当定时器 T450 计时时间到时（图中 K 值减至零，K 值由用户设定），T450 常闭触点断开 Y431 线圈回路，KM2 断开，制动过程将很快结束。

8.3.10　带变压器桥式整流能耗制动自动控制

这种自动控制的继电接触电气原理图如图 8-19a 所示，PLC 控制的输入输出配置接线如图 8-19b 所示，梯形图如图 8-19c 所示。PLC 控制工作过程如下所述。

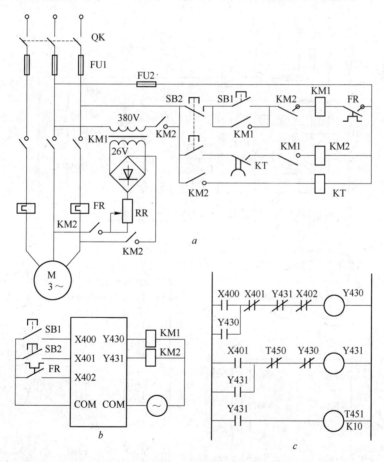

图 8-19　带变压器的桥式整流能耗制动自动控制

a—继电接触控制；b—PLC 控制输入输出接线；c—梯形图

启动时，按下 SB1，X400 接通 Y430 线圈并自保，使接触器 KM1 吸合，电动机启动至稳定运行。与此同时 Y430 常闭触点切断 Y431 线圈通路，接触器 KM2 不能合上，起到电气互锁的作用。

　　制动时，按下 SB2，X401 的常闭和常开触点的作用分别使 Y430 线圈回路断开，KM1 失电释放，Y431 线圈接通并自保，KM2 得电吸合，经桥式整流的电流从电动机的一相绕组流入，经另一相流出，对电动机实现能耗制动。在 Y431 线圈接通其常开触点闭合的同时，计时器 T450 开始计时，当计时时间到时（K 值由用户设定），T450 常闭触点断开 Y431 线圈通路，KM2 失电释放，电动机转速很快降至零。图中电位器供调节制动电流的大小用。当电机过载时，热继电器 FR 常开触点闭合，X402 常闭触点切断 Y430 线圈通路，KM1 失电释放，切断电动机交流供电电源，电动机得到保护。

8.3.11　串电阻降压启动和反接制动自动控制

　　这种继电接触控制线路如图 8-20a 所示，PLC 控制的输入输出接线如图 8-20b 所示，梯形图如图 8-20c 所示。图中 KS1 是与主电动机同轴的速度继电器。控制工作过程如下：

　　启动时，按下启动按钮 SB1，X400 常开触点闭合，Y430 线圈接通并自锁，KM1 线圈

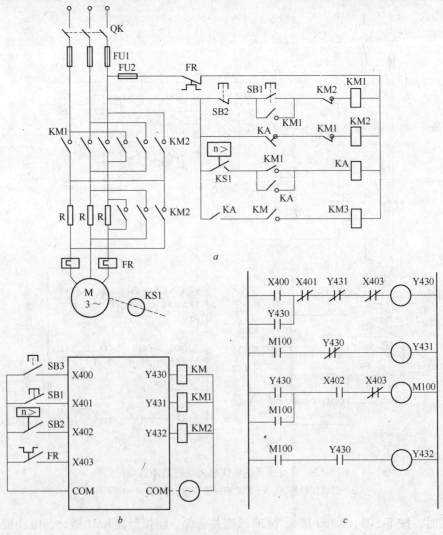

图 8-20　串电阻降压启动和反接制动的自动控制

a—继电接触控制；b—PLC 控制输入输出接线；c—梯形图

接通，主触头吸合，电动机串入限流电阻 R 开始启动，同时 Y430 的两对常开触点闭合。当电动机转速上升到某一定值时（此值为速度继电器 KS1 的整定值，可调节，如调至 100r/min 时动作），KS1 的常开触点闭合，X402 常开触点闭合，M100 线圈接通并自锁，M100 的一对常开触点接通 Y432 的线圈，KM3 线圈得电，主触头吸合，短路启动电阻，电机转速上升至给定值时投入稳定运行。

制动时，按下停机按钮 SB2，X401 常闭触点断开 Y430 线圈，使 KM1 失电释放，而 Y430 的常闭触点接通 Y431 线圈，制动用的接触器 KM2 得电吸合，对调两相电源的相序，电动机处于反接制动状态。与此同时，Y430 的常开触点断开 Y432 的线圈，KM3 失电释放，串入电阻 R 限制制动电流。当电动机转速迅速下降至某一定值（比如 100r/min）时，KS1 常开触点断开，X402 常开触点断开 M100 的线圈，M100 的常开触点断开 Y431 线圈，KM2 失电释放，电动机很快停下来。过载时，热继电器 FR 常开触点闭合，X403 的两对常闭触点断开 Y430 和 M100 的线圈，从而使 KM1 或 KM2 失电释放，起到过载保护作用。

8.3.12　双速电动机的变速控制

这种继电接触控制线路如图 8-21a 所示，PLC 控制的输入输出接线如图 8-21b 所示，

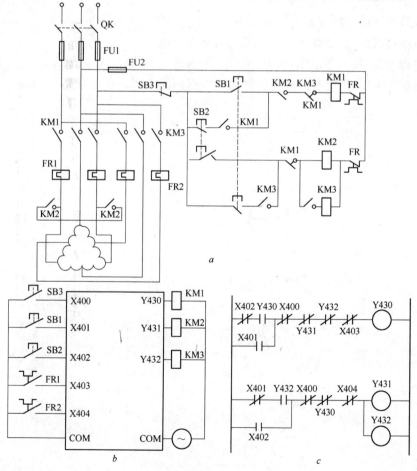

图 8-21　双速电动机的变速控制

a—继电接触控制；b—PLC 控制输入输出接线；c—梯形图

梯形图如图 8-21c 所示。工作过程如下：

低速运行时，按下低速按钮 SB1，输入继电器 X401 的常开触点闭合，Y430 的线圈接通，其自锁触点闭合，连锁触点断开，接触器 KM1 得电吸合，电动机定子绕组做三角形连接，电动机低速运行。当要转为高速运行时，则按下高速启动按钮 SB2，X402 常闭触点断开 Y430 线圈，KM1 失电释放，与此同时，X402 常开触点闭合，与 X400、X404、Y430 的常闭触点接通 Y431 的线圈，KM2 得电吸合，Y431 常开触点的闭合使 Y432 线圈接通，Y432 的另一对常开触点闭合，使 Y431 和 Y432 自锁，KM3 也得电吸合，于是电动机定子绕组连接成双星形，此时电动机高速运行。KM2 合上后 KM3 才得电闭合（Y431 线圈先接通，Y432 才动作），这是为了避免 KM3 合上时产生很大电流。按下停机按钮 SB3 时，X400 两对常闭触点断开，使 Y430 或 Y431 和 Y432 线圈断开，相应的接触器 KM1 或 KM2 和 KM3 失电释放，主触头断开，电动机则停下来。同理，电动机过载时，热继电器常开触点闭合，X403 或 X404 的常闭触点断开，使 Y430 或 Y431 和 Y432 线圈断开，进而使 KM1 或 KM2 和 KM3 失电释放，电机得到保护。如果按下 SB2，电机高速运行，必要时再按 SB1，电动机会转为低速运行。

8.3.13　按时间原则控制直流电动机的启动

这种线路的继电接触控制线路如图 8-22a 所示，梯形图如图 8-22b 所示，采用 PLC 控制的输入输出接线如图 8-22c 所示。工作过程如下所述。

合上电源开关 QK，按下启动按钮 SB1，输入继电器 X401 触点闭合，Y430 线圈接通并自锁，接触器 KM1 得电吸合，直流电动机电枢回路串入两级电阻限流启动。与此同时

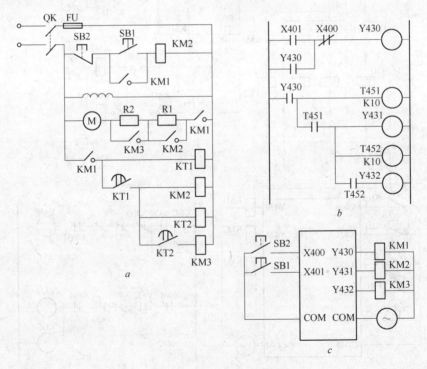

图 8-22　按时间原则控制直流电动机的启动

a—继电接触控制；b—梯形图；c—PLC 控制输入输出接线

Y430 的另一对常开触点闭合，定时器 T451 开始减法计时，其常开触点延时闭合后，Y431 线圈接通，接触器 KM2 得电吸合，短路启动电阻 R1，电动机升速，与此同时 T452 线圈接通，开始减法计时，其常开触点延时闭合后，输出继电器 Y432 线圈接通，KM2 得电吸合，短路启动电阻 R2，这时启动过程便结束。T451 和 T452 定时设定值 K，由用户给定。按下停机按钮 SB2 时，X400 常闭触点断开，所有的输出继电器和定时器的线圈都断开，三个接触器均失电释放，电动机则停下来。

8.4 双参量随动控制系统上 PLC 的应用

在化工、冶金、轻工等行业中，经常遇到随动控制，即将某参量的输出值作为另一参量的设定值，除要求两个参量自身稳定外，还要求它们之间有一定的比例关系。

如果采用常规仪表对此类系统进行控制，由于接线复杂、精度低及故障较多，会影响设备的工效，因此宜采用计算机进行控制。PC 作为一种通用的工业控制计算机，具有可靠性高、接线简单、使用方便等特点。因此本节将以某工厂刨花板生产线的搅拌机系统为例介绍 PC 在随动控制系统上的应用。

8.4.1 工艺过程及控制要求

图 8-23 所示为搅拌机工艺流程图。刨花由螺旋给料机供给，压力传感器检测刨花量，胶由胶泵供给，用电磁流量计检测胶流量；刨花和胶要按一定的比例送到搅拌机内搅拌，然后混料供给下一工序（热压机）蒸压成型。

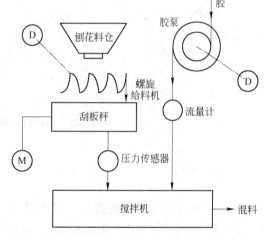

要求控制器控制刨花量和胶量恒定，并有一定的比例关系，即胶量随刨花量的变化而变化，精度要求小于 3%。

根据控制要求，刨花回路采用比例控制，胶回路采用 PI 控制，其控制系统

图 8-23 搅拌机工艺流程图

原理方框图如图 8-24 所示。随动选择开关用于选择随动方式，PC 输出驱动可控硅调

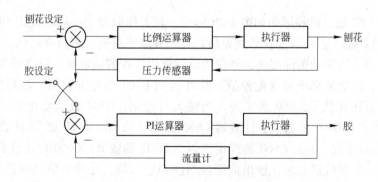

图 8-24 搅拌机控制系统原理方框图

速装置及螺旋给料机驱动器分别控制胶泵直流电机和螺旋给料机驱动电机的转速（参看图 8-25）。

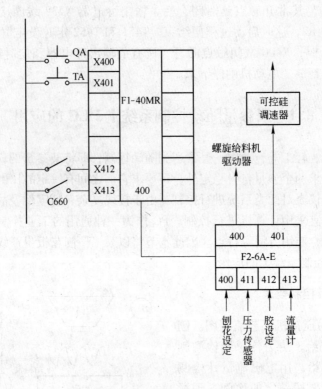

图 8-25　搅拌机控制系统硬件配置图

8.4.2　机型选择

选用一台 F1-40MR 主机为基本单元和一台 F2-6A-E 模拟量单元进行控制，其硬件配置如图 8-25 所示。基本单元剩余的输入/输出点可根据需要作其他用途，比如数字拨码开关设定和数码管数据显示。

8.4.3　程序设计

用 F1 系列 PC 设计的梯形图如图 8-26 所示。其工作原理为：刨花设定 CH410 通道和刨花反馈 CH411 通道经 A/D 变换后做差值运算，并取绝对值，然后乘比例系数 $P=2$，由 CH400 通道输出。当随动条件接通，刨花的反馈量用作胶的给定量，反之胶单独供给。在这两种情况下，给定量和反馈量做差值运算并送到 D707 数据寄存器。然后做积分运算，本程序积分运算用计数器 C660 来实现。当输入值变化，D707 数值变化时，如果计数器 C660 的现实值小于 D707 的数值，计数器 C660 做加计数（由 M471 加/减计数方式设定），反之，C660 做减计数。如果 C660 的现实值等于 D707 的数值，C660 停止计数，这一过程即为积分过程。在系统启动时，输出值缓慢增加到输入值，在输出值出现波动的情况下，积分器抑制输入值的波动。

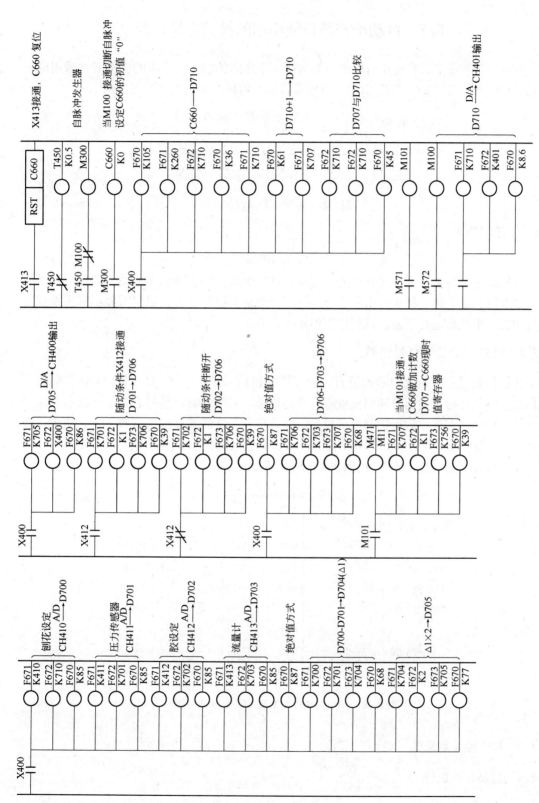

图 8-26 程序梯形图

8.5 自动生产线行驶小车的控制系统设计

在自动生产线上，常使用有轨小车来转运工序之间的物件。小车的驱动通常采用电机拖动，其行驶示意图如图 8-27 所示。电机正转小车前进，电机反转小车后退。

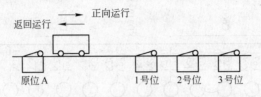

图 8-27 小车行驶示意图

8.5.1 控制要求

对小车运行的控制要求为：小车从原位 A 出发驶向 1 号位，抵达后立即返回原位；接着一直向 2 号位驶去，到达后立即返回原位；第三次出发一直驶向 3 号位，到达后返回原位。必要时，像上述一样小车出发三次运行一个周期后能停下来；根据需要小车也能重复上述过程，不停地运行下去，直到按下停止按钮为止。

8.5.2 PLC 选型及 I/O 接线图

根据控制要求，系统的输入量有：启、停按钮信号；1 号位、2 号位、3 号位限位开关信号；连续运行开关信号和原位点限位开关信号。系统的输出信号有：运行指示和原点指示输出信号；前进、后退控制电机接触器驱动信号。共需实际输入点数 7 个，输出点数 4 个。今选用日本三菱公司 F-20M 产品，其输入最大点数为 12，输出最大点数为 8。

小车行驶控制系统 PLC I/O 接线如图 8-28 所示。

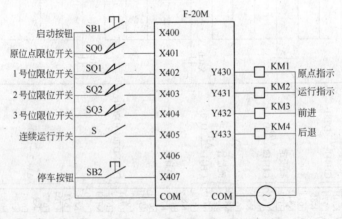

图 8-28 小车行驶控制系统 PLC I/O 接线图

8.5.3 I/O 地址定义表（略）

8.5.4 控制程序设计

自动生产线上行驶小车 PLC 应用控制系统的控制软件梯形图设计如图 8-29 所示。

小车运行控制过程如下：

（1）当小车处在原位时，压下原位限位开关 SQ0，X401 接通 Y430，原位指示灯亮。

（2）小车向 1 号位行驶。按下启动按钮 SB1，Y431 被 X400 触点接通并自锁，运行指示灯亮并保持整个运行过程。此时 Y431 的常开触点接通移位寄存器的数据输入端 IN，M100 置"1"（其常闭触点断开，常开触点闭合），M100 和 X402 的触点接通 Y432 线圈，前进接触器 KM2 得电吸合，电动机正转，小车向 1 号位驶去。

（3）小车返回原位。当小车行至 1 号位时，限位开关 SQ1 动作，X402 常闭触点断开 Y432 线圈，KM3 失电释放，电动机停转，小车停止前进。与此同时 X402 接通移位寄存器移位输入 CP 端，将 M100 中的"1"移到 M101，M101 常闭触点断开，M100 补"0"，而 M101 常开触点闭合，Y433 接通，接触器 KM4 得电吸合，电动机反转，小车后退，返回原位。

（4）小车驶向 2 号位又返回原位。当小车碰到原位限位开关 SQ0，X401 断开 Y433 线圈通路，KM4 失电释放，电动机停转，小车停行。与此同时，X401 与 M101 接通移位输入通路，将 M101 中的"1"移到 M102，M100 的"0"移到 M101，M100 仍补"0"。M102 接通 Y432 线圈，小车驶向 2 号位。当小车再次行驶到 1 号位时，虽然 SQ1 动作，X402 动作，但不影响小车继续驶向 2

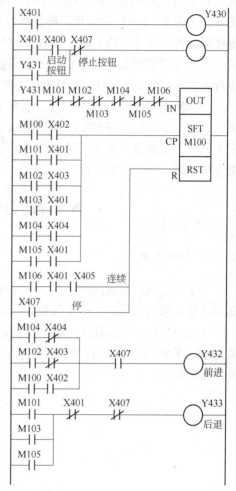

图 8-29 小车控制系统梯形图

号位（因为 M102 和 X402 仍接通 Y432，M100 为"0"），直至小车碰到 2 号位限位开关 SQ2，X403 断开 Y432，小车才停止前进。与此同时，X403 与 M102 接通移位输入通路，将 M102 中的"1"移到 M103，M103 为"1"，其余位全为"0"。M103 接通 Y433 线圈，小车返回原位。

（5）小车驶向 3 号位再返回原位。当小车碰到 SQ0 开关时，X401 断开 Y433，小车停止后退。同时 M103 和 X401 接通移位输入通路，M103 移位到 M104，M103 为"0"，M104 为"1"，M104 和 X404 接通 Y432，小车向 3 号位驶去，再次经过 1 号位和 2 号位，但因为 M100～M103 均为"0"，不会移位，M104 和 X404 仍接通 Y432，直到小车碰到 3 号位限位开关 SQ3 动作，X404 才断开 Y432 线圈，小车才停止前进。这时 M104 和 X404 接通移位输入通路，M104 移位到 M105，M105 为"1"，其他位为"0"，M105 和 X401 接通 Y433，电机反转，小车后退，返回原位。

（6）小车运行一周。当小车返回原位时，压下原位限位开关 SQ0，X401 又断开 Y433，小车停止运行。同时 M105 和 X401 接通移位输入通路，M105 移位到 M106，M106

为"1"，其余位均为"0"，即 M100 ~ M105 的常开触点均为断态，这时如果连续运行开关 S 仍未合上，X405 仍断开，那么移位寄存器不会复位，M100 仍为"0"，则小车正向出发往返运行三次（一周）后，就在原位停下来了。

（7）小车连续运行与停止。如果需要小车在运行一周后，继续运行下去，则合上连续运行开关 S，X405、X401 和 M106 接通复位输入端 R，移位寄存器复位，M100 重新置"1"，M100 与 X402 又接通 Y432，小车又开始第二周运行，并且一周又一周地连续运行下去，直到按下停机按钮 SB2，X407 触点断开，Y432 和 Y433 线圈断开，小车才立即停止运行。同理，如果发生意外情况，不论小车运行在什么位置，只要按下停车按钮 SB2，电动机立即停转，小车停止运行。

8.6　动力滑台液压系统控制

8.6.1　控制要求

用于组合机床的液压动力滑台是完成刀具进给运动的重要部件；它利用液压缸的左右运动来拖动滑台运动，并由电气控制系统实现工作循环，其工作循环一般为快进→一工进→二工进→快退→原位停止。动力滑台液压系统的原理图如图 8-30 所示，系统由过滤器、变量泵、单向阀、溢流阀、顺序阀、三位五通电液换向阀、调速阀、二位二通电磁换向阀和油缸组成。

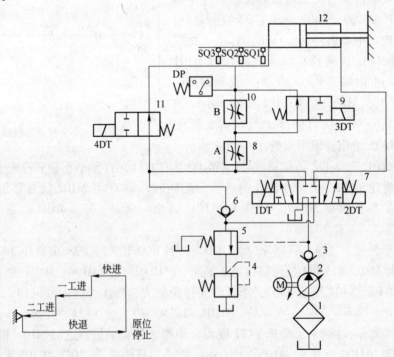

图 8-30　动力滑台液压系统的原理图

1—过滤器；2—变量泵；3，6—单向阀；4—溢流阀；5—顺序阀；7—电液换向阀；
8，10—调速阀；9，11—电磁换向阀；12—油缸

（1）快进。按下启动按钮，电磁铁1DT得电，电液换向阀7的左位接入系统工作，顺序阀5处于常态，此时缸差动连接。其油路为：

进油路：过滤器1，变量泵2，单向阀3，电液换向阀7，电磁换向阀11，油缸12左腔。

回油路：油缸12右腔，电液换向阀7，单向阀6，电磁换向阀11。

（2）一工进。一工进时，电磁铁1DT、4DT得电，缸的进油需流经调速阀A，一工进速度由调速阀A控制调节；此时系统压力升高使顺序阀5的阀芯开启。其油路为：

进油路：过滤器1，变量泵2，单向阀3，电液换向阀7，调速阀8，电磁换向阀9，油缸12左腔。

回油路：油缸12右腔，电液换向阀7，顺序阀5，溢流阀4，油箱。

（3）二工进。二工进时，电磁铁1DT、3DT、4DT得电，缸的进油需流经调速阀A和调速阀B，二工进速度主要由调速阀B控制调节；此时系统压力仍较高，顺序阀5阀芯开启。其油路为：

进油路：过滤器1，变量泵2，单向阀3，电液换向阀7，调速阀8、10，油缸12左腔。

回油路：油缸12右腔，电液换向阀7，顺序阀5，溢流阀4，油箱。

（4）死挡块停留。油缸带动工作台碰到死挡块后，停止运动，缸右腔油压进一步升高，达到压力继电器的调定值时，经过时间继电器的延时，再发出电信号，使滑台退回。在时间继电器延时动作前，滑台停留在死挡块限定的位置上。

（5）快退。电磁铁1DT失电、2DT得电，电液换向阀7的右位接入系统工作，电磁铁3DT和4DT均失电，油缸快速退回。其油路为：

进油路：过滤器1，变量泵2，电液换向阀7，油缸12右腔。

回油路：油缸12左腔，电磁换向阀11，电液换向阀7，油箱。

（6）原位停止。油缸带动工作台快退到原位后，压下原位行程开关，发出信号使电磁铁2DT失电，至此电磁铁全部失电。电液换向阀7处于中位，缸两腔油路均被切断，滑台原位停止。泵流量经电液换向阀7中位直接卸荷。

因此，电磁铁的动作状态如表8-2所示。

表 8-2　电磁铁动作顺序对照表

工况 \ 电磁铁	1DT	2DT	3DT	4DT
快　进	+	-	-	-
一工进	+	-	-	+
二工进	+	-	+	+
快　退	-	+	-	+
原位停留	-	-	-	-

8.6.2　PLC选型及硬件设计

PLC选用 FX_{2N}-32MR，采用SA1、SA2组成转换开关，分别为转换开关的Ⅰ、Ⅱ位，用于切换工作状态，即SA1闭合时滑台处于自动工作状态，SA2闭合时滑台处于手动调整工作状态；SQ1、SQ2、SQ3为行程开关；DP是压力继电器；SB1、SB2为两个启动按钮

（SB1 控制滑台向左快速前进,SB2 控制滑台快速向右回退工作的开始）。PLC 的 I/O 分配表如表 8-3 所示。

表 8-3　PLC 的 I/O 分配表

输　　入		输　　出	
外设名称	输入端子	外设名称	输出端子
SA1（Ⅰ位）	X000	1DT	Y0
SA2（Ⅱ位）	X001	2DT	Y1
SQ1	X002	3DT	Y2
SQ2	X003	4DT	Y3
SQ3	X004		
DP	X005		
SB1	X006		
SB2	X007		

8.6.3　PLC 软件设计

根据上述的控制要求，利用 PLC 的梯形图编程方法，编制出用户程序如图 8-31 所示。

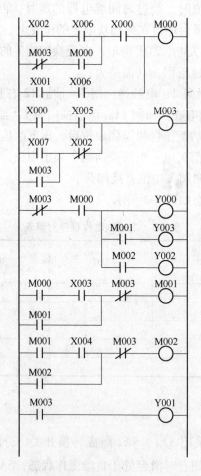

图 8-31　用户程序梯形图

8.7 绕线式异步电机拖动系统中主要控制环节设计

绕线式异步电机拖动系统主要应用于矿山提升机中，该提升机的传动系统由绕线式异步电机→减速器→升降罐笼组成，其工作过程中的速度调节、控制是通过控制系统来实现的。在绕线式异步电机控制系统中，电机转子回路环节和可调闸电液阀及低频制动环节是系统中的关键控制环节，也是控制逻辑最复杂、故障频率较高的环节。

8.7.1 控制要求分析

在提升机工作时，对主要控制环节的控制有如下要求：

（1）系统能实现自动或半自动控制，应具有出现故障自动停车功能；

（2）在提升机加速过程中，以采集的转子电流和设计时间为控制依据，进行转子回路中的电阻段（一般有 3 段、5 段、7 段等）切除；

（3）在提升机减速阶段，以转速为控制依据，进行转子回路中的电阻段并入；

（4）为克服提升机司机操作手闸制动力矩过大或过小而引起的速度不稳定及机械冲击，延长钢丝绳、减速器、导向轮、电动机等设备的使用寿命，采用数字 PID 控制，使系统在工作过程中能自动调节电液阀的输入电流。

8.7.2 系统硬件组成及 PLC 选型

该控制以可编程序控制器为核心部件，由输入/输出保护模板、驱动转子接触器的固态继电器、隔离变压器、信号转换电路、传感器等组成，提升机转子控制环节的总体框图如图 8-32 所示。其中模拟量输入/输出通道信号处理及保护模板借用 STD 总线工控机的机械结构，针对不同种类的信号处理方法设计不同的模板。

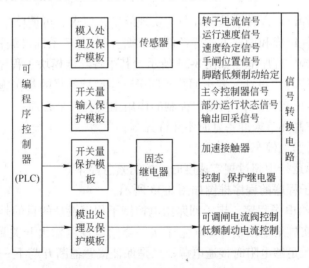

图 8-32 提升机转子控制环节的总体框图

经过对国内外可编程序控制器产品的比较，系统采用德国西门子公司的 S7-200 系列 CPU216 主机模块，该模块拥有 24 点的开关量输入和 16 点的开关量输出，扩展模块选用一块 EM221 数字输入模块（8 个点）和两块 EM235 模拟量输入/输出模块。系统的硬件组成见图 8-33。

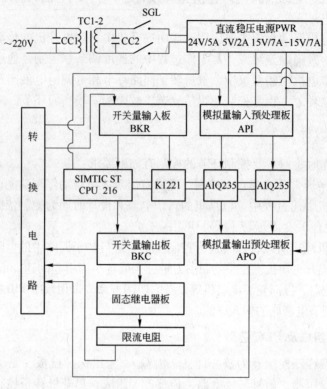

图 8-33 系统硬件组成

8.7.3 应用软件设计

系统的应用软件设计以转子控制环节需实现的工艺要求、可调闸电液阀和低频制动电路控制的要求、硬件组成和操作方式等条件为依据。利用 S7 系列可编程序控制器的特点，采用模块式程序结构，程序框图如图 8-34 所示。其中各功能模块子程序设计如下：

（1）安全回路子程序设计。安全回路控制子程序设计的目的是实施对输出量 Q1.5（安全回路控制输出量）的控制。Q1.5 输出控制的作用主要有三个方面：

1）PLC 加速控制环节未准备好时不允许开车；

2）发生故障时紧急停车；

3）等速或减速运行中超过规定速度时，控制紧急停车。

安全回路控制子程序的程序框图如图 8-35 所示。

（2）定子回路给电子程序。定子回路给电控制子程序设计的目的是控制定子回路接通高频或低频电源，实施对输出量 Q1.6（定子接触器给电控制输出开关量）的控制，其作用一是防止电机未串入足够电阻时接通电源；二是保证接触器断开与下一接触器接通之间的时间间隔，即消弧。它的程序框图如图 8-36 所示。

（3）加速阶段子程序。加速阶段控制子程序的设计是依据电流、时间平行控制方式来进行的。其中在各段电阻上的运行时间由系统设计说明书提供；电流值的数字量则由通过转子回路传感器经 PLC 模拟量 I/O 模块提供，它的程序框图如图 8-37 所示。

图 8-34　应用程序设计框图

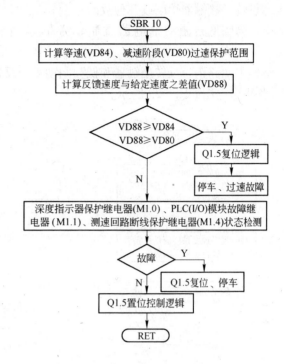

图 8-35　安全回路子程序框图

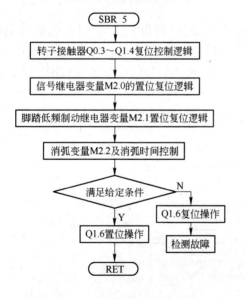

图 8-36　定子回路子程序框图

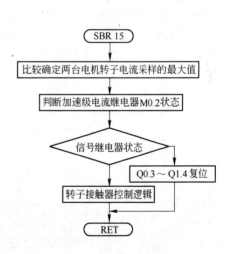

图 8-37　加速阶段子程序框图

（4）减速阶段子程序。减速阶段控制子程序的设计是依据电机运行速度的采样值来进行的，调试过程中确定切除第二、三、四、五段和第十段电阻的速度信号的界限值，速度信号采样值分别与此进行比较，完成减速过程的逻辑控制，其程序框图如图8-38所示。

（5）故障诊断子程序设计。该装置的故障诊断涉及以下几个方面：

1）转子接触器熔断或其他故障；

2）脚踏低频制动继电器或制动手柄连锁继电器的回采信号发生断线及其他故障；

3）主回路正、反转接触器和低频制动正、反转接触器发生故障。

其程序框图如图8-39所示。

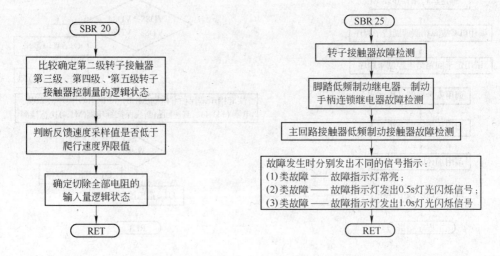

图8-38　减速阶段子程序框图　　　　图8-39　故障诊断子程序框图

（6）模拟量采集、处理及PID运算子程序。在系统运行过程中，要对电机的转子电流、电机转速、给定转速、手闸位置、脚踏低频制动给定输入信号的模拟量进行采样、滤波等处理。要对可调闸电液阀控制、低频制动电流控制输出信号的模拟量进行闭环计算及输出控制。其程序框图如图8-40所示。

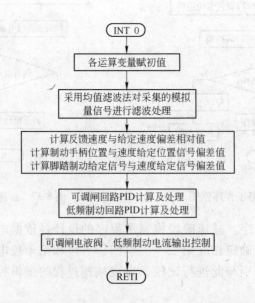

图8-40　模拟量采集、处理及PID运算子程序框图

思考练习题

8-1 有些 PLC 应用系统中为什么需要设置外部接触器来控制 PLC 的负载电源？

8-2 某控制系统有 8 个限位开关(1～8XK)仅供自动程序使用，有 6 个按钮(1～6QA)仅供手动程序使用，有 4 个限位开关(9～12XK)供两个程序公用，能否使用 FX_{2N}-32M 型 PLC？如果能，请画出相应的外部硬件线图。

8-3 粉末冶金制品压制机(见图 8-41)装好粉末后，按下启动按钮 X000，冲头下行，将粉末压紧后，压力继电器 X001 接通，保持延时 5s 后，冲头上行至 X002 接通。然后模具下行至 X003 接通。取走成品后，工人按下按钮 X005，模具上行至 X004 接通，系统返回初始状态。试做此控制系统设计。

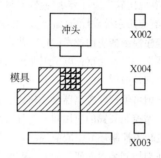

图 8-41 习题 8-3 示意图

8-4 单按钮控制电动机启动与停止的接触器控制线路如图 8-42 所示，试用 PLC 做控制设计。

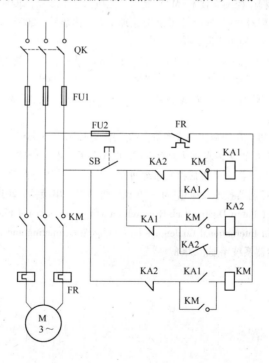

图 8-42 单按钮控制电动机的启动与停止的接触器控制线路图

8-5 对图 3-5 所示的机械手做 PLC 控制程序设计。

参 考 文 献

[1] 杨长能，张兴毅. 可编程序控制器（PC）基础及应用[M]. 重庆：重庆大学出版社，1992.

[2] 顾战松，陈铁年. 可编程序控制器原理与应用[M]. 北京：国防工业出版社，1996.

[3] 廖常初. 可编程序控制器应用技术[M]. 重庆：重庆大学出版社，2007.

[4] 朱绍祥，等. 可编程序控制器（PC）原理与应用[M]. 上海：上海交通大学出版社，1988.

[5] 王兆义. 可编程序控制器教程[M]. 北京：机械工业出版社，1993.

[6] 李世基. 微机与可编程序控制器[M]. 北京：机械工业出版社，1994.

[7] 金广业，李景学. 可编程序控制器原理与应用[M]. 北京：电子工业出版社，1991.

[8] 陈春雨，李景学. 可编程序控制器应用软件设计方法与技巧[M]. 北京：电子工业出版社，1992.

[9] 李景学，金广业. 可编程序控制器应用系统设计方法[M]. 北京：电子工业出版社，1995.

[10] 邓则名，邝穗芳. 电器与可编程序控制器应用技术[M]. 北京：电子工业出版社，1997.

[11] 魏志精. 可编程序控制器应用技术[M]. 北京：电子工业出版社，1995.

[12] 钟肇新，等. 可编程序控制器原理及应用[M]. 2版. 广州：华南理工大学出版社，1991.

[13] 中国自动化协会应用专委会. 全国可编程序控制器学术研讨会论文集[C]. 广西桂林，1988.

[14] 宋德玉，等. 提升机电机转子新型控制装置的应用软件设计[J]. 煤矿机电，2001(1).

[15] 宋德玉，等. PLC在提升机电机转子控制环节中的应用[J]. 矿山机械，2000(2).

[16] 宋德玉，等. 提升机电机转子新型控制装置的研究[J]. 煤矿设计，2000(2).

[17] 许镠，王淑英. 电器控制与PLC控制技术[M]. 北京：机械工业出版社，2005.

[18] 殷洪义. 可编程序控制器选择设计与维护[M]. 北京：机械工业出版社，2002.

[19] 汤以范. 电气与可编程序控制器技术[M]. 北京：机械工业出版社，2004.

[20] 温照方. 可编程序控制器教程[M]. 北京：北京理工大学出版社，2002.

[21] WinCC flexible 2007 用户使用手册.

[22] 西门子(中国)有限公司. 深入浅出西门子人机界面[M]. 北京：北京航空航天大学出版社，2009.

[23] 廖常初. S7-300/400应用教程[M]. 北京：机械工业出版社，2009.

[24] 王曙光，杨春杰，魏秋月，等. S7-300/400 PLC入门与开发实例[M]. 北京：人民邮电出版社，2009.

[25] 贾玉芬. S7-200系列PLC在塑料注塑成型机上的应用[J]. 机床电器，2010.

[26] 薛小龙，等. S7-200PLC的V内存永久保存[J]. 现代电子技术，2004.

[27] 吴瑞明，等. FCS与DCS混合式集成控制系统研究[J]. 组合机床与自动化加工技术，2005.

[28] 陈金艳，等. 可编程控制器技术及应用[M]. 北京：机械工业出版社，2010.

[29] Qipeng Li, Deyu Song, Fubin Duan, et al. Research on a Novel Automated Flatness Test System Based On Net[C]. Proceedings of International Conference on Intelligent Computing and Intelligent Systems. 2009.

[30] S7-200可编程序控制器系统手册，2008.